프로에게 사진으로 쉽게 배우는

Making Skirt

정혜민 · 임병렬 공저

스커트 만들기

전원문화사

머리말

오늘날 패션 산업은 우리 인간들의 생활 전체를 대상으로 커다란 변화를 가져오게 되었다. 특히 의류에 관한 직업에 종사하고 있거나 학습을 하고 있는 학생들에게 있어서 의복제작에 관한 전문적인 지식과 기술을 습득하는 것은 매우 중요한 일이다.

본서는 '이제창작디자인연구소'가 졸업 후 산업현장에서 바로 적응할 수 있도록 의복제작에 관한 교재 개발을 목적으로 패션업계에서 50여 년간 종사해 오신 임병렬 선생님의 지도 아래 실제 패션 산업현장에서 제작하는 방법을 컬러 사진으로 보면서 초보자도 쉽게 따라 할 수 있도록 구성한 6권의 책자(스커트 만들기, 팬츠 만들기, 블라우스 만들기, 원피스 만들기, 재킷 만들기와 제도법) 중 스커트 부분을 소개한 것이다.

또한 본서의 내용은 www.jaebong.com 또는 www.jaebong.co.kr에서 동영상으로 볼 수 있도록 되어 있다.

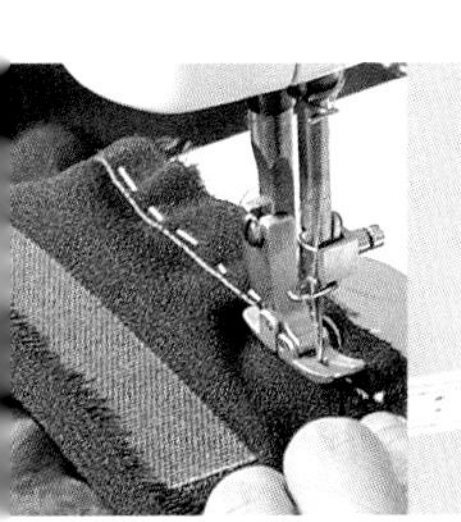

제도에서 봉제까지 옷이 만들어지는 과정에 있어서 기본적인 지식이나 기술을 습득하고 자기 능력 개발에 도움이 되었으면 하는 바람에서 출간에 착수하였다.

끝으로 출판에 협조해 주신 전원문화사의 김철영 사장님을 비롯하여 이희정 실장님, 클릭의 김미경 실장님, 최윤정씨에게 감사의 뜻을 표합니다. 또한 동영상제작에 도움을 주신 영남대학교 한성수 교수님을 비롯하여 섬유의류정보센터의 권오현, 우일훈, 배한조 연구원님께 감사의 뜻을 표합니다.

정 혜 민

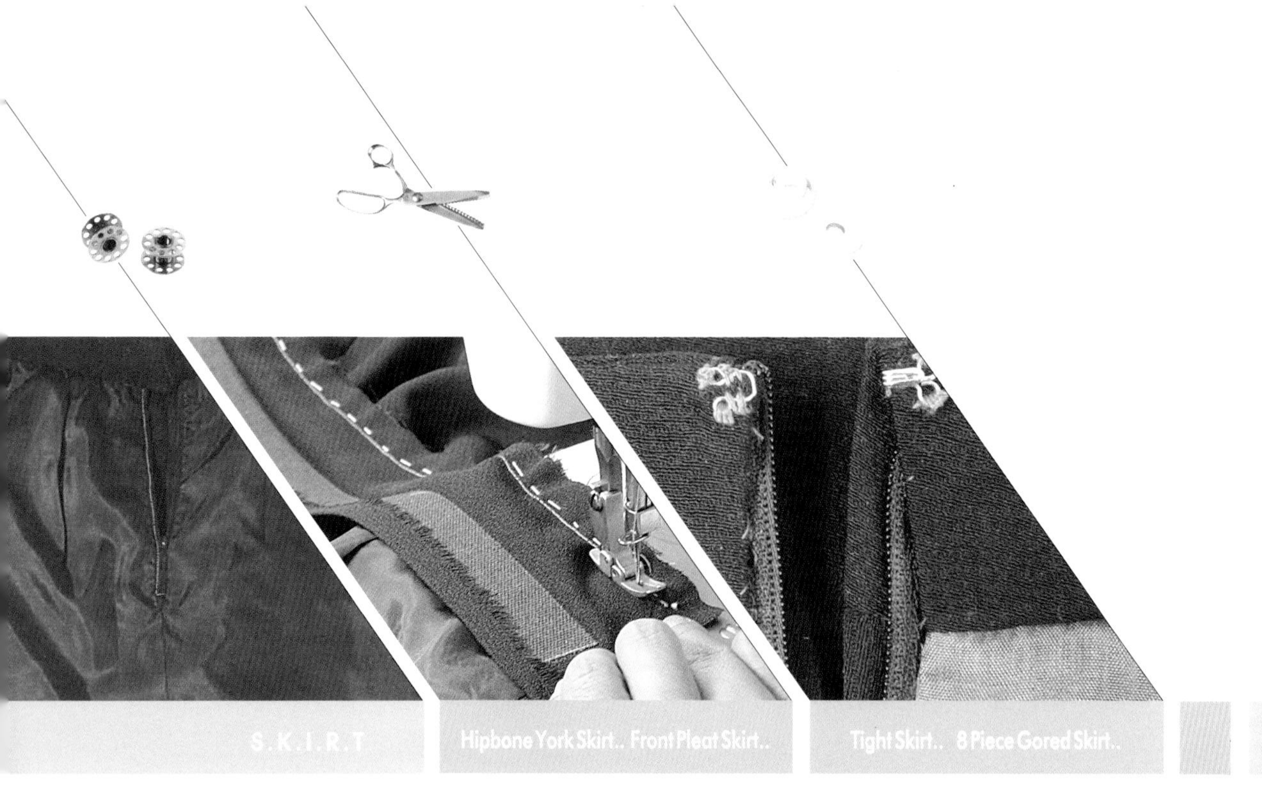

봉제를 시작하기 전에…

본서에서는 잘 보이게 하기 위하여 실의 색을 겉감 원단의 색과 다른 색을 사용하였으나 실제 봉제를 하시는 분은 겉감 원단색과 동일한 색을 사용하시기 바랍니다. 또한 실제 산업현장에서는 실 표시하기를 하지 않는 경우가 많고, 다트 및 옆선을 모두 박고 나서 다림질을 하나 여기서는 초보자도 쉽게 따라할 수 있도록 하기 위하여 설명에 있어서 단계별로 설명을 하였습니다.

C.O.N.T.E.N.T.S

머리말 3

1. 타이트 스커트 | Tight Skirt 8

2. 세미타이트 스커트 | Semitight Skirt 34

3. 골반 요크 스커트(안감을 넣지 않는 경우) | Hipbone Yoke Skirt 49

4. 골반 요크 스커트(안감을 넣는 경우) | Hipbone Yoke Skirt 65

5. 8쪽 고어드 스커트 | 8 Piece Gored Skirt 86

6. 세미플레어 스커트 | Semiflare Skirt 101

7. 180도 플레어 스커트 | Semicircular Skirt 121

8. 앞 주름 스커트 | Front Pleat Skirt 135

9. 개더 스커트 | Gather Skirt 158

10. 랩 스커트 | Wrap Skirt 181

11. 노벨트 미니스커트 |Beltless Miniskirt 199

Skirt

Tight Skirt...

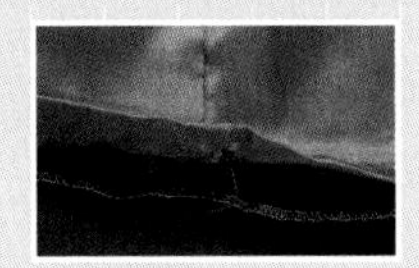

Semitight Skirt...

Hipbone York Skirt...

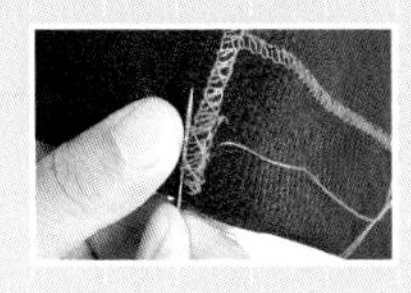

Hipbone York Skirt...

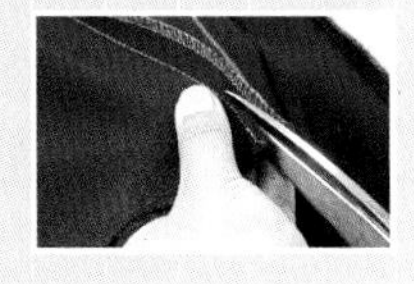

8 Piece Gored Skirt...

Semiflare Skirt...

Semicircular Skirt...

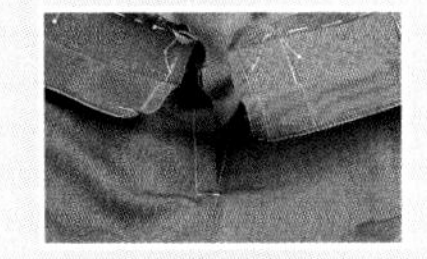

Gather Skirt...

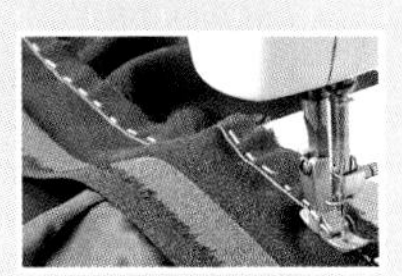

Wrap Skirt...

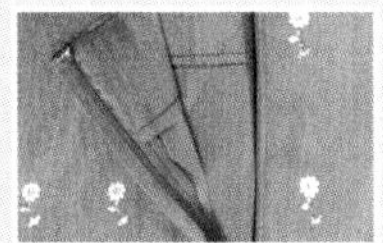

Beltless Miniskirt...

타이트 스커트 Tight Skirt...

S.K.I.R.T

스타일

타이트 스커트는 몸에 꼭 맞는다는 의미로, 허리에서 히프 부분까지는 꼭 맞고 옆선이 히프 선에서 밑단을 향해 직선인 실루엣의 스커트를 말한다. 연령에 상관없이 누구나 착용할 수 있을 만큼 착용 범위가 넓은 스커트이다. 스커트 길이는 유행이나 취향에 따라 정하면 되지만, 길이에 따라서 보행을 위한 운동량이 부족하기 때문에 뒤 중심의 단 쪽에 트임을 만들어 주면 보행에 지장이 없다.

소 재

여유분이 적은 스커트이기 때문에 천에 걸리는 부담이 크므로 촘촘하게 짜여진 탄력성 있는 천이 적합하다. 울 소재라면 플라노, 개버딘, 서지, 더블 조젯, 색서니, 트위드 등을 신택하는 것이 좋고, 면 소재라면 데님, 피케, 코듀로이, 면 개버딘을 선택하는 것이 좋다. 또한 천은 무지뿐만이 아니라 체크나 프린트 무늬 등을 사용해도 좋으며, 계절이나 용도에 맞추어서 마 소재나 화섬 등도 많이 사용되고 있다.

포인트

① 뒤 중심의 밑단 쪽에 보행을 위한 기능으로써 넣어 주는 슬릿은 보행 시 슬릿 끝에 힘이 걸리게 되므로 뜯어지지 않도록 슬릿 끝에 접착 심지를 붙여 튼튼하게 만들어 주는 것이 중요하다.

② 겉감과 안감 슬릿 부분의 재단 방법이 틀리므로 주의하도록 한다.

제도법

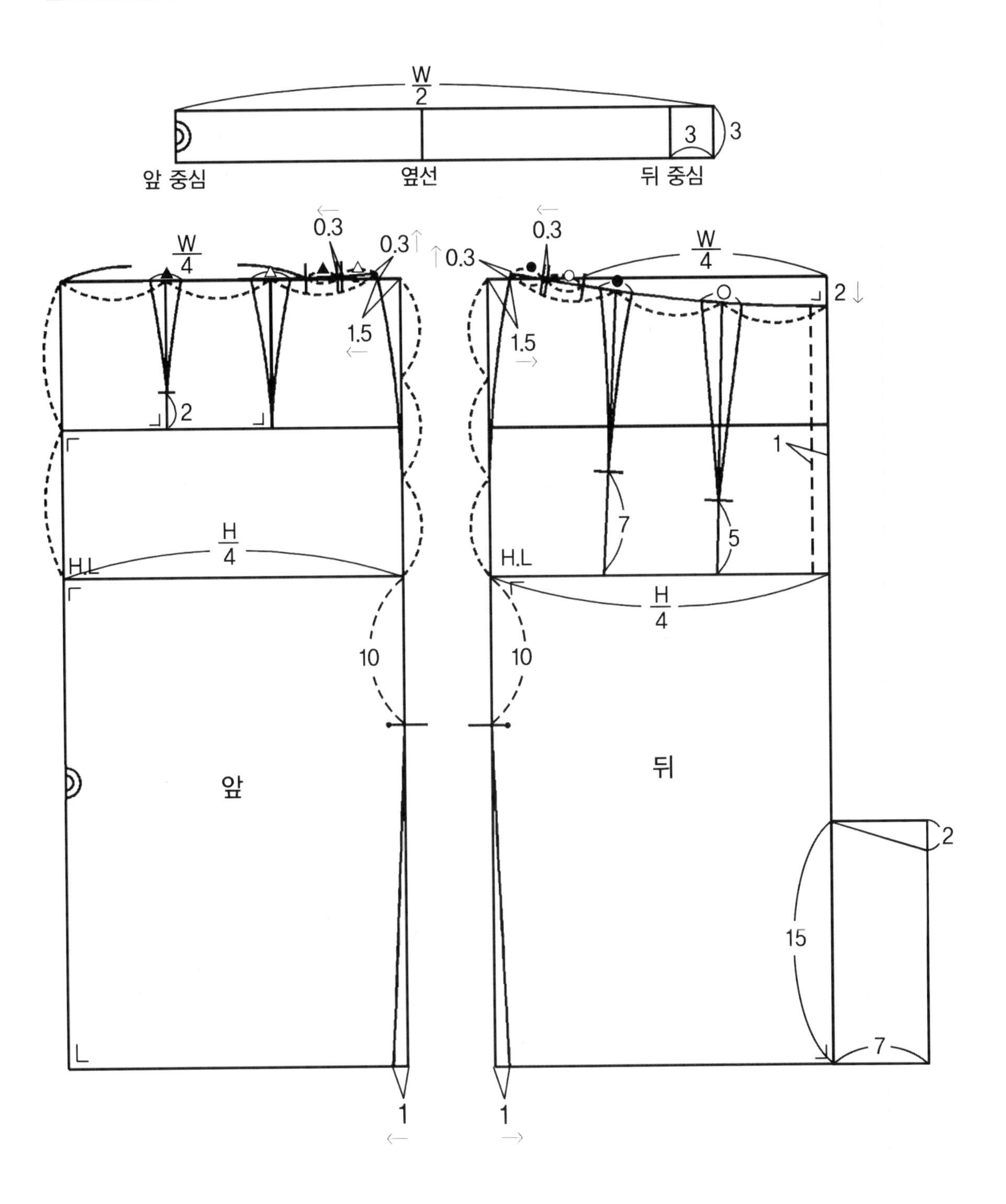

W/2
3
3
앞 중심
옆선
뒤 중심
W/4
0.3
0.3
0.3
1.5
1.5
0.3
W/4
2
2
1
7
5
H.L
H/4
H.L
H/4
10
10
앞
뒤
2
15
7
1
1

재단법

72cm

• 겉감의 재단

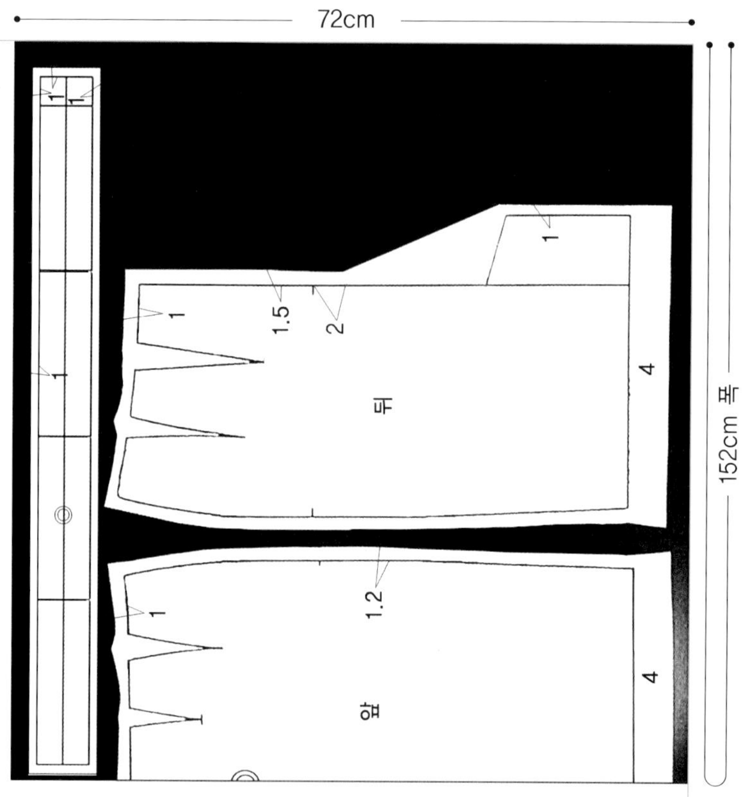

152cm 폭

• 안감의 재단

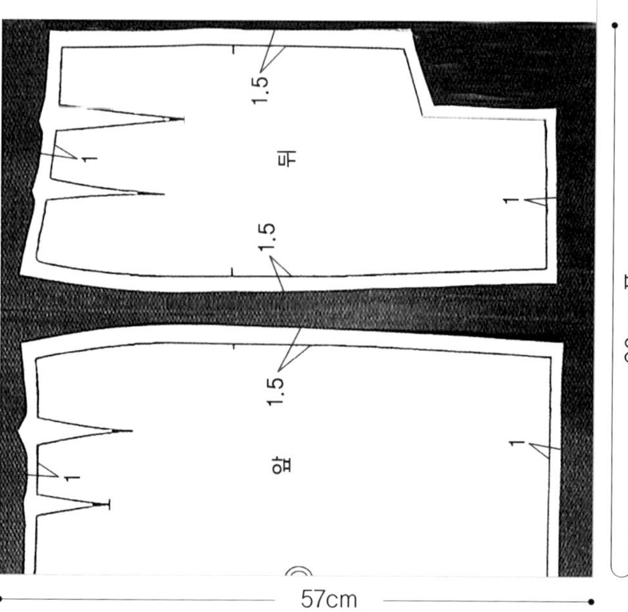

90cm 폭

57cm

재 료

- 겉감 152cm 폭 72cm
- 안감 110cm 폭 57cm
- 접착 심지 6cm×20cm
- 허리 벨트 심지
  허리 둘레 치수+3cm
- 지퍼 18cm 1개
- 훅과 아이 1set

봉제법

1. 표시를 한다.

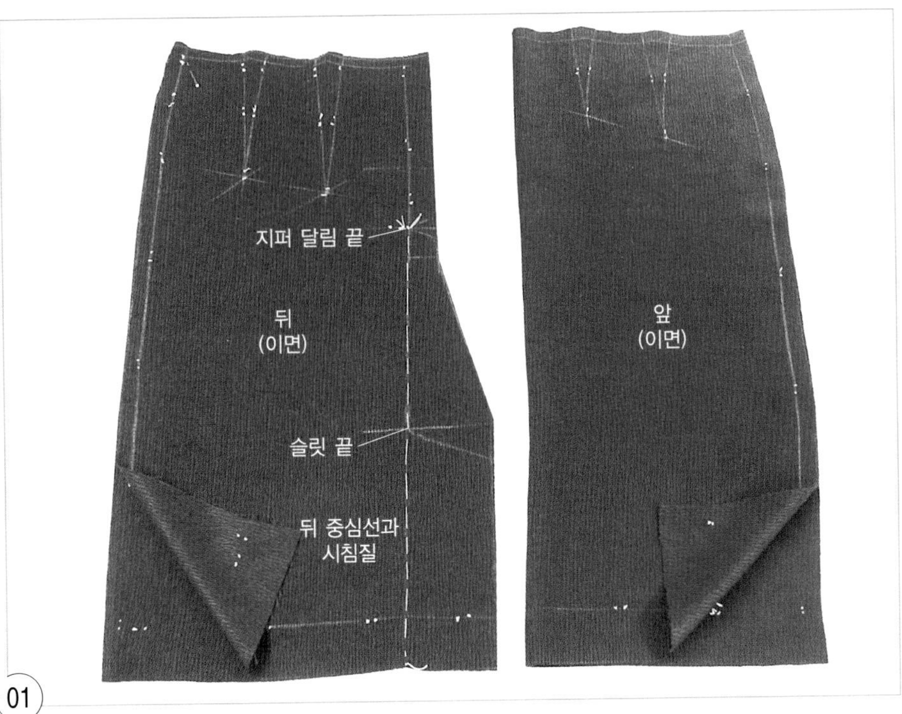

01

앞뒤 겉감의 완성선에 실표뜨기로 표시하고, 지퍼 달림 끝에서 밑단까지 뒤 중심선에 시침질로 고정시킨다.

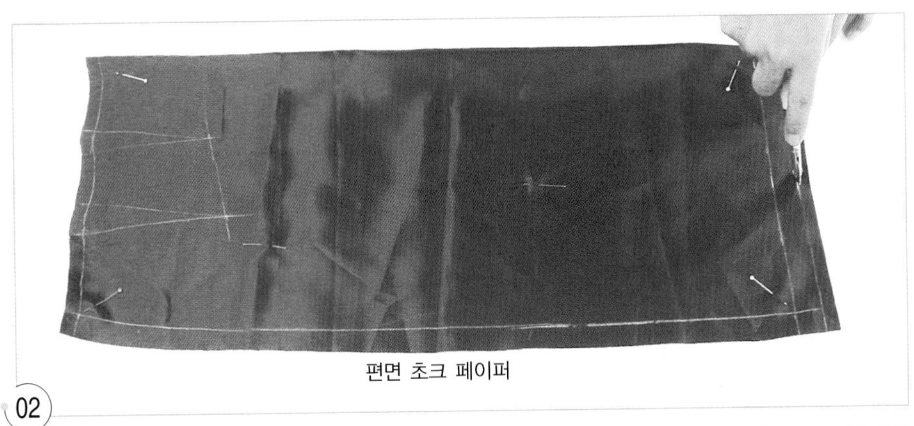

02

안감의 앞뒤 스커트를 편면 초크 페이퍼 위에 안감을 얹어 룰렛으로 초크 표시를 눌러 반대편 쪽에 표시를 한다.

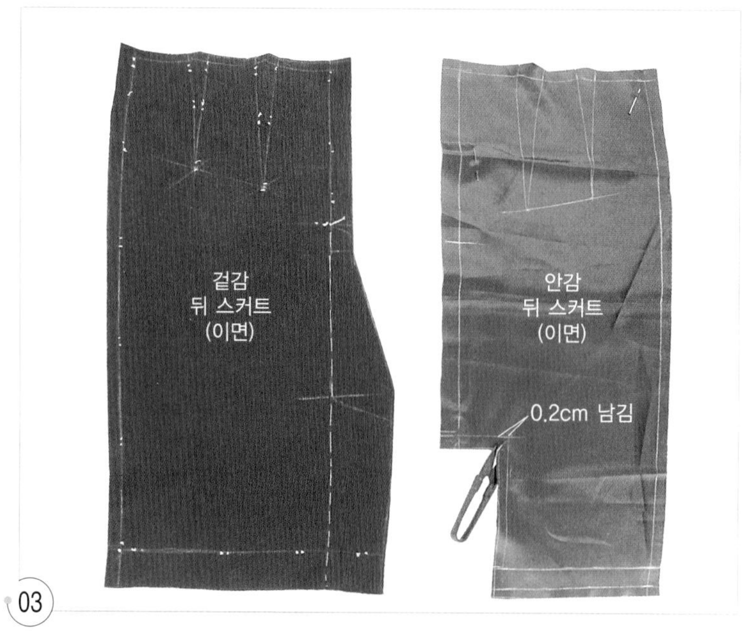

안감의 슬릿 트임 끝 각진 곳에 0.2cm 남기고 가윗밥을 넣는다.

2. 접착 심지를 붙인다.

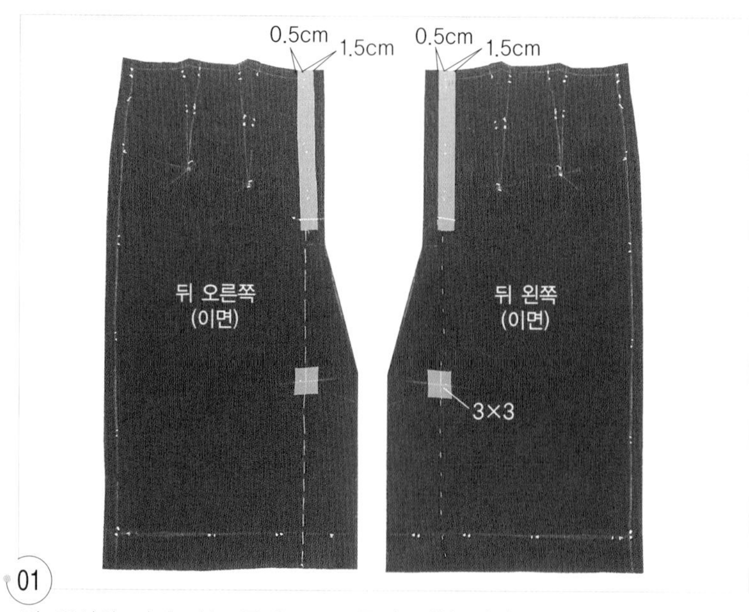

뒤 중심의 지퍼 다는 곳에 2cm 폭의 접착 심지를 오른쪽은 완성선에서 0.5cm, 왼쪽은 완성선에서 1.5cm를 몸판 쪽에 겹쳐 붙이고, 트임 끝 위치의 중앙에 3cm의 정사각형으로 자른 접착 심지를 붙인다.

3. 뒤 중심을 박고, 오버록 재봉을 한다.

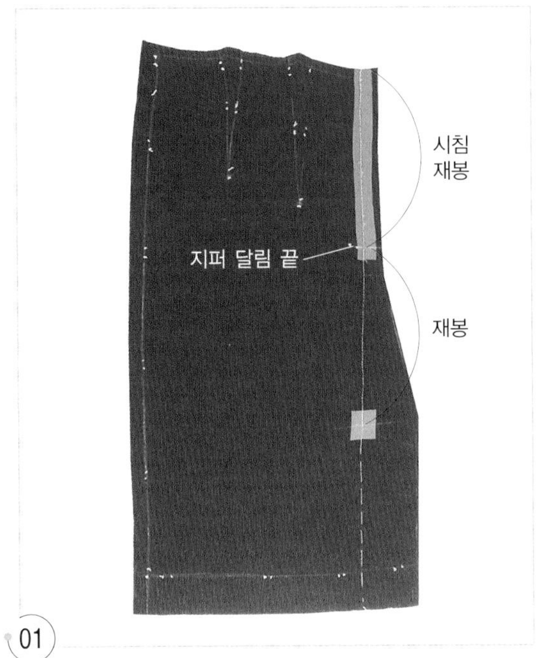

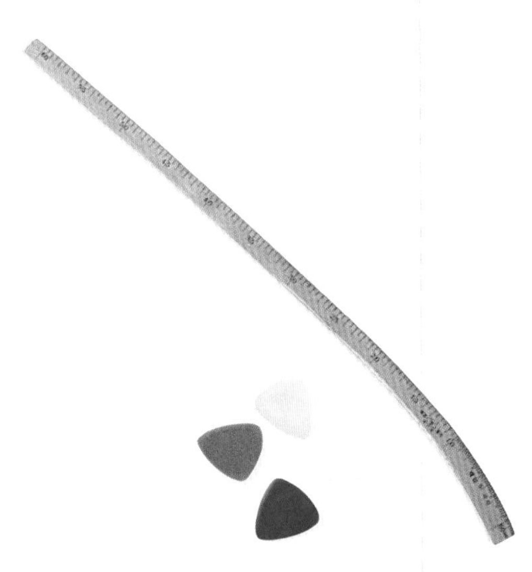

01

뒤 스커트를 좌우 겉끼리 마주 대어 뒤 중심의 지퍼 달림 끝 표시까지는 시침재봉을 하고, 지퍼 다림 끝에서 슬릿의 트임 끝까지는 일반 재봉을 하여 고정시킨다.

02

앞뒤 옆선과 뒤 중심선 쪽 시접에 겉쪽에서 오버록 재봉을 한다.

4. 뒤 슬릿을 만든다.

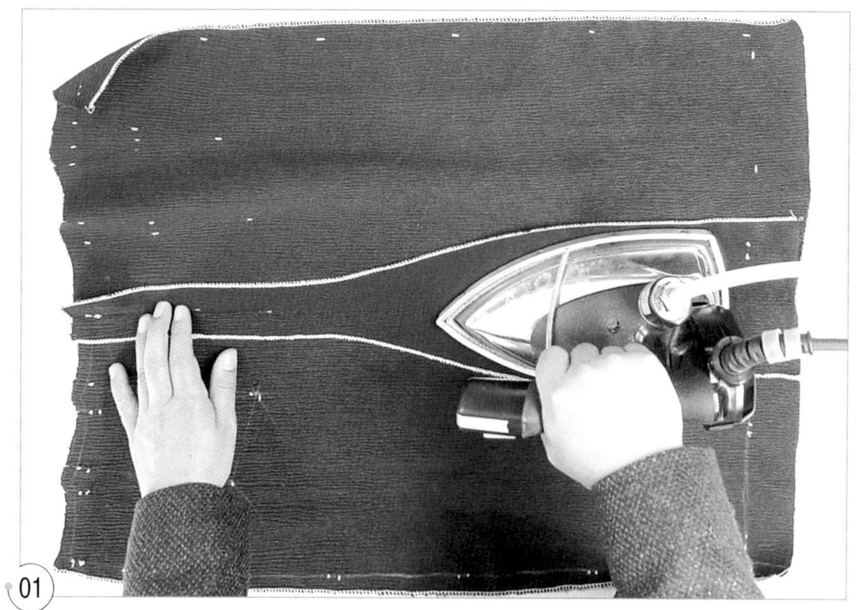

01
뒤 중심선의 시접을 가른다.

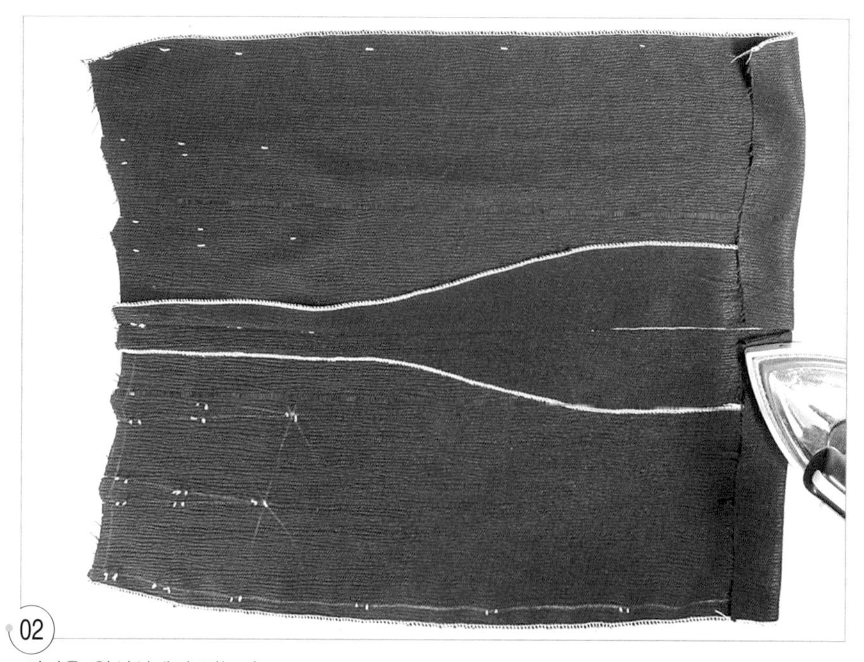

02
밑단을 완성선에서 접는다.

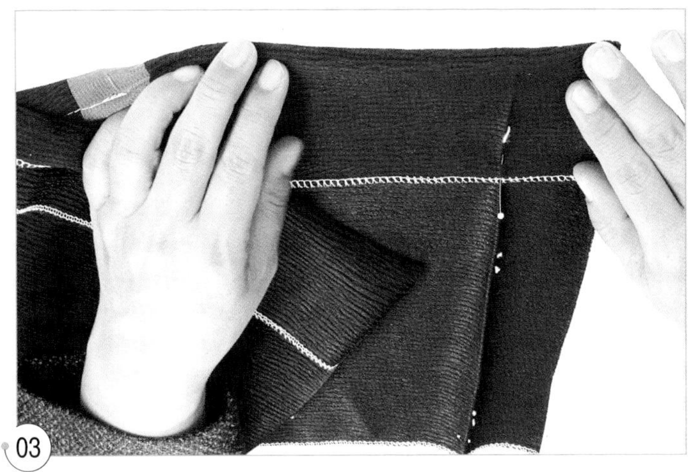

03

슬릿 부분의 안단을 겉끼리 마주 대어 밑단 쪽의 안단 주름을 맞추어 핀으로 고정시킨다.

04

안단을 접은 상태로 몸판 쪽에서 안단 끝까지 주름이 접힌 곳을 박는다.

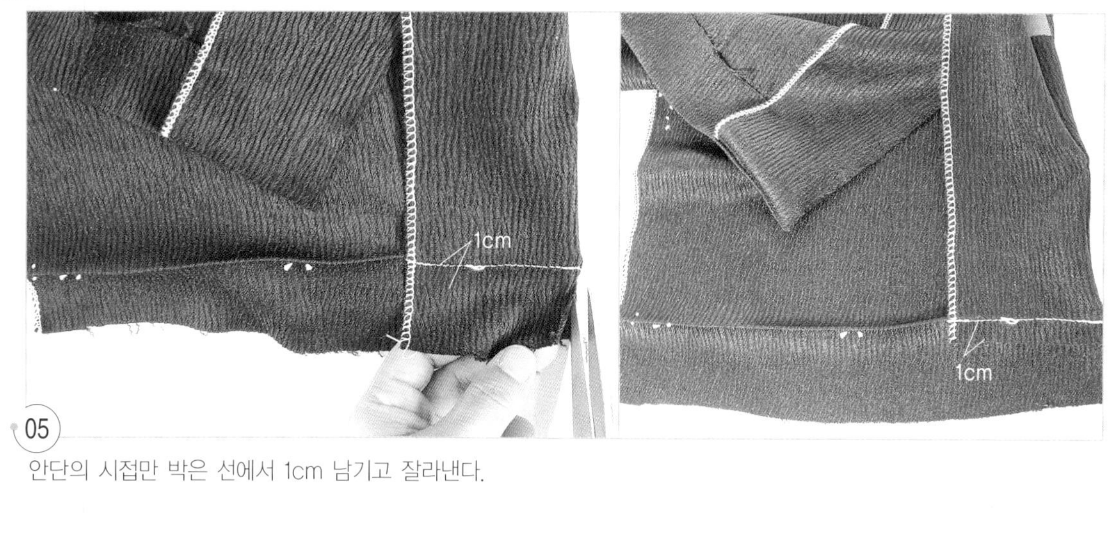

05

안단의 시접만 박은 선에서 1cm 남기고 잘라낸다.

06

겉으로 뒤집어 슬릿을 정리한디.

5. 다트를 만든다.

01
앞뒤 다트를 박는다.

02
앞뒤 다트 끝의 실을 묶은 다음 1cm 남기고 잘라낸다.

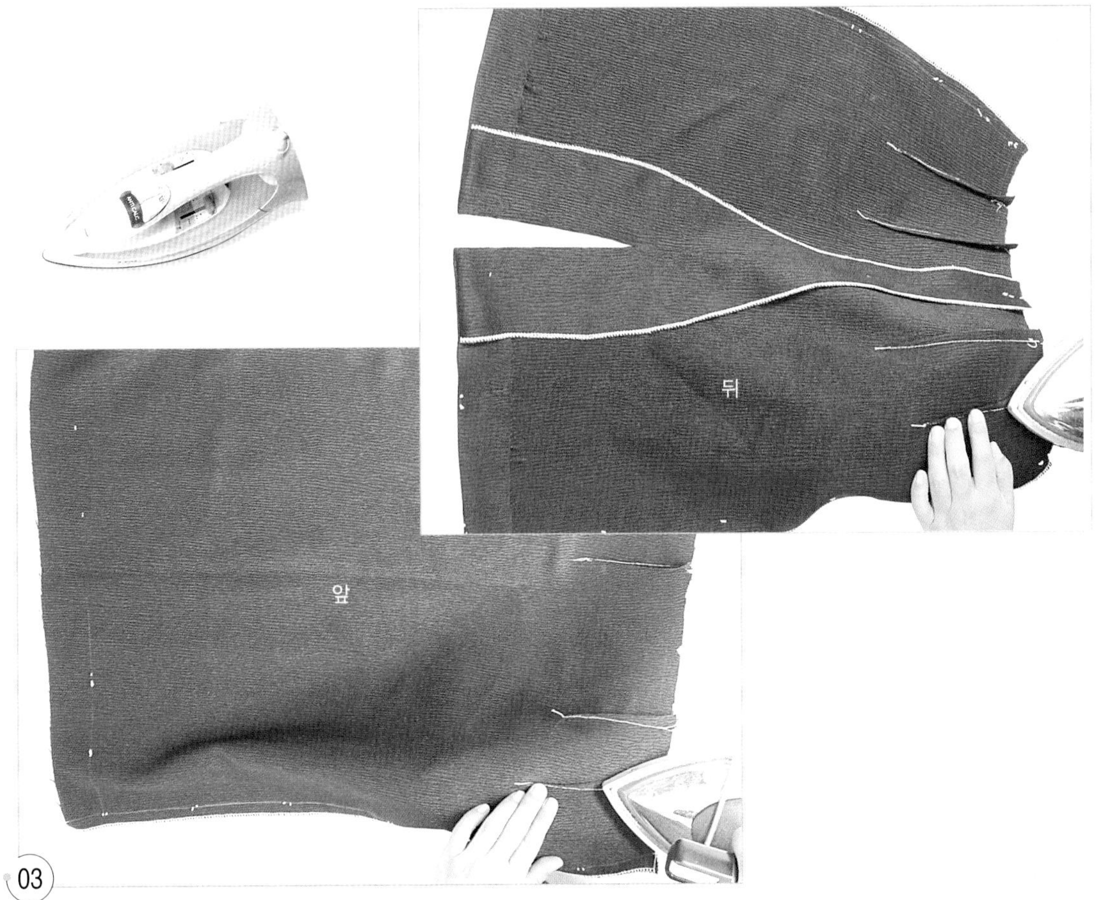

03
앞뒤 다트를 중심 쪽으로 넘긴다.

6. 지퍼를 단다.

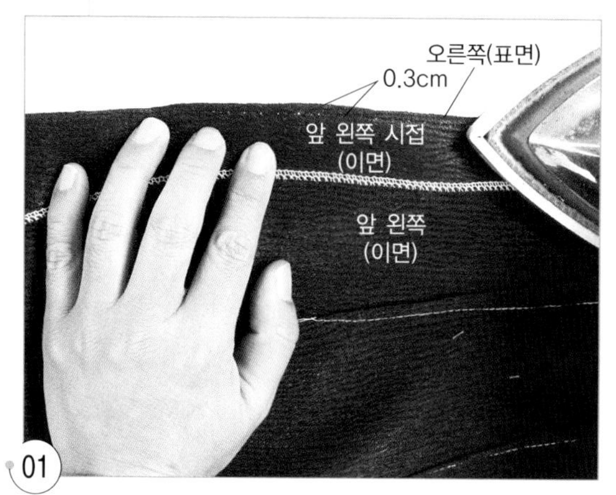

01
뒤 오른쪽 지퍼 다는 곳의 시접을 중심선에서 0.3cm 내어서 접는다.

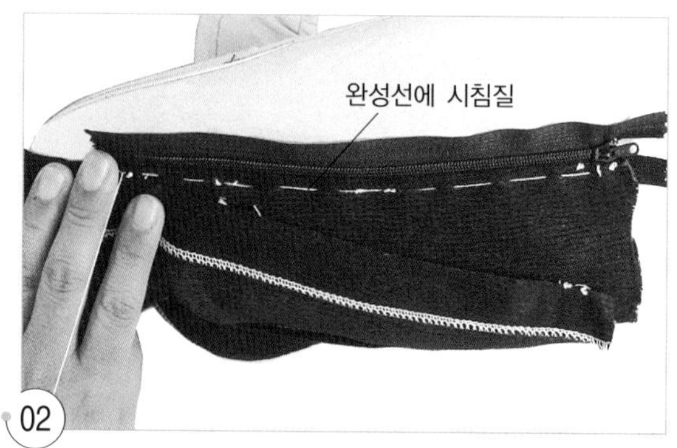

02
지퍼의 이가 물리는 테이프 끝에 뒤 오른쪽 중심선에서 0.3cm 내어 접은 끝단을 맞추어 겹쳐 얹고 중심선에 시침질로 고정시킨다.

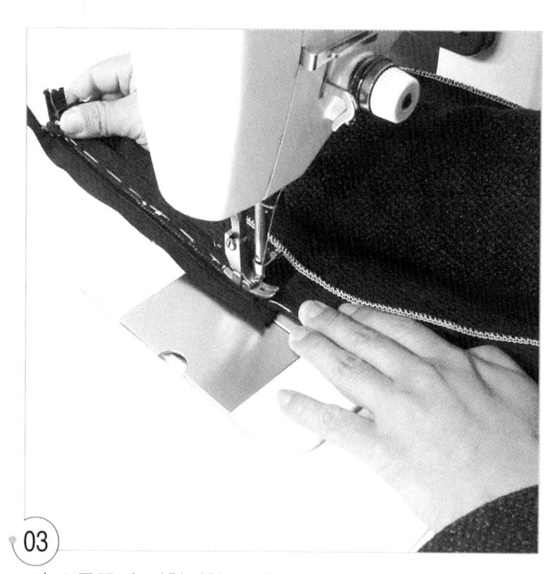

03
뒤 오른쪽의 시침질한 곳에서 0.2cm 지퍼 쪽을 박는다.

04
지퍼 달림 끝에서 바늘 한 땀을 몸판 쪽으로 박는다.

05

바늘이 꽂힌 채로 노루발을 들어 방향을 바꾼 다음 뒤 왼쪽을 뒤 오른쪽의 완성선에 겹쳐 맞추고 지퍼 달림 끝에서 직각으로 1cm를 박는다.

06

허리선 쪽으로 방향을 바꾸어 틀어지지 않도록 샌드 페이퍼를 자 대신 대고 박는다.

7. 옆선을 박는다.

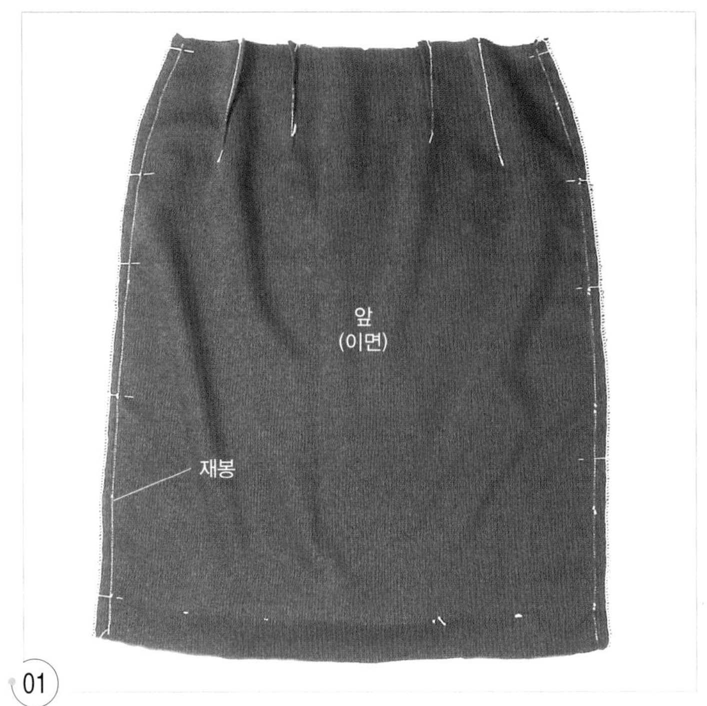

01

앞뒤 옆선의 표시를 맞추어 핀으로 고정시키고 완성선을 박는다.

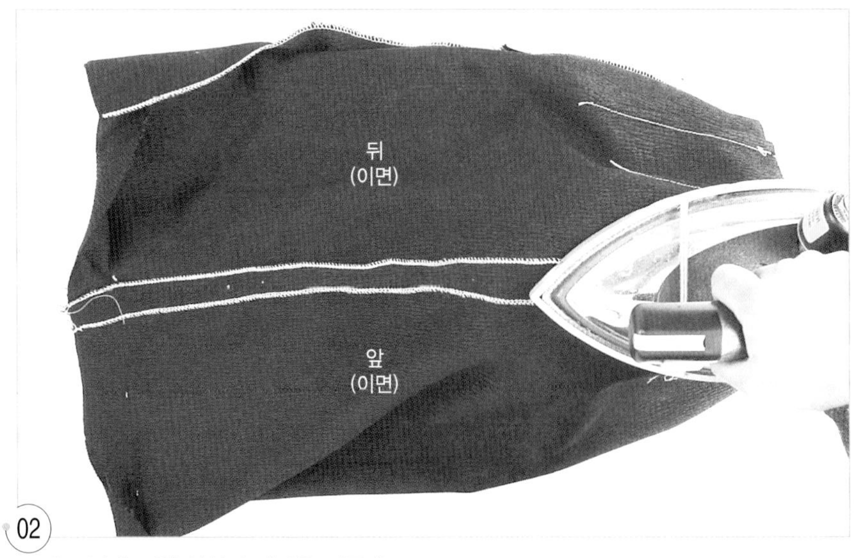

02

프레스 볼에 끼워 옆선의 시접을 가른다.

8. 단 처리를 한다.

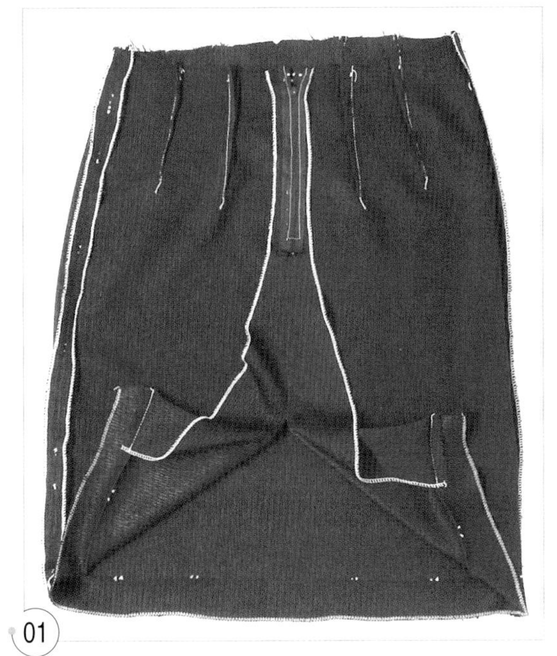

01
밑단의 시접에 겉쪽에서 오버록 재봉을 한다.

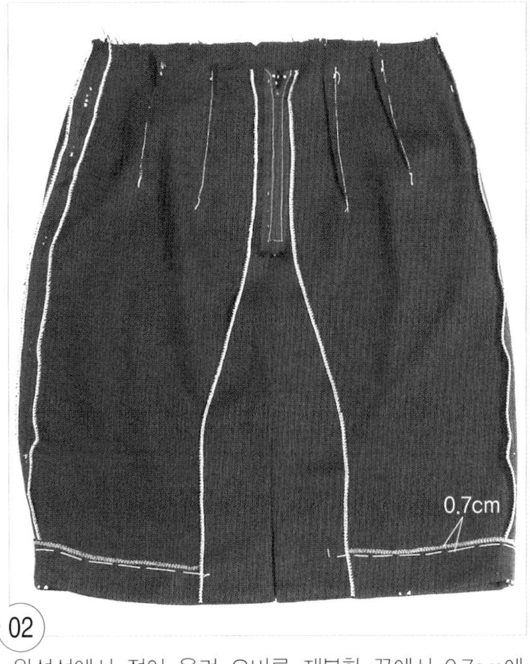

02
완성선에서 접어 올려 오버록 재봉한 끝에서 0.7cm에 시침질로 고정시킨다.

03
밑단을 속감치기로 고정시킨다.

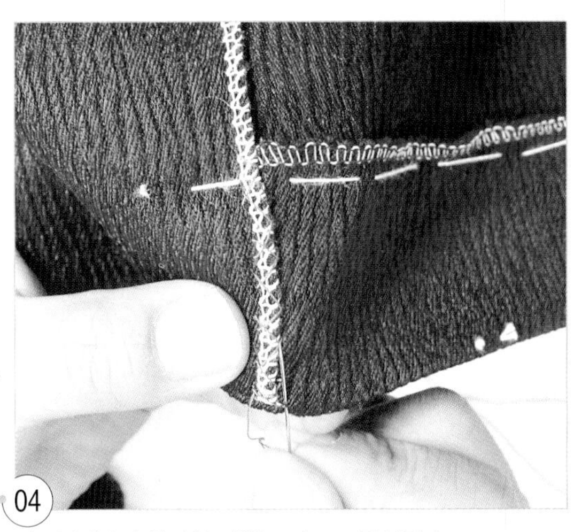

04
슬릿 부분의 안단을 새발뜨기로 고정시킨다.

9. 안감의 스커트를 만든다.

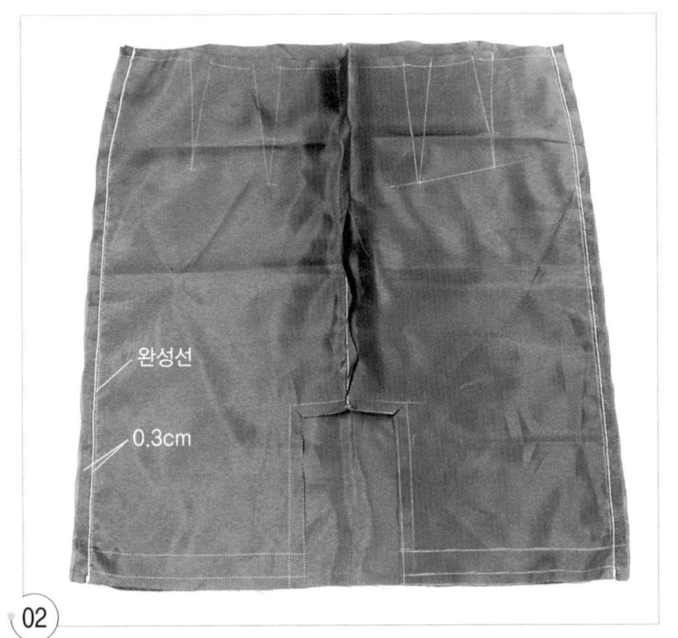

옆선의 완성선에서 0.3cm 시접 쪽을 박는다.

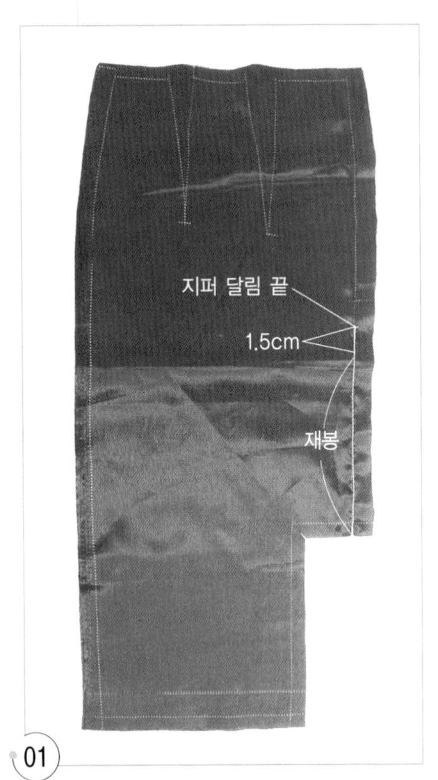

지퍼 달림 끝에서 1.5cm 내린 곳에서 슬릿 끝까지 박는다.

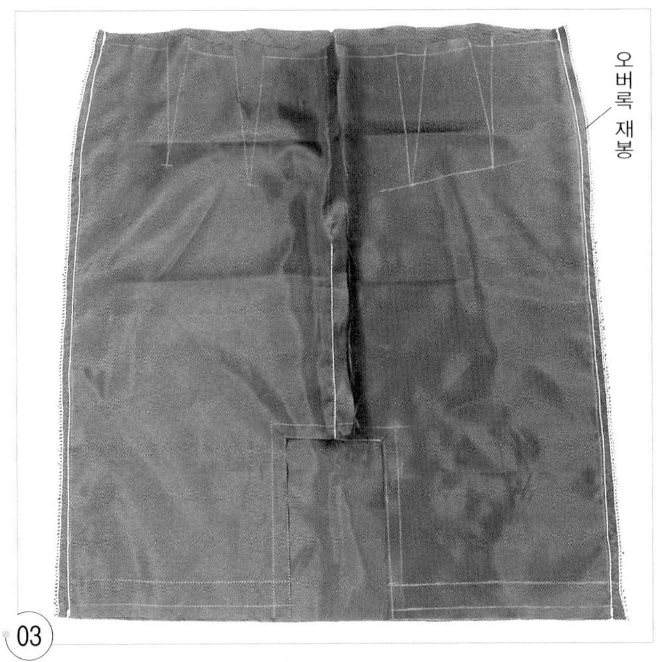

시접을 두 장 함께 오버록 재봉한다.

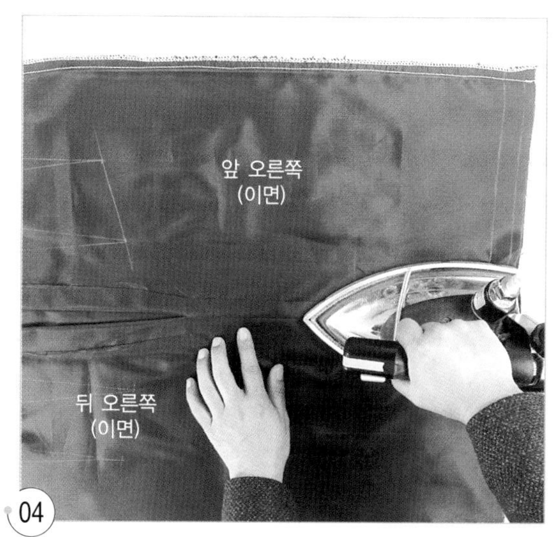

뒤 중심의 시접을 가른다.

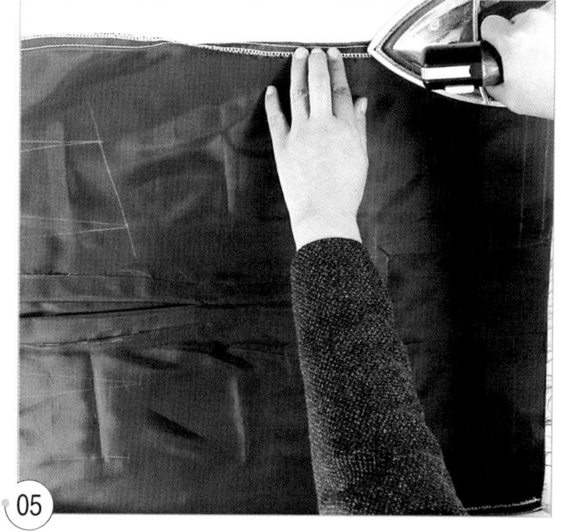

옆선의 시접을 완성선에서 접어 뒤쪽으로 넘긴다.

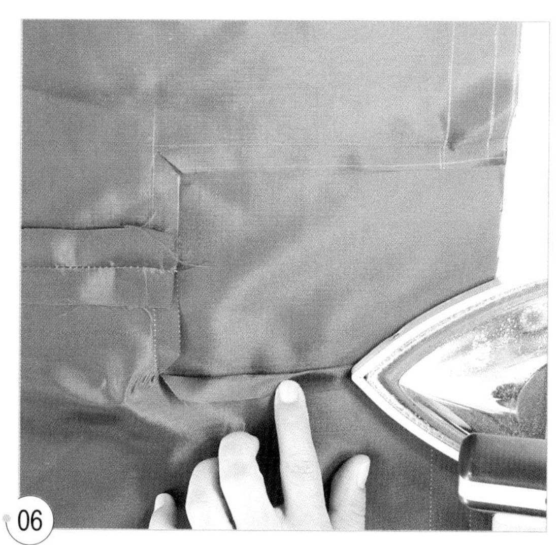

왼쪽 슬릿 부분의 시접을 접는다.

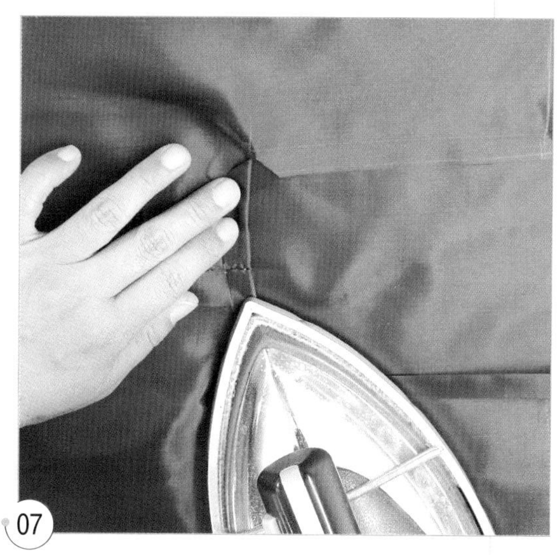

슬릿 트임 끝의 시접을 접는다.

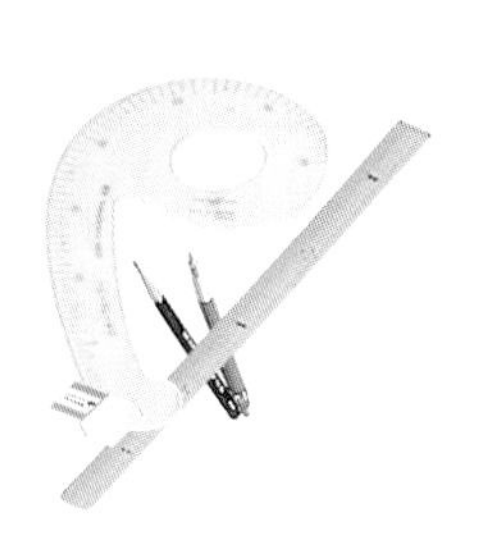

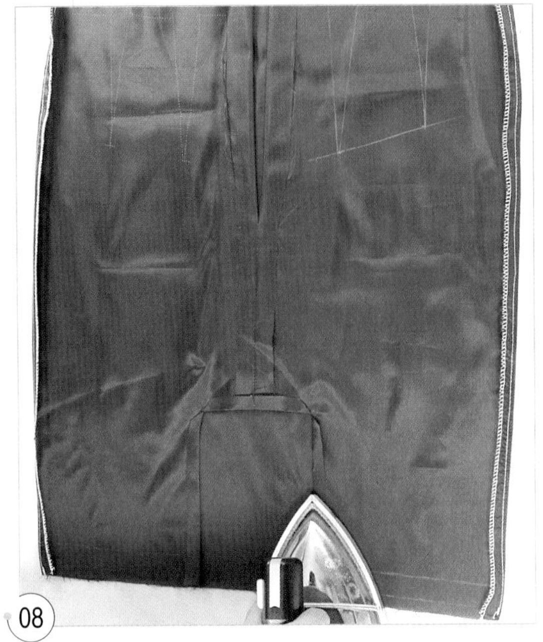

08

오른쪽 슬릿 부분의 시접을 접는다.

09

지퍼 다는 곳의 시접을 허리선 쪽의 완성선에서 0.5cm 안쪽으로 들여 접는다.

10

다트를 박지 않은 상태로 완성선에서 접어 옆선 쪽으로 넘긴다.

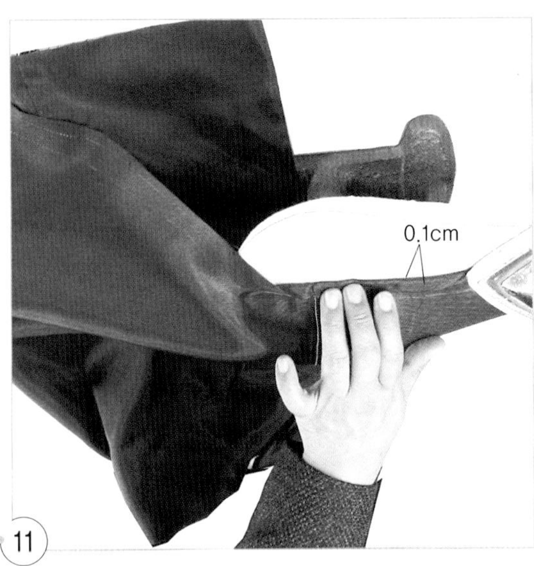

11

밑단의 시접을 1cm 접는다.

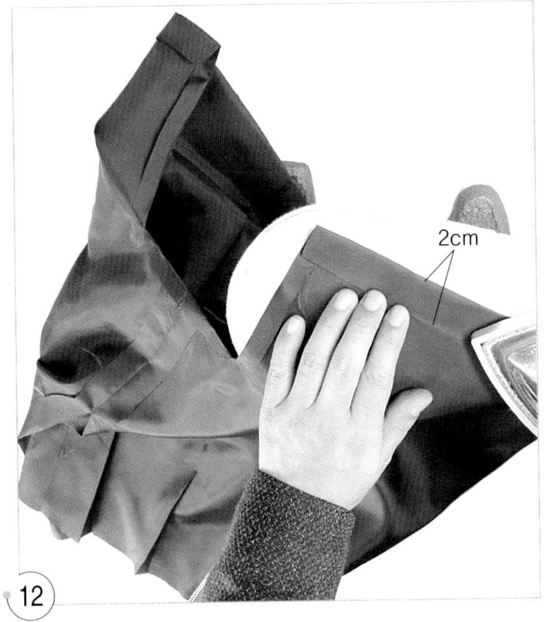

12

밑단 쪽을 2cm 다시 한 번 접는다.

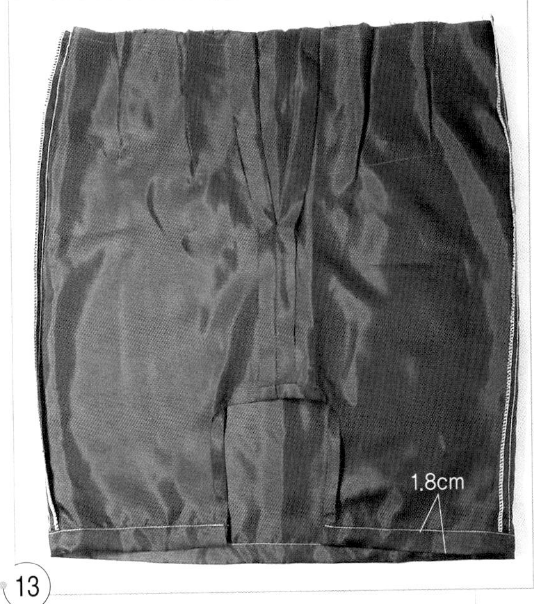

13

1.8cm에 재봉을 한다.

10. 겉감과 안감을 연결한다.

01

겉감의 허리선 쪽 지퍼 슬라이더 부분을 약간 당겨 감싸고 좌우 허리 벨트가 달릴 부분에 표시한다.

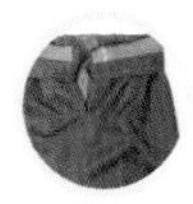

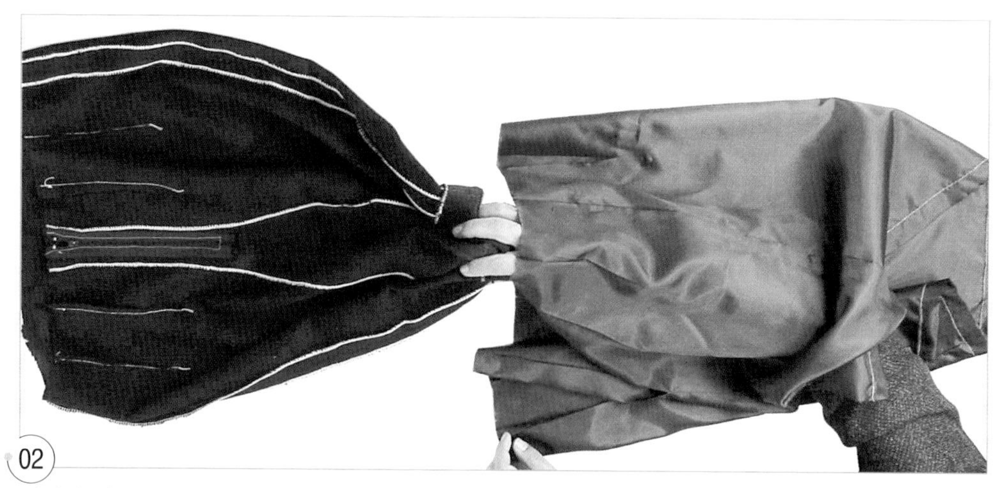

02

안감만 겉으로 뒤집고 단 쪽으로 손을 넣어 겉감을 끄집어낸다.

03

겉감과 안감의 허리선의 표시를 맞추어 핀으로 고정시키고 홈질을 한다.

04

지퍼 주위를 맞추어 핀으로 고정시키고 지퍼 달림 끝에서 슬릿 끝 사이에 약간 여유분을 넣고 슬릿 주위에 시침질로 고정시킨다.

05
지퍼 주위를 시침질로 고정시킨다.

11. 허리 벨트를 만들어 단다.

01
허리 벨트 천을 수축 방지와 구김을 펴기 위해 스팀을 분사하고 완전히 말려 준다.

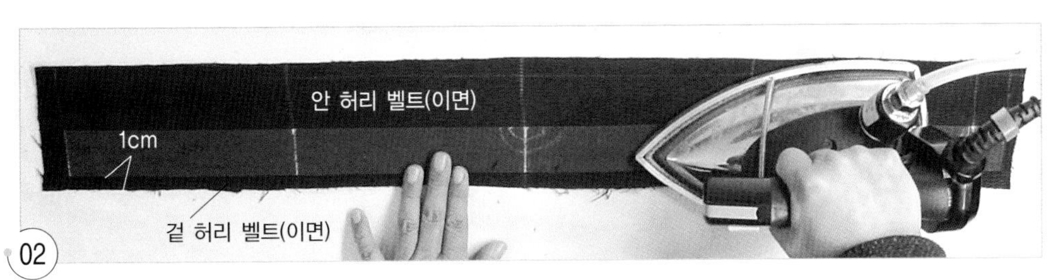

02
겉 허리 벨트 쪽에 벤놀 심지를 붙인다.

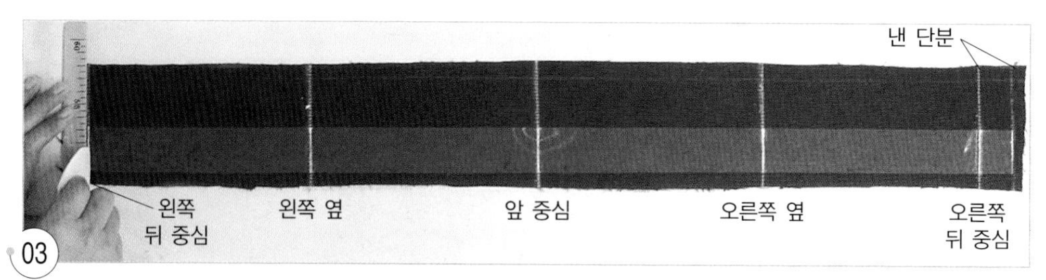

앞 중심, 옆선, 뒤 중심의 완성선에 표시를 한다.

겉 허리 벨트의 시접을 심지 끝에서 접는다.

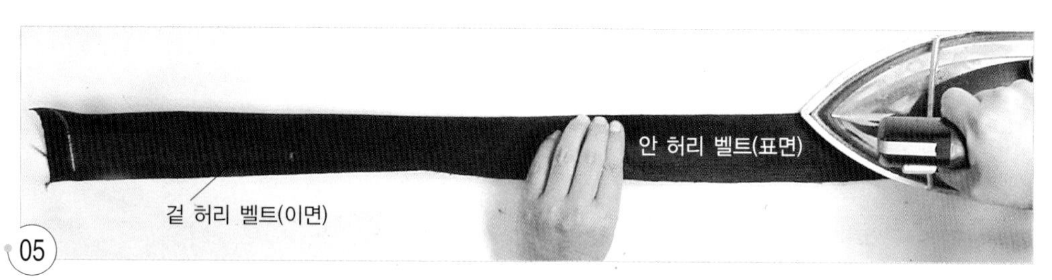

안 허리 벨트를 심지 끝에서 접는다.

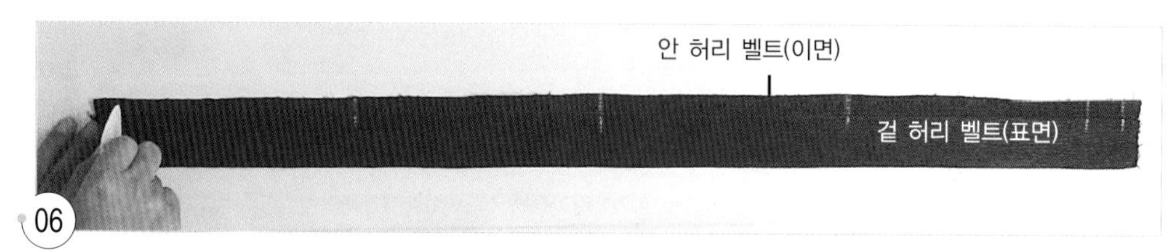

겉 허리 벨트의 아래쪽 완성선 끝에 앞 중심, 옆선, 뒤 중심의 표시를 한다.

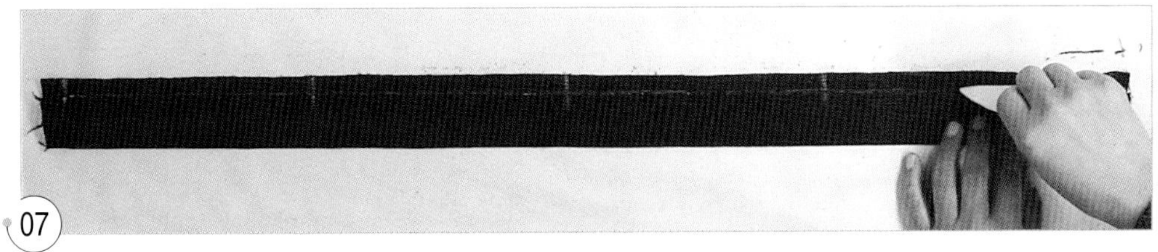

07
안 허리 벨트에 겉 허리 벨트 끝 완성선에 맞추어 표시를 한다.

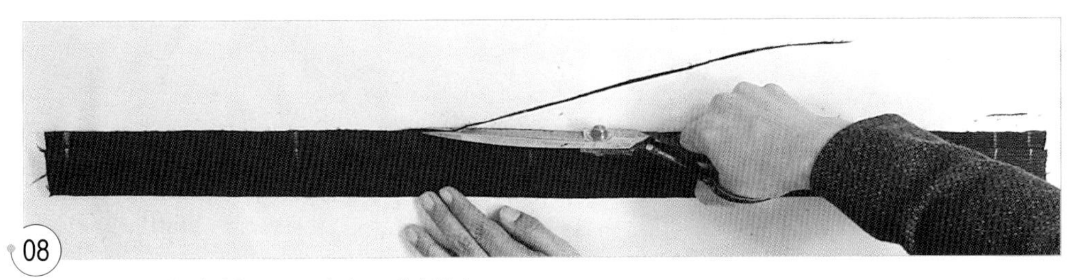

08
안 허리 벨트의 시접을 1cm 남기고 잘라낸다.

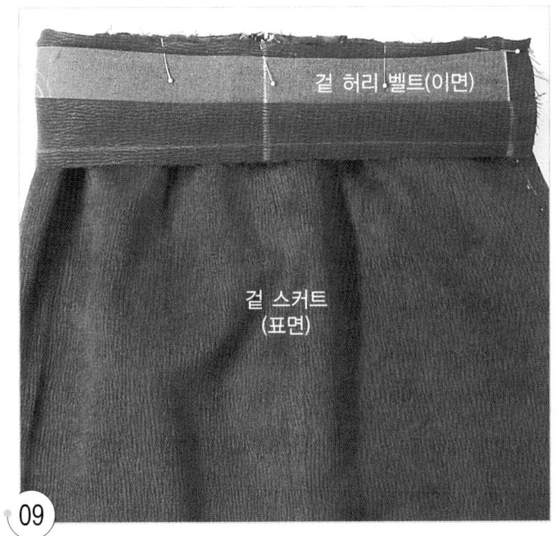

09
겉감의 표면과 겉 허리 벨트의 표면을 마주 대어 표시를 맞추고 핀으로 고정시킨다.

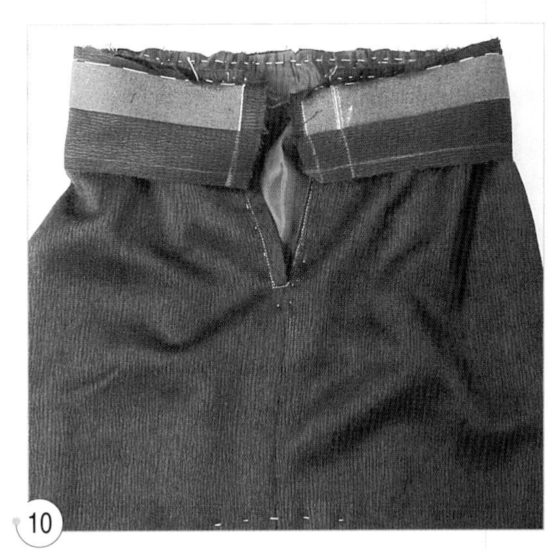

10
심지 끝을 시침질로 고정시킨다.

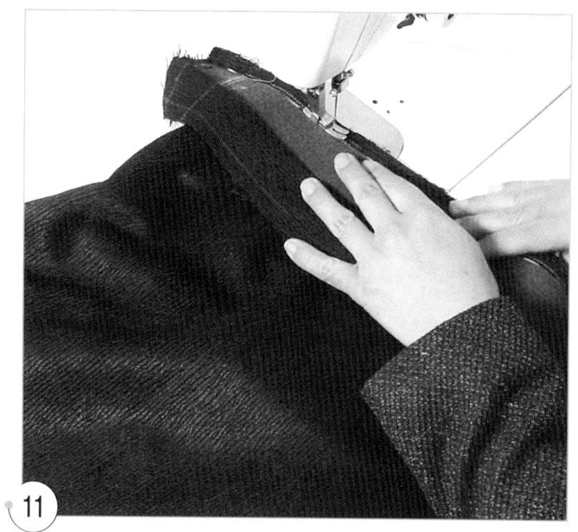

11
심지 끝에서 0.1cm 시접 쪽을 박는다.

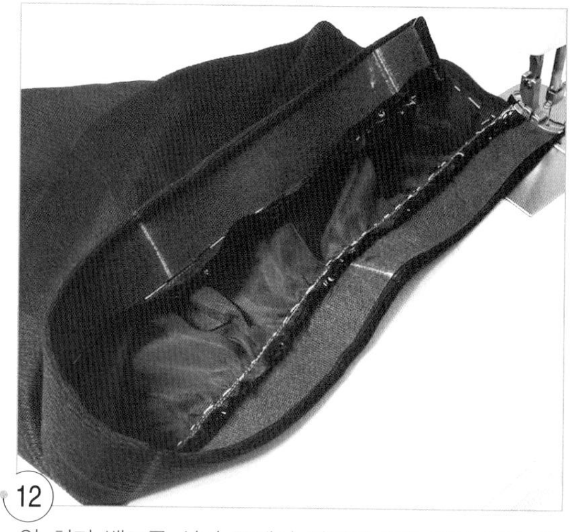

12
안 허리 벨트를 심지 끝에서 겉끼리 마주 대어 접고 허리 벨트의 좌우 뒤 중심 쪽 심지 끝을 박아 고정시킨다.

13
허리 벨트를 겉으로 뒤집어서 시접을 벨트 쪽으로 넘기고 표시를 맞추어 핀으로 고정시킨 다음 안 허리 벨트를 겉 허리 벨트를 박은 바늘땀에 걸어 감침질로 고정시킨다.

14

지퍼 주위의 안감을 감칩질로 고정시킨다.

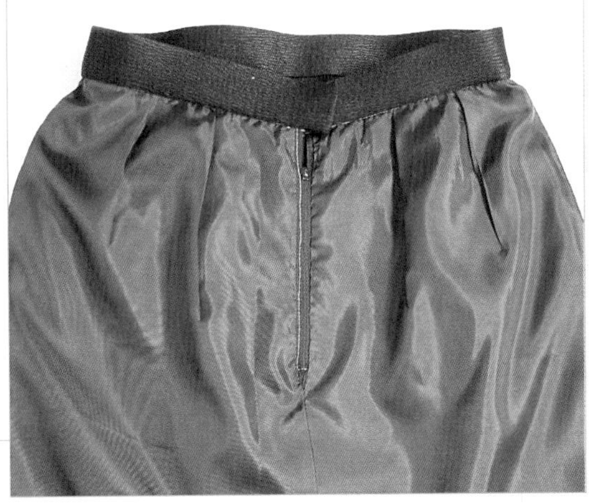

15

슬릿 주위의 안감을 겉감의 안단에만 걸어 감칩질로 고정시킨다.

16
스커트 옆선 단 쪽에 겉감과 안감을 4~5cm 정도의 실 루프를 만들어 연결한다.

12. 훅과 아이를 단다.

01
뒤 왼쪽 안 허리 벨트 끝에서 0.5cm 안쪽에 심지까지 떠서 버튼홀 스티치로 훅을 달고, 지퍼를 올려 아이 다는 위치를 표시한 다음 0.3cm 옆선 쪽으로 이동한 위치에 아이를 단다.

13. 마무리 다림질을 하여 완성한다.

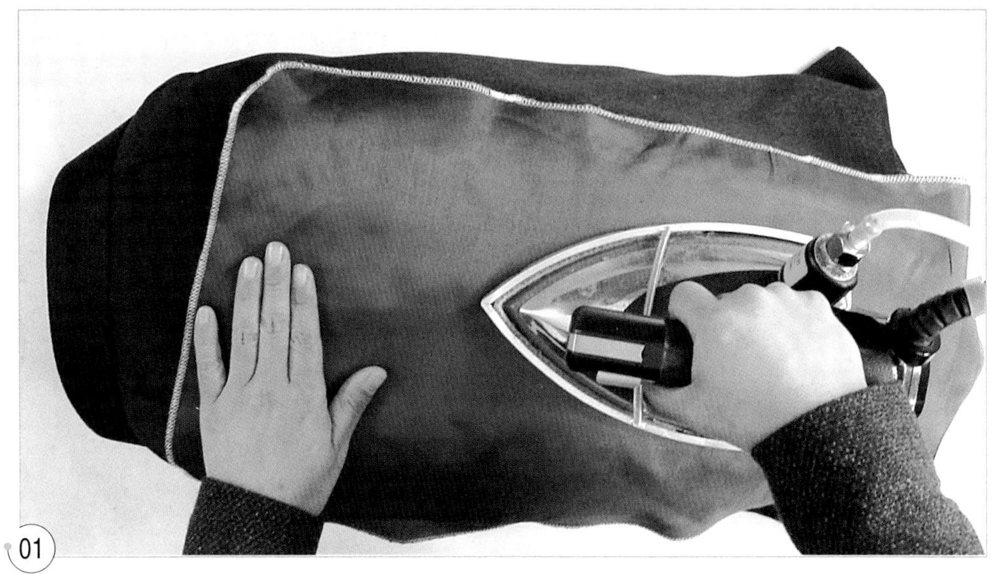

01
프레스 볼에 끼워 다림질 천을 얹고 스팀 다림질로 마무리 다림질을 한다.

세미타이트 스커트 Semitight Skirt...

S.K.I.R.T

스타일 ••• 허리에서 히프까지는 몸에 꼭 맞고 보행에 지장이 없도록 밑단에 적당한 넓이를 넣은 실루엣의 스커트로, 타이트 스커트와 마찬가지로 연령이나 체형에 관계없이 누구에게나 잘 어울리는 착용 범위가 넓은 스커트이다.

소 재 ••• 울이나 면, 마의 소재라면 중간 두께의 것이 좋고, 화섬의 경우라면 약간 두꺼운 것이 좋다.

포인트 •••

① 초보자는 안감의 완성선에 시침질을 한 다음 0.2~0.3cm 시접 쪽을 박고, 시침질한 곳에서 접은 다음 시침실을 풀어내면 안감도 쉽게 만들 수 있다.

② 허리 벨트를 달 때는 반드시 표시를 맞추어 확인하고 시침질로 고정시킨 다음 달아야 허리 벨트가 틀어지지 않는다.

제도법

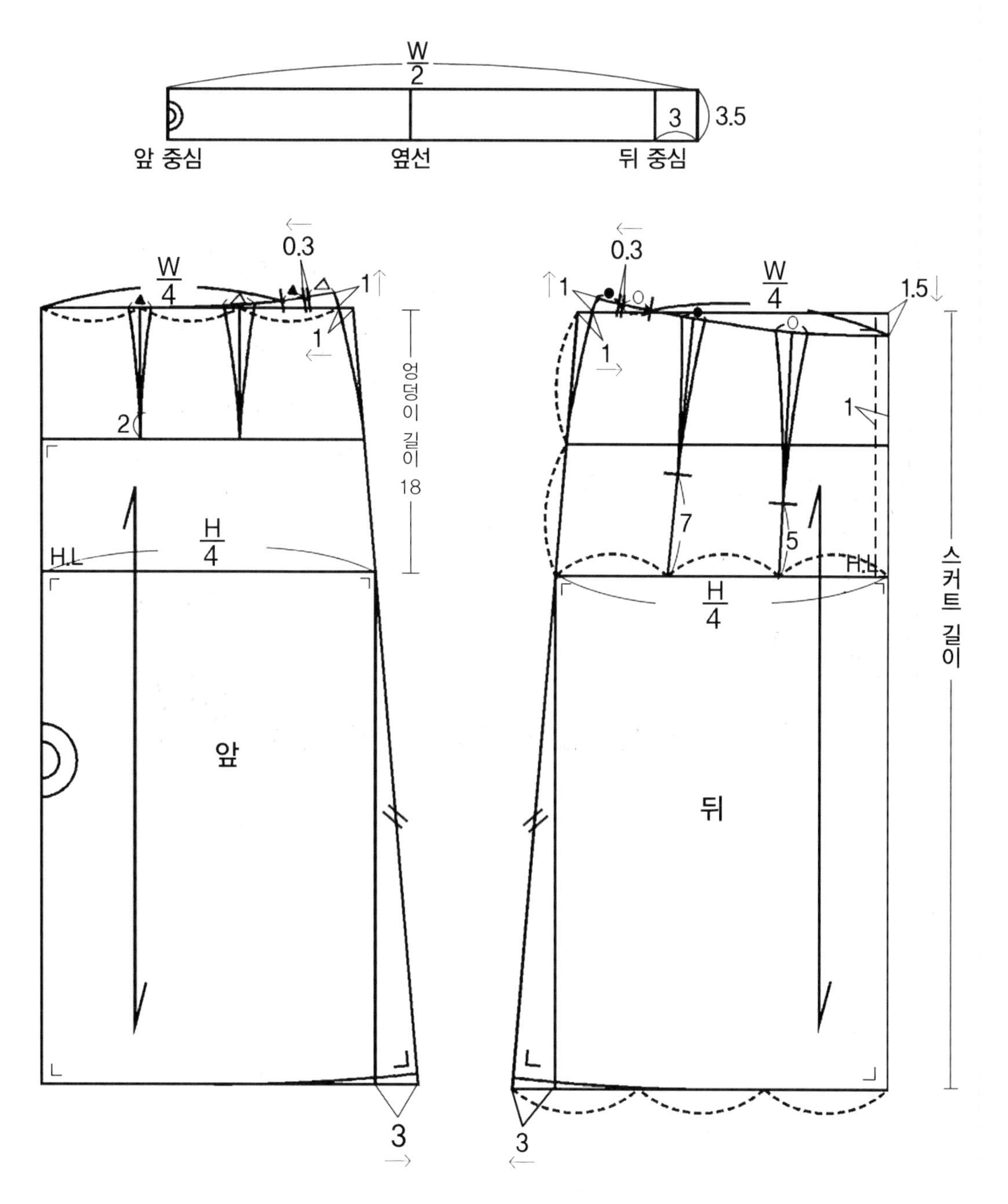
W/2
3
3.5
앞 중심
옆선
뒤 중심
0.3
W/4
1
1
2
엉덩이 길이 18
H.L
H/4
앞
3
0.3
W/4
1
1
1.5
1
7
5
H.L
H/4
스커트 길이
뒤
3

재단법

재 료

- 겉감 110cm 폭 85cm
- 안감 110cm 폭 77cm ● 접착 심지 6cm×20cm
- 허리 벨트 심지 허리 둘레 치수+3cm
- 지퍼 18cm 1개 ● 훅과 아이 1set

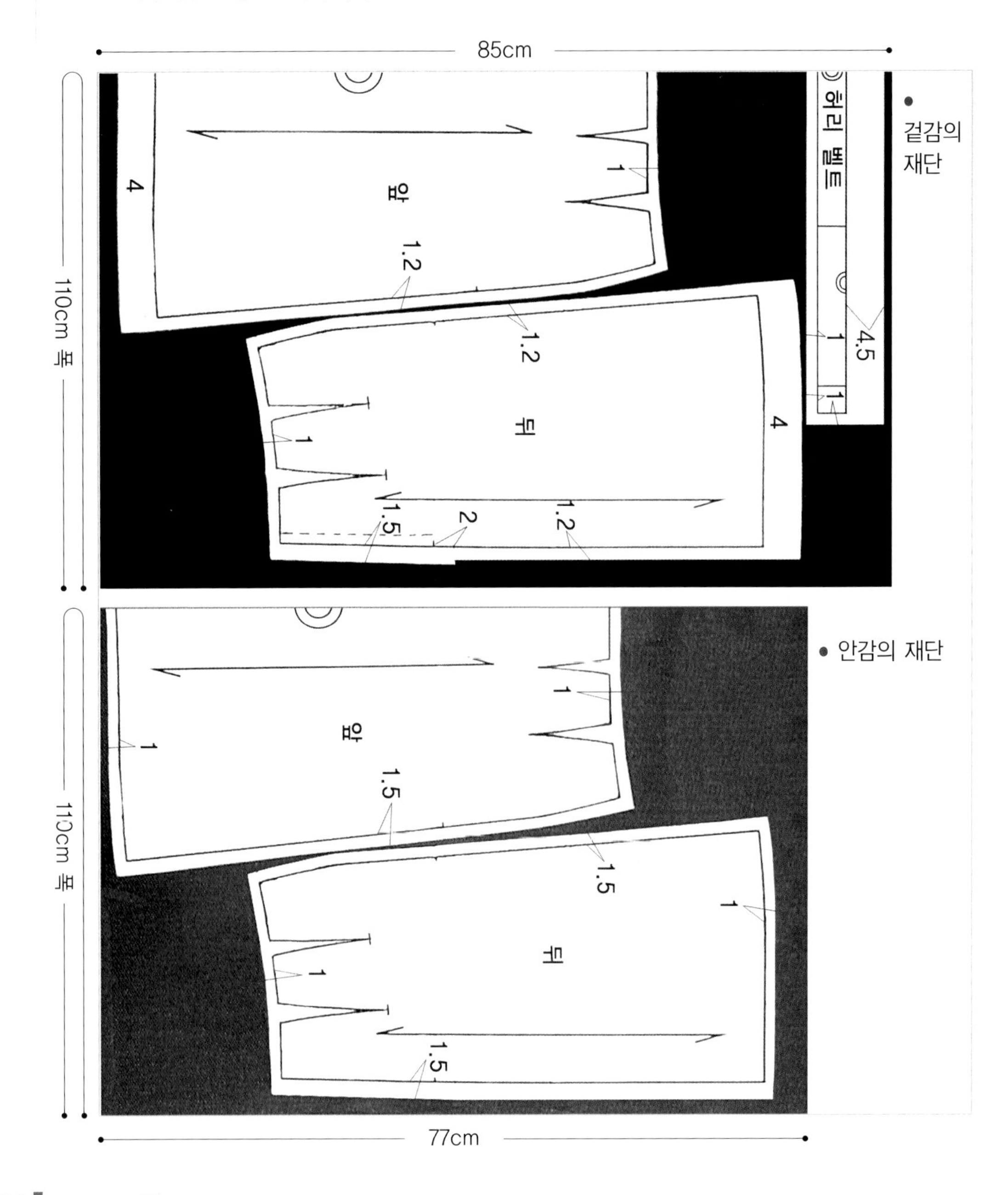

● 겉감의 재단

● 안감의 재단

봉제법

1. 표시를 한다.

01
앞뒤 겉감의 완성선에 실표뜨기로 표시를 한다.

2. 접착 심지를 붙인다.

01
좌우 뒤 스커트의 지퍼 다는 곳에 3cm 폭으로 자른 접착 심지를 붙인다.

3. 다트를 박는다.

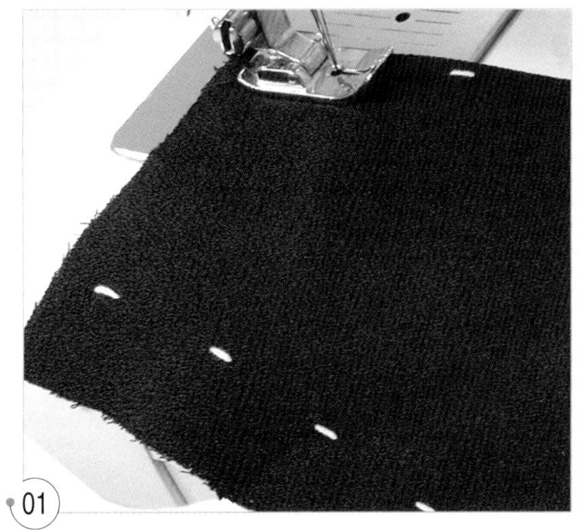

01 겉 스커트의 앞뒤 다트를 박는다.

02 다트 끝의 실을 묶은 다음 1cm 남기고 잘라낸다.

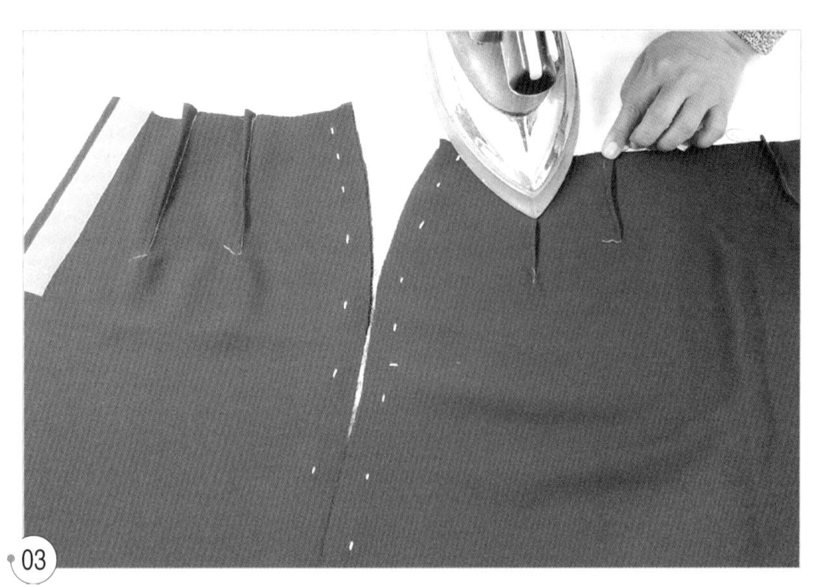

03 앞뒤 다트를 중심 쪽으로 넘긴다.

4. 뒤 중심을 박는다.

01
지퍼 달림 끝에서 단까지 시침질한다.

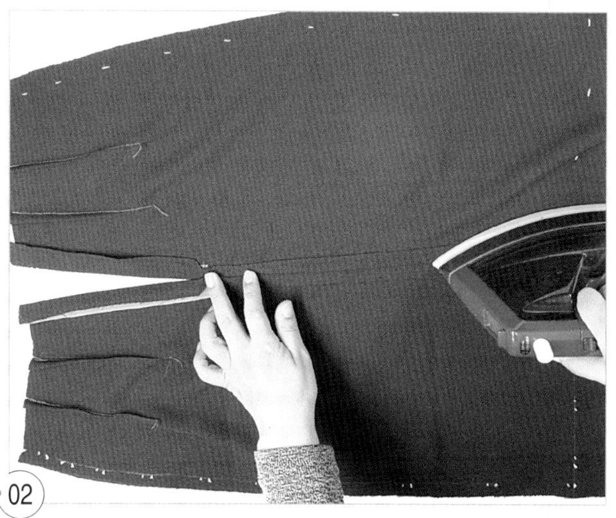

02
뒤 중심선을 박고 시접을 가른다.

5. 지퍼를 단다.

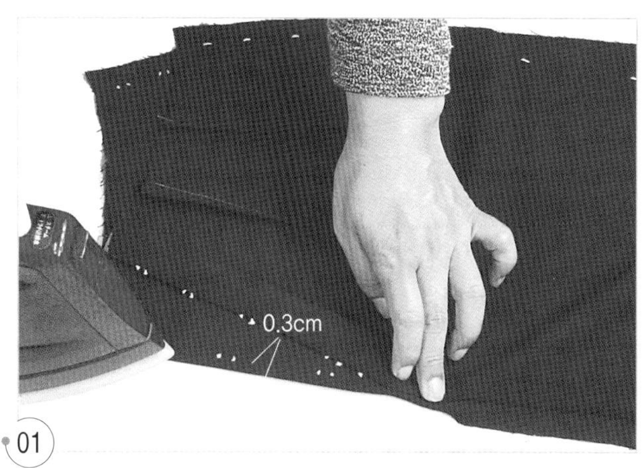

01
뒤 오른쪽 지퍼 다는 곳을 중심선에서 시접을 0.3cm 내어서 다림질한다.

02
지퍼의 이가 물리는 테이프 끝에 0.3cm 내어 접은 끝단을 맞추어 겹쳐 얹고 뒤 오른쪽 중심선에 시침질로 고정시킨 다음, 시침질한 곳에서 0.2cm 지퍼 쪽을 박는다.

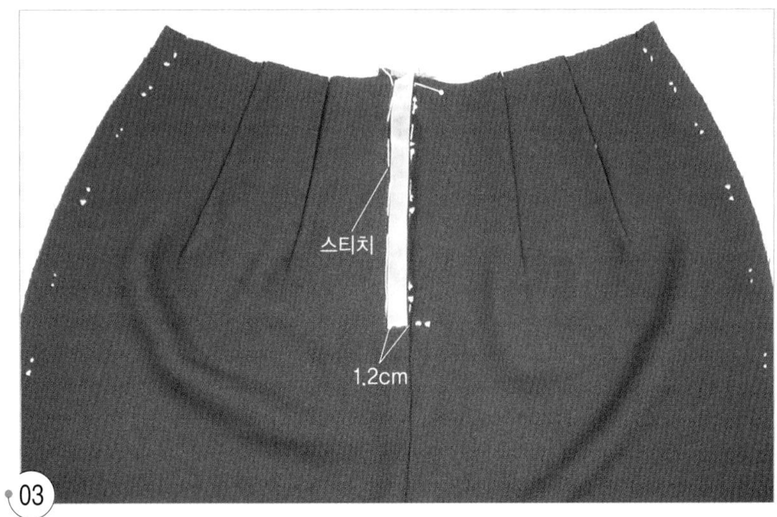

03
지퍼를 올리고 뒤 왼쪽 중심선을 뒤 오른쪽의 중심선에 맞추어 겹쳐 얹고 시침질로 고정시킨 다음, 1.2cm 폭의 매직 테이프를 붙이고 테이프 끝을 안내선으로 하여 겉쪽에서 스티치한다.

6. 옆선을 박는다.

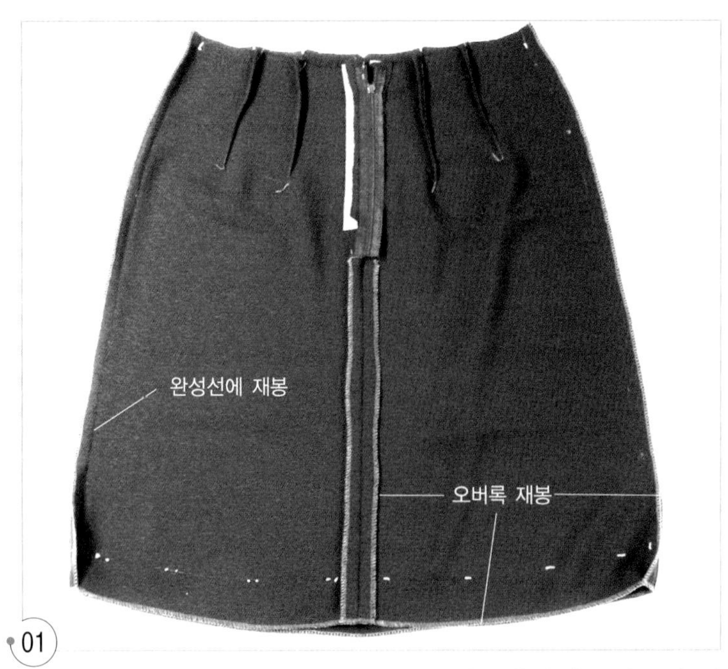

01
앞뒤 스커트를 겉끼리 마주 대어 옆선의 완성선을 맞추어 박고, 뒤 중심, 옆선, 밑단 선에 오버록 재봉을 한다.

02
프레스 볼에 끼워 뒤 중심, 옆선의 시접을 가른다.

7. 단을 올린다.

01
스커트 단을 완성선에서 접어 올려 다리미로 가볍게 눌러 준다.

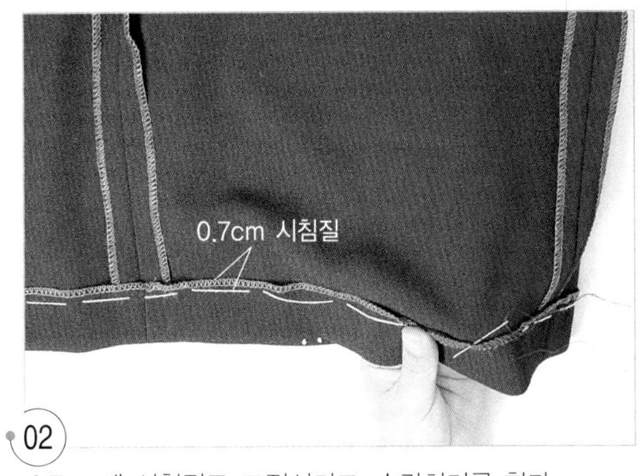

02
0.7cm에 시침질로 고정시키고, 속감치기를 한다.

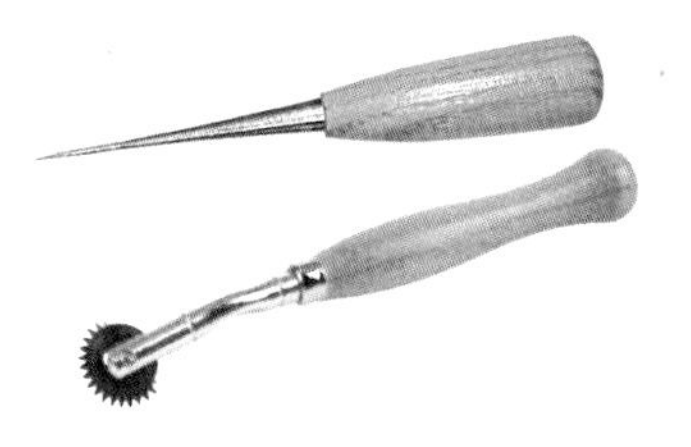

8. 안 스커트를 만든다.

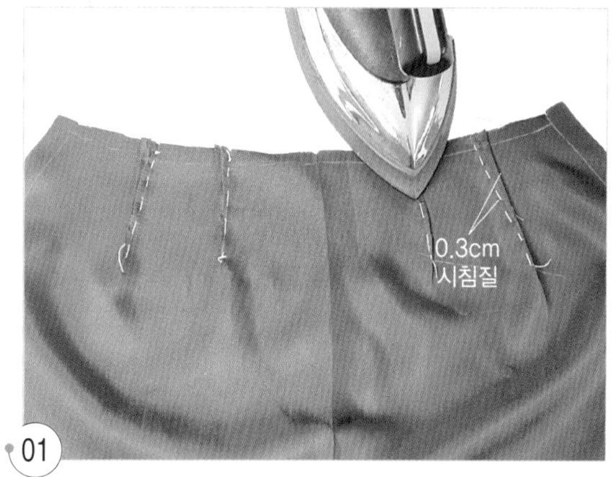

01
안 스커트의 앞뒤 다트의 완성선에 시침질하고, 0.3cm 다트의 시접 쪽을 박은 다음, 시침질한 곳에서 접어 옆선 쪽으로 넘긴다.

02
겉끼리 마주 대어 뒤 중심선과 옆선의 완성선에 시침질한다.

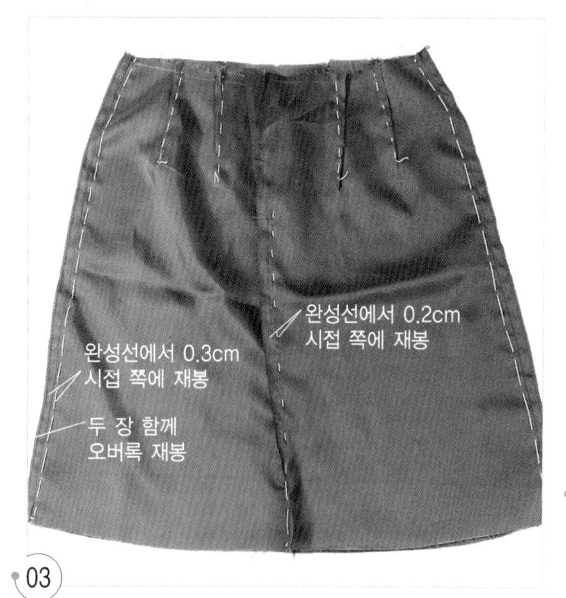

03
뒤 중심선을 지퍼 달림 끝에서 1cm 내려 완성선에서 0.2cm 시접 쪽을 박고, 옆선은 완성선에서 0.3cm 시접 쪽을 박은 다음, 시접을 두 장 함께 오버록 재봉한다.

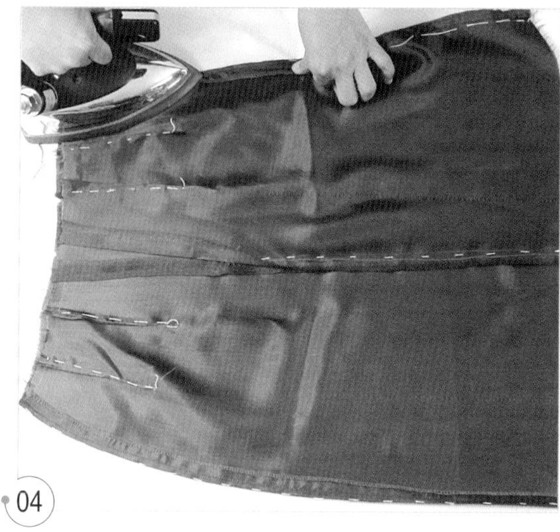

04
뒤 중심의 시접은 왼쪽으로 함께 넘기고, 옆선의 시접을 완성선에서 접어 뒤판 쪽으로 넘긴다.

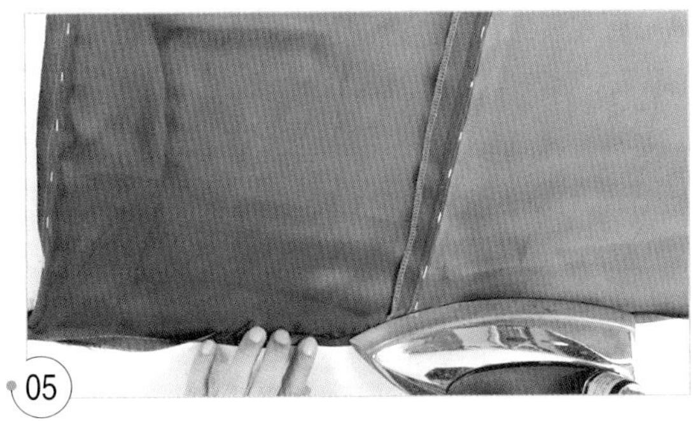

05

밑단의 시접을 1cm 접는다.

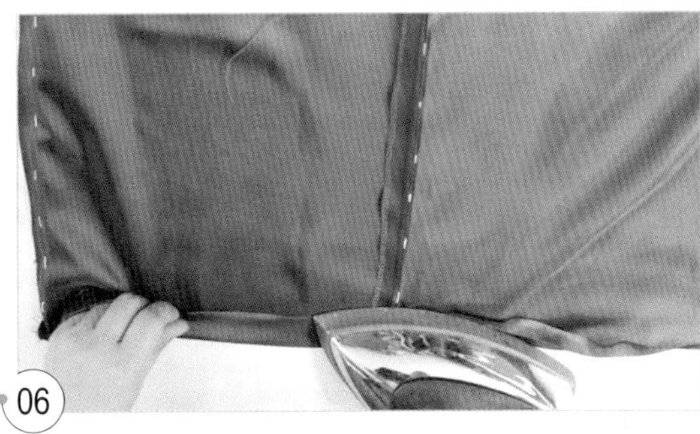

06

밑단 쪽에서 2cm를 다시 한 번 접는다.

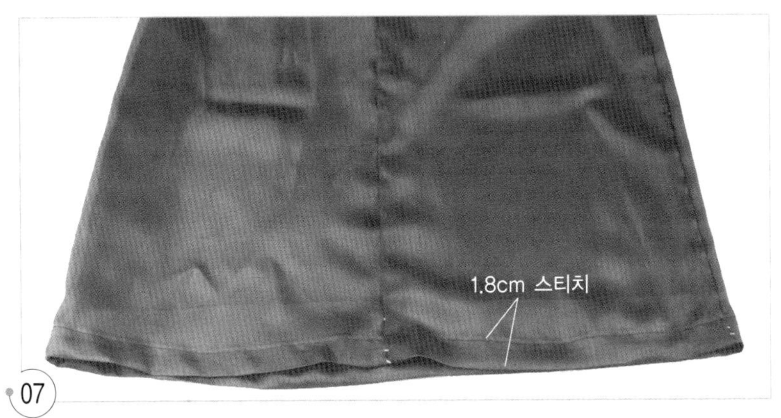

07

1.8cm에 스티치한다.

9. 겉 스커트와 안 스커트를 연결한다.

01

겉 스커트와 안 스커트의 허리선을 표시끼리 맞추어 시침질로 고정시킨다.

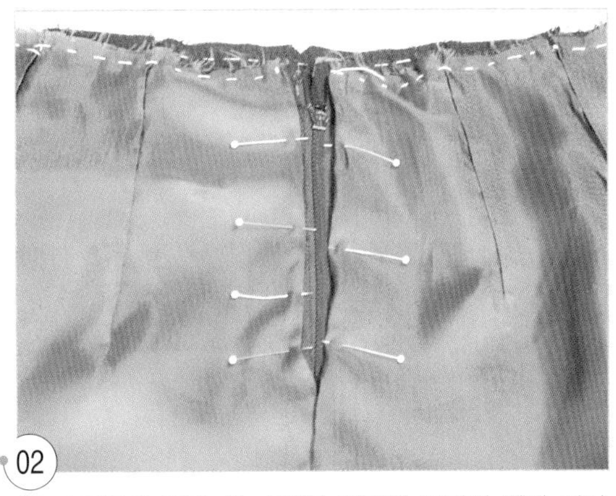

02

안 스커트의 지퍼 위 시접을 지퍼에 물리지 않게 접어 넣고 핀으로 고정시킨다.

03
지퍼 테이프에 안감을 감침질로 고정시킨다.

10. 허리 벨트를 만들어 단다.

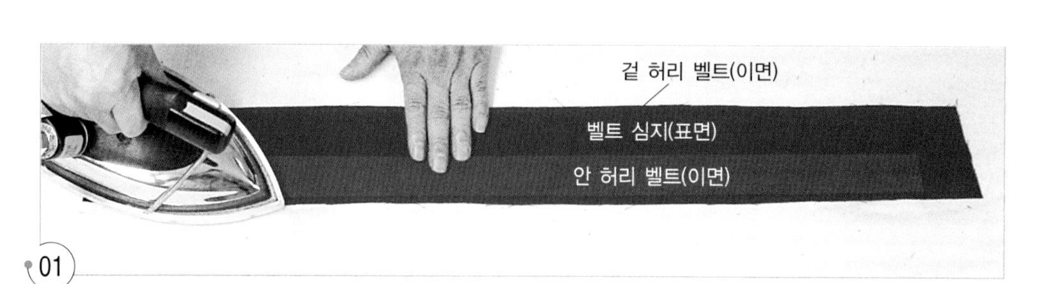

01
겉 허리 벨트 쪽에 허리 벨트 심지를 붙인다.

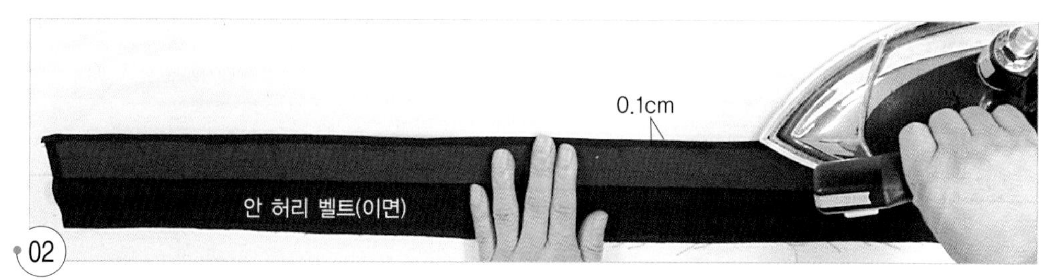

02
겉 허리 벨트의 시접을 심지 끝에서 접는다.

03

안 허리 벨트를 심지 끝에서 접는다.

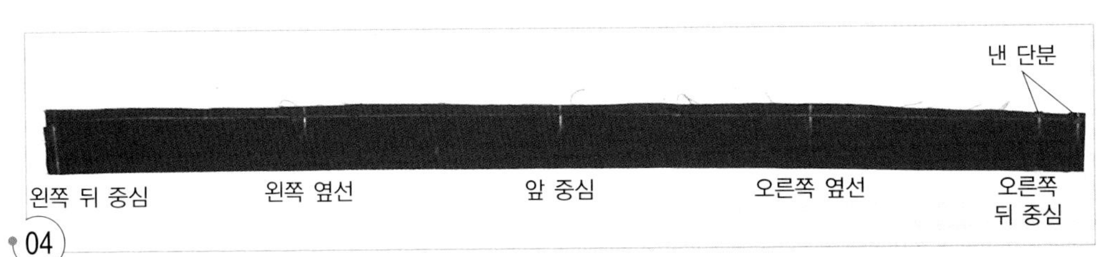

04

겉 허리 벨트 단 끝을 따라 안 허리 벨트 다는 선의 안내선을 그리고 뒤 중심, 옆선, 앞 중심의 표시를 한다.

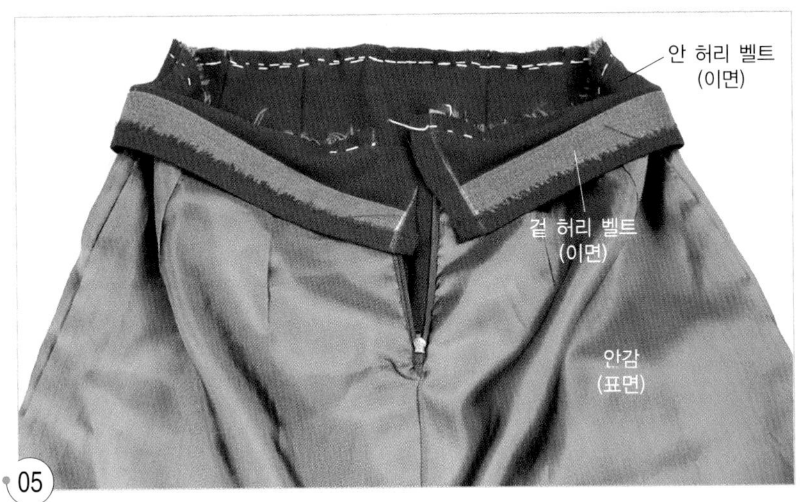

05

안 스커트의 표면과 안 허리 벨트의 표면을 마주 대어 맞춤표시를 맞추고 홈질로 고정시킨다.

06
완성선을 박는다.

07
겉 허리 벨트와 안 허리 벨트를 겉끼리 마주 대어 심지 끝에서 접고 겉 허리 벨트가 위쪽으로 오게 하여 좌우 뒤 중심 쪽 심지 끝을 박는다.

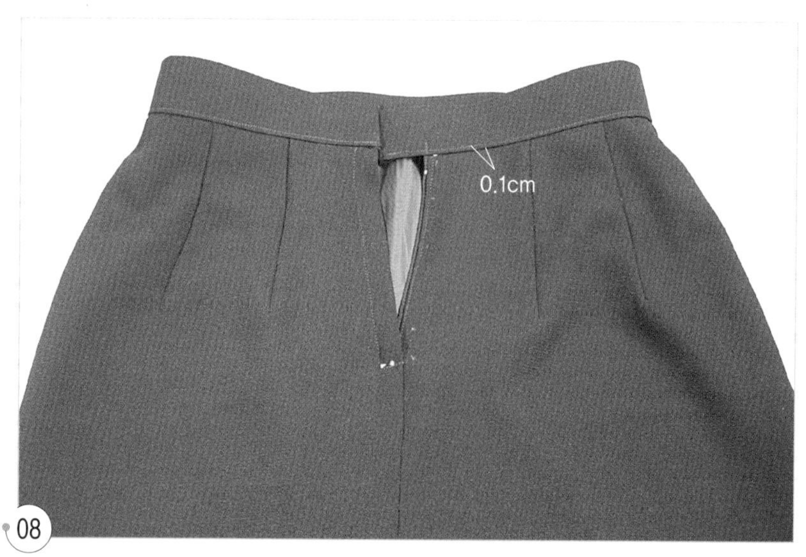

08
겉으로 뒤집어서 겉쪽에서 0.1cm 폭으로 스티치한다.

11. 훅과 아이를 단다.

01

뒤 왼쪽 안 허리 벨트 끝에서 0.5cm 들어간 곳에 심지까지 떠서 훅을 달고, 지퍼를 올려 아이 다는 위치를 표시한 다음 0.3cm 옆선 쪽으로 이동한 위치에 심지까지 떠서 아이를 단다.

12. 실 루프로 고정시킨다.

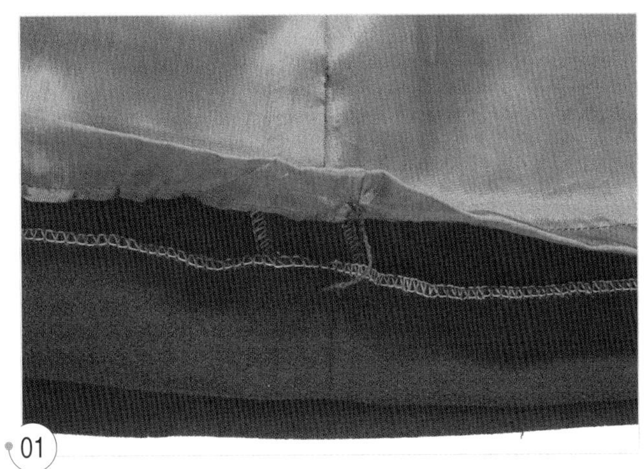

01

겉감과 안감의 옆선 시접을 5cm의 실 루프를 만들어 고정시킨다.

13. 마무리 다림질을 하여 완성한다.

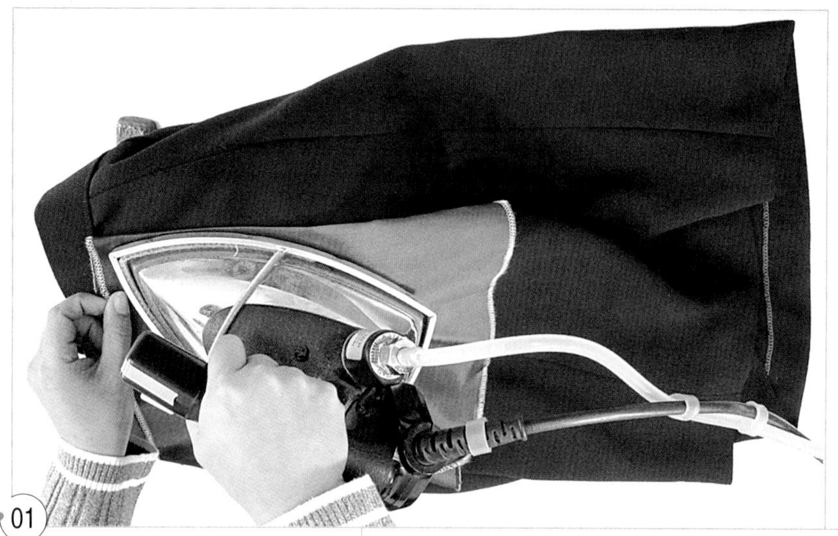

01

히프 선 위쪽은 곡선의 형태가 유지되도록 프레스 볼에 끼워 얇은 다림질 천을 얹어 스팀 다림질하고, 히프 선 아래쪽은 편편한 곳에서 스팀 다림질한다.

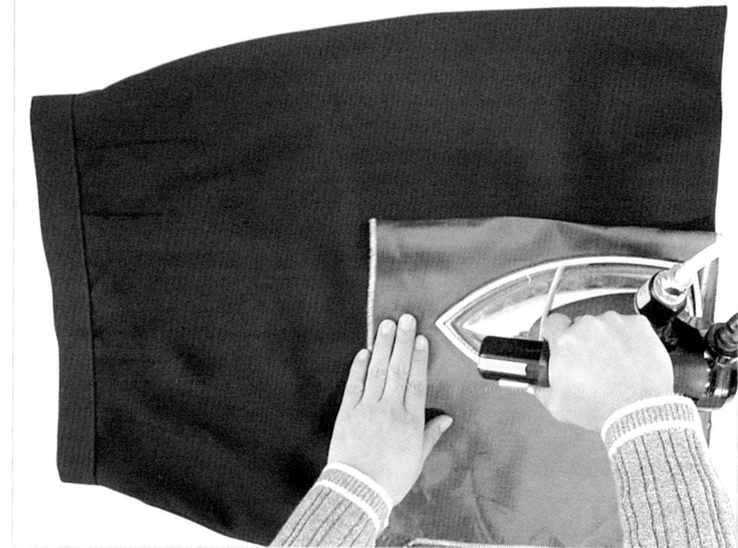

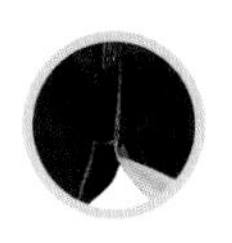

골반 요크 스커트 Hipbone Yoke Skirt...

03

S.K.I.R.T

● 안감을 넣지 않는 경우

스타일 ● 타이트 스커트를 요크 절개로 하여 골반에 걸쳐 입는 스타일이다.

소 재 ● 촘촘하게 짜여진 울이나 면, 화섬이나 합성 피혁 등 약간 두꺼운 것이 좋다.

포인트 ●

① 요크 벨트 허리가 매끄럽게 커브로 만든다.
② 요크 재단을 하게 되면 곡선 부분이 바이어스가 되기 때문에 늘어날 수 있으므로, 늘림 방지용 접착 테이프를 붙이는 것이 중요하다.
③ 보행에 지장이 없도록 뒤 벤츠를 만드는 것이 중요하다.
④ 벤츠 밑 속자락의 재단에 주의한다.

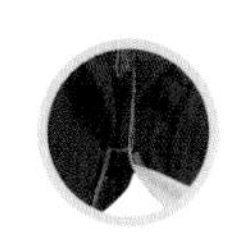

제도법

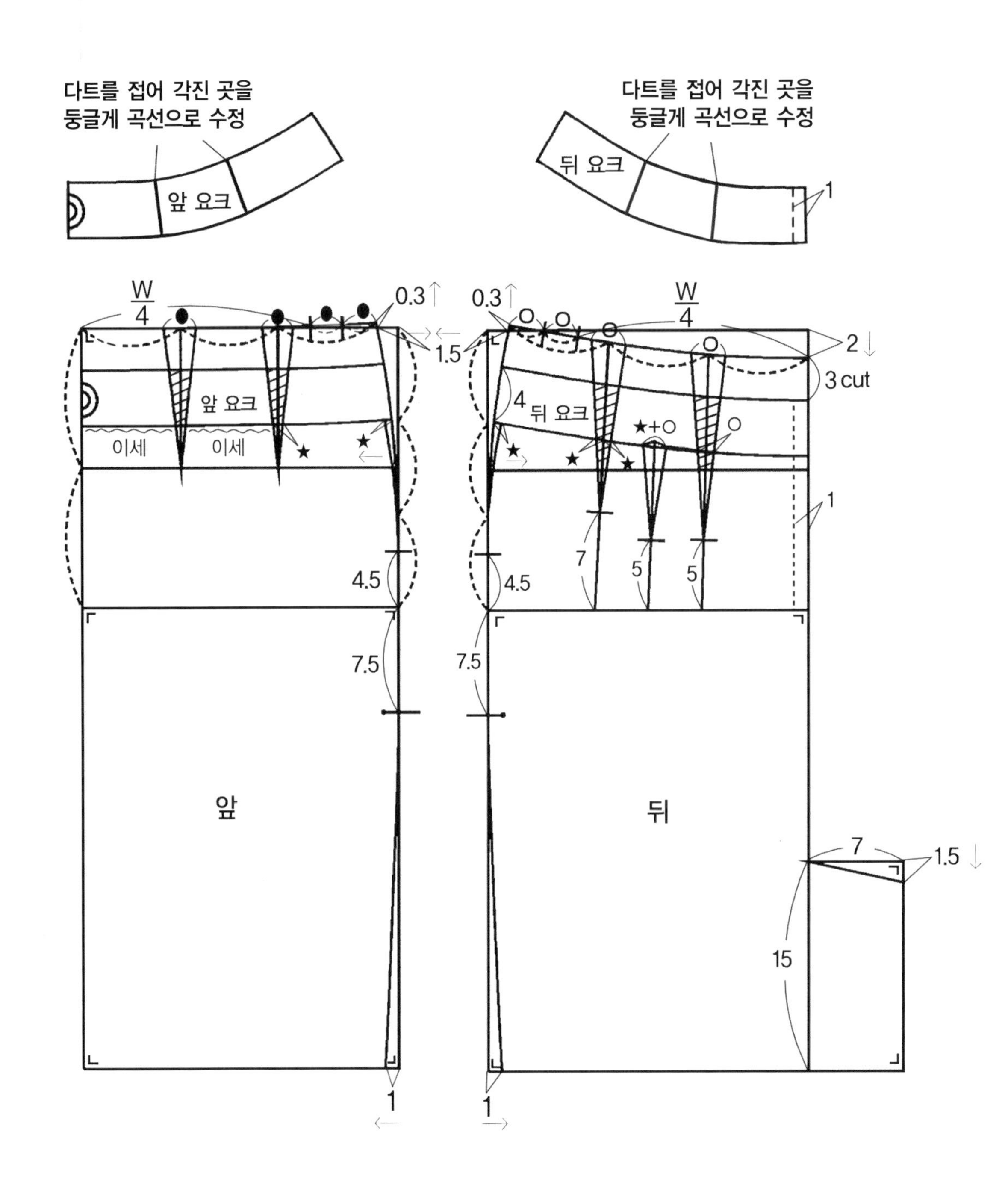

다트를 접어 각진 곳을
둥글게 곡선으로 수정
앞 요크
다트를 접어 각진 곳을
둥글게 곡선으로 수정
뒤 요크
1
W/4
0.3
1.5
앞 요크
이세
이세
4.5
7.5
앞
1
0.3
W/4
2
3 cut
4
뒤 요크
★+O
1
7
5
5
4.5
7.5
뒤
7
1.5
15
1

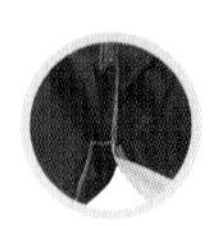

재단법

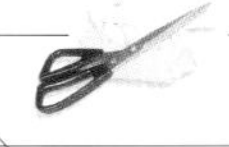

재 료

- 겉감 150cm 폭 65cm(110cm 폭 85cm)
- 접착 심지 110cm 폭 50cm
- 지퍼 18cm 1개
- 스프링 훅과 아이 1set

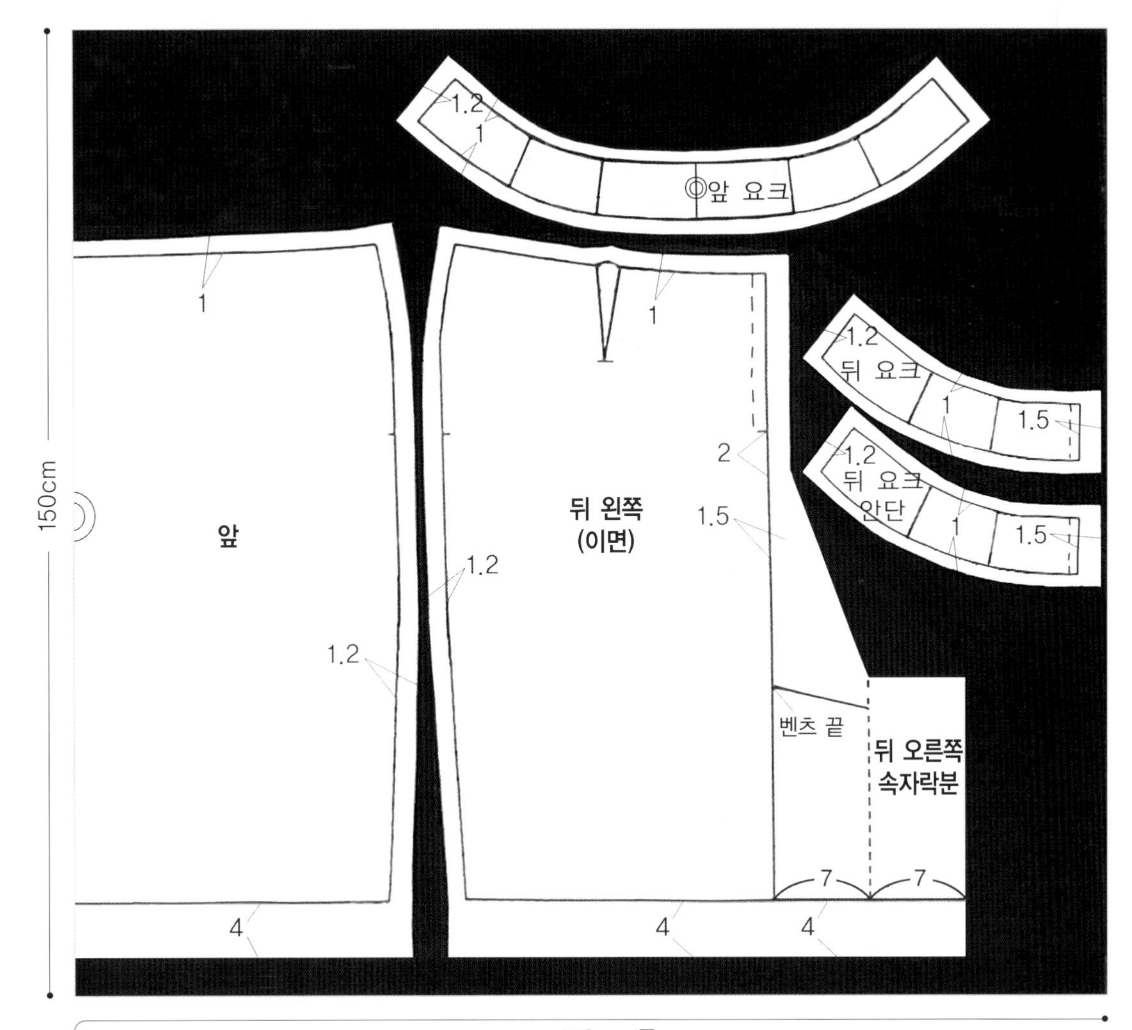

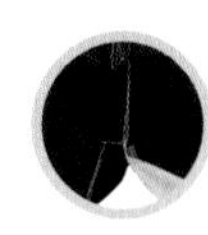

봉제법 ...

1. 접착 심지를 붙인다.

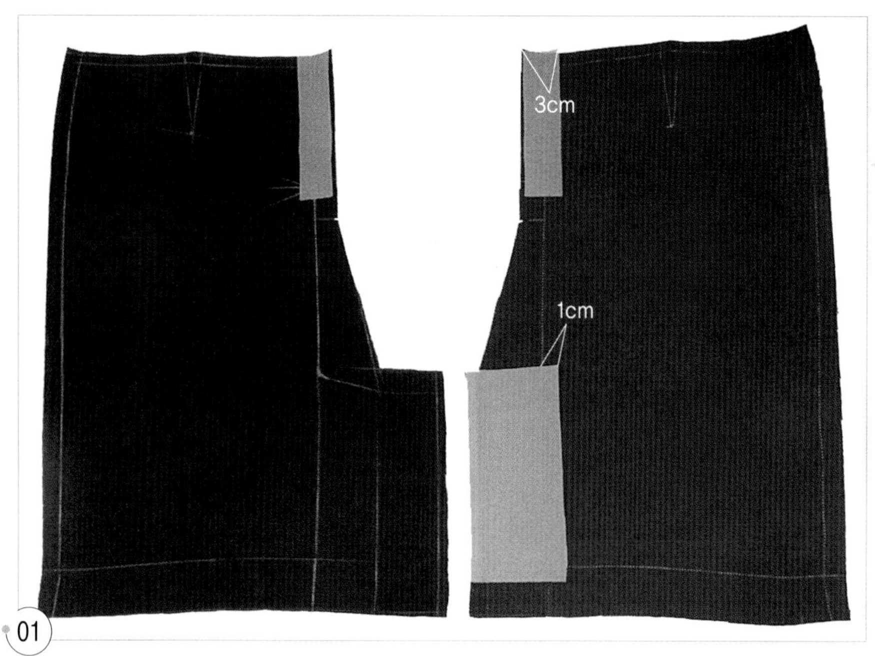

01

좌우 뒤 중심의 지퍼 다는 곳에 3cm 폭으로 자른 접착 심지를 붙이고, 뒤 왼쪽 벤츠 부분에 완성선에서 1cm 몸판 쪽까지 접착 심지를 붙인다.

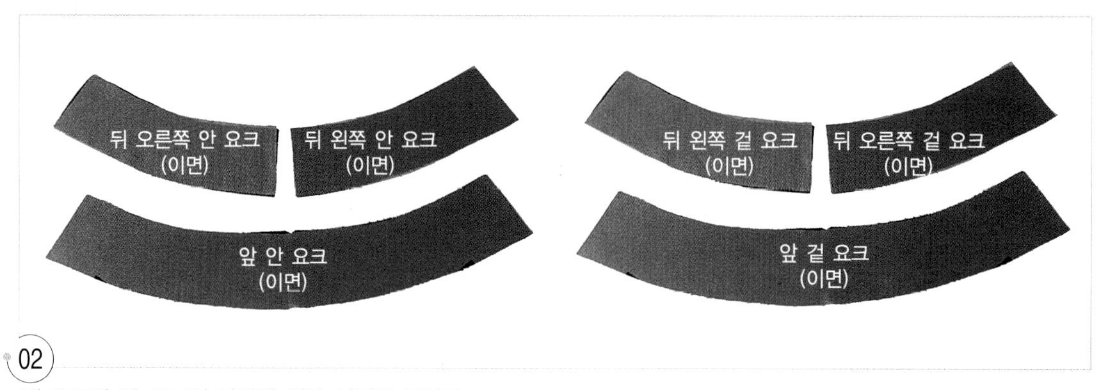

02

겉 요크와 안 요크의 이면에 접착 심지를 붙인다.

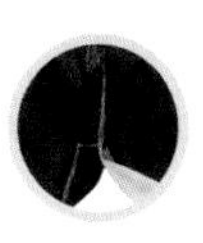

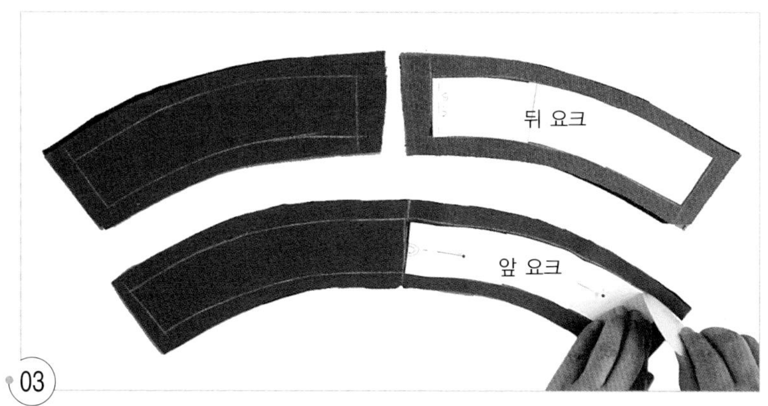

03
접착 심지를 붙인 겉 요크의 이면에 패턴을 대고 완성선을 그린다.

2. 오버록 재봉을 한다.

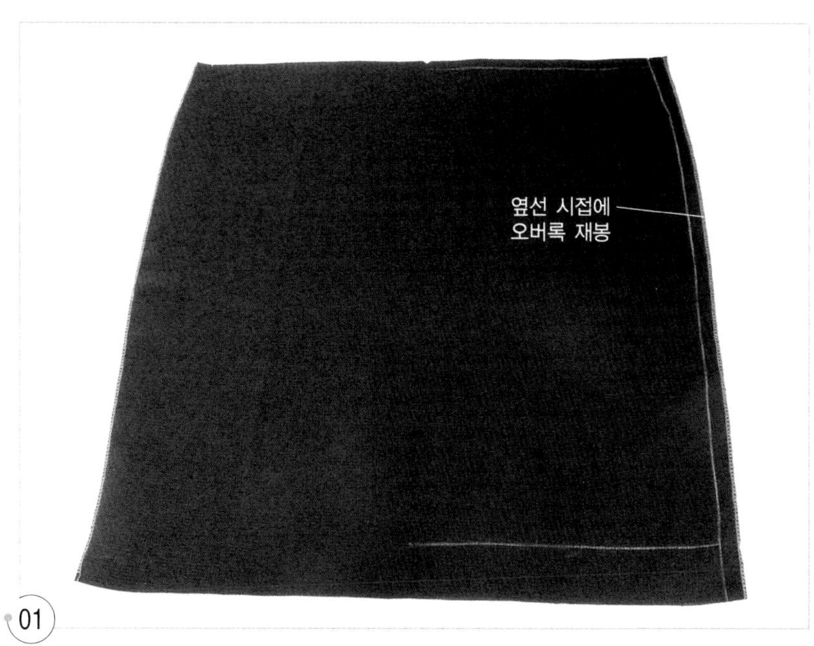

01
앞 스커트의 옆선 시접에 겉쪽에서 오버록 재봉을 한다.

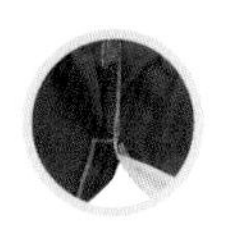

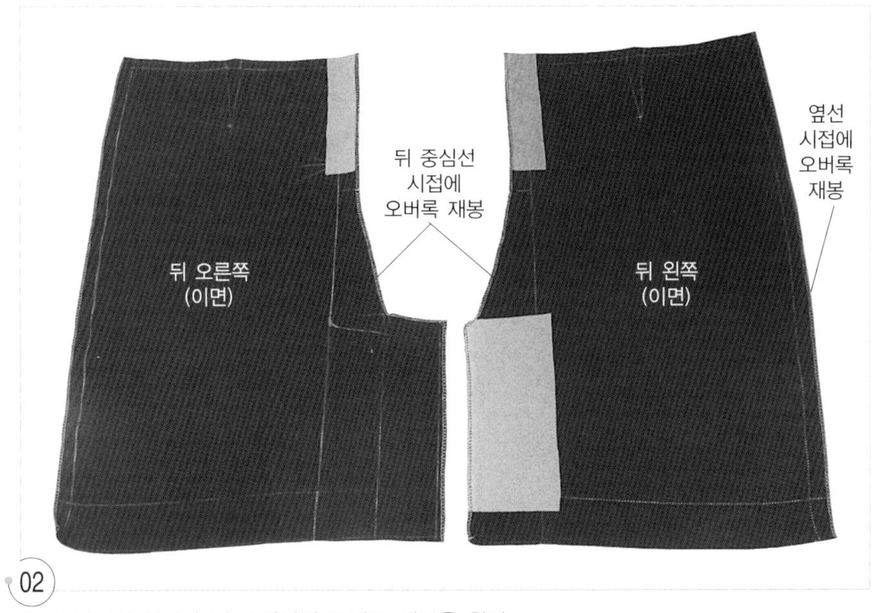

02
뒤 스커트의 옆선과 뒤 중심선에 오버록 재봉을 한다.

3. 뒤 스커트의 다트를 박는다.

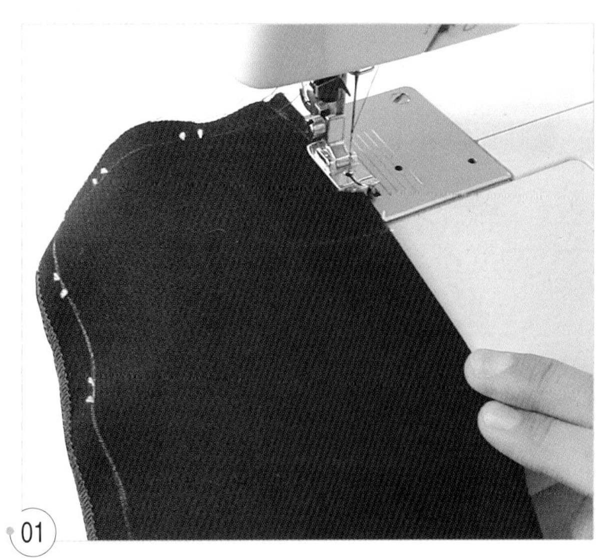

01
뒤 스커트의 다트를 박는다.

02
다트 끝의 실을 묶어 1cm 남기고 자른 다음 다트를 중심 쪽으로 넘긴다.

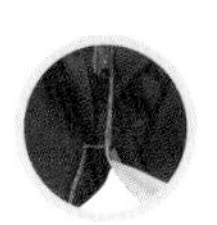

4. 뒤 중심선을 박고 벤츠 모양을 정리한다.

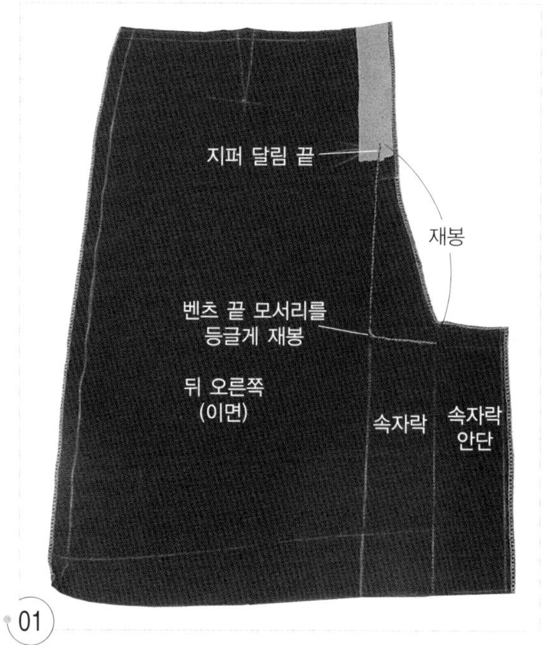

뒤 중심의 지퍼 달림 끝에서 벤츠 트임 끝 부분을 곡선으로 오른쪽 벤츠 밑의 속자락 완성선까지 박는다.

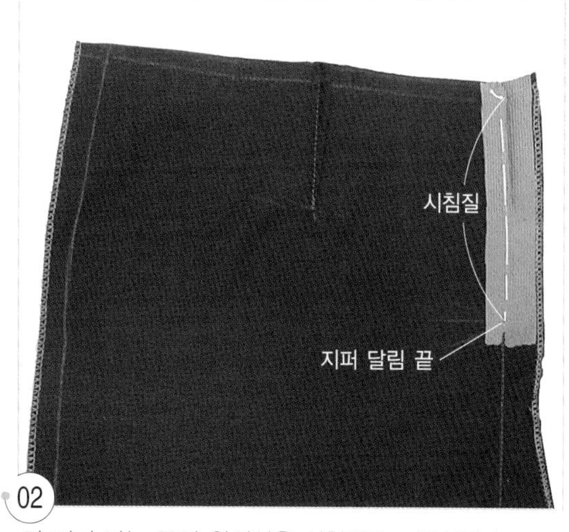

뒤 지퍼 다는 곳의 완성선을 시침질로 고정시킨다.

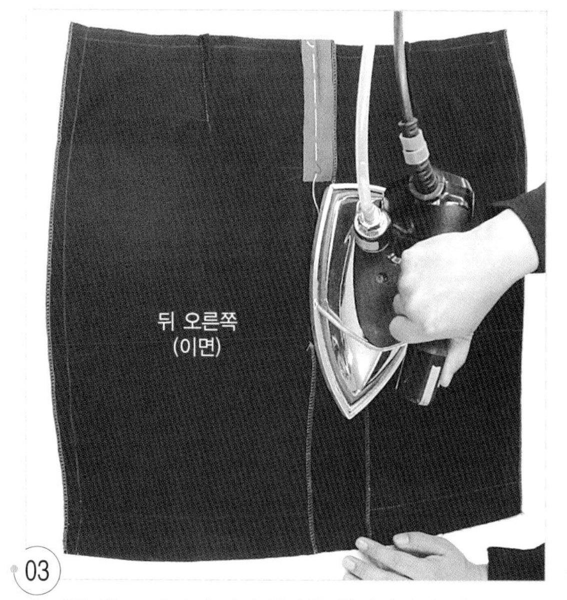

오른쪽 벤츠 밑의 속자락 안단을 완성선에서 접는다.

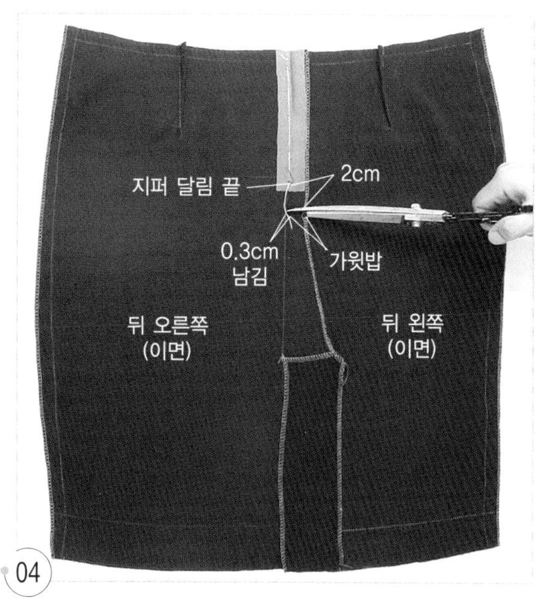

지퍼 달림 끝에서 2cm 내려 오른쪽 스커트의 시접만을 박은 선에서 0.3cm 남기고 가윗밥을 넣는다.

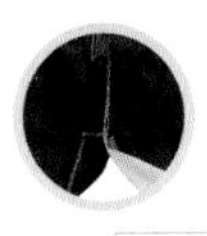

05

뒤 중심의 시접을 가윗밥 넣은 곳에서 왼쪽 스커트 쪽으로 두 장 함께 넘기고 지퍼 다는 곳의 시접을 가른다.

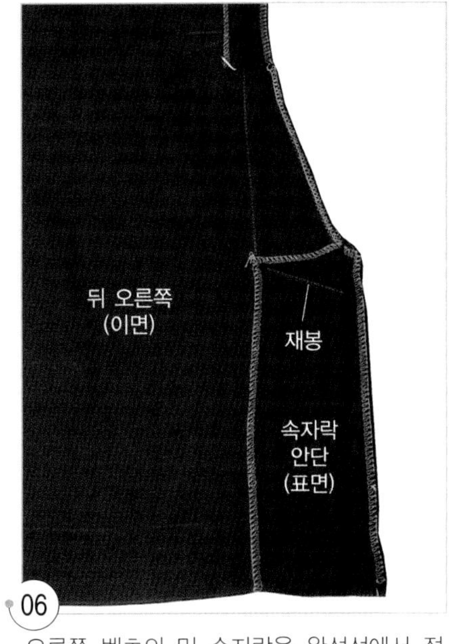

06

오른쪽 벤츠의 밑 속자락을 완성선에서 접어 넘긴 채로 안단과 겹쳐 박아 고정시킨다.

5. 옆선을 박는다.

01

겉끼리 마주 대어 옆선의 완성선을 박는다.

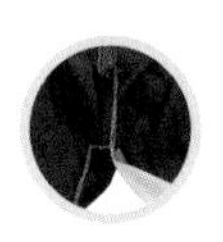

02
히프 주위의 곡선이 유지되도록 프레스 볼에 끼워 옆선의 시접을 가른다.

6. 요크를 만들어 단다.

01
겉 요크와 안 요크의 옆선을 박고 시접을 가른다.

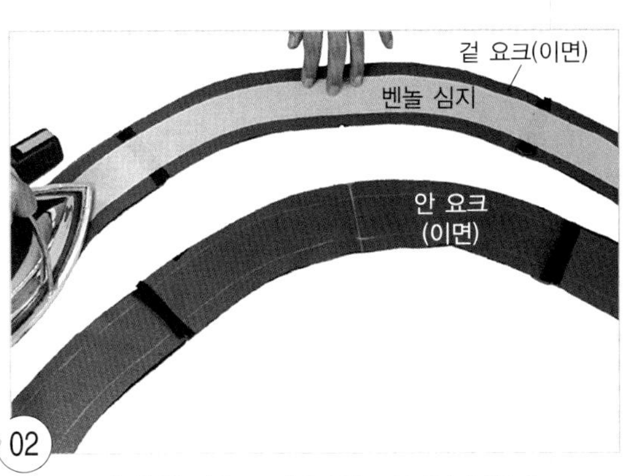

02
겉 요크에 완성 치수로 자른 벤놀 심지를 붙인다.

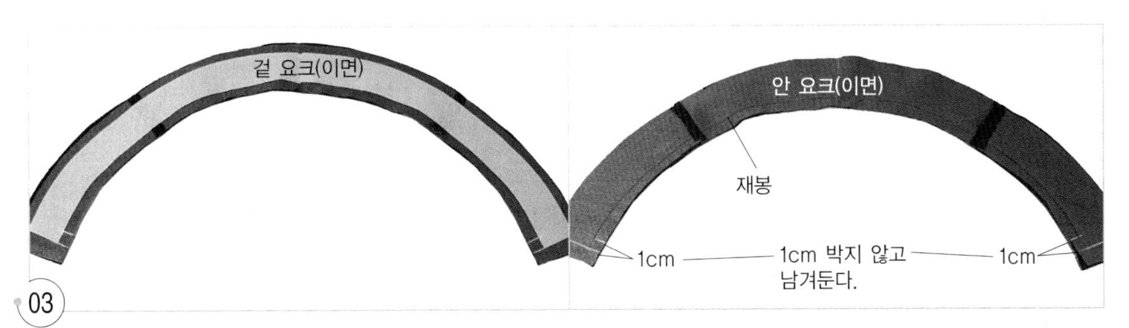

03
겉 요크와 안 요크를 겉끼리 마주 대어 좌우 뒤 중심선에서 1cm 남기고 허리선의 완성선에서 0.1cm 시접 쪽을 박는다.

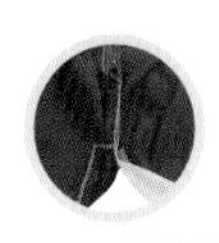

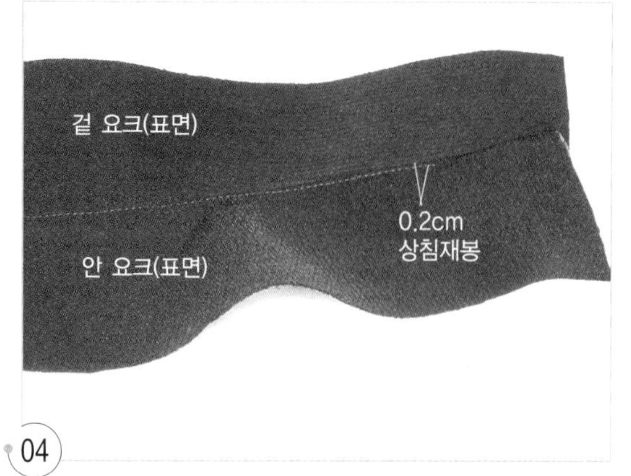

04
시접을 안 요크 쪽으로 넘기고 겉쪽에서 0.2cm에 상침재봉을 한다.

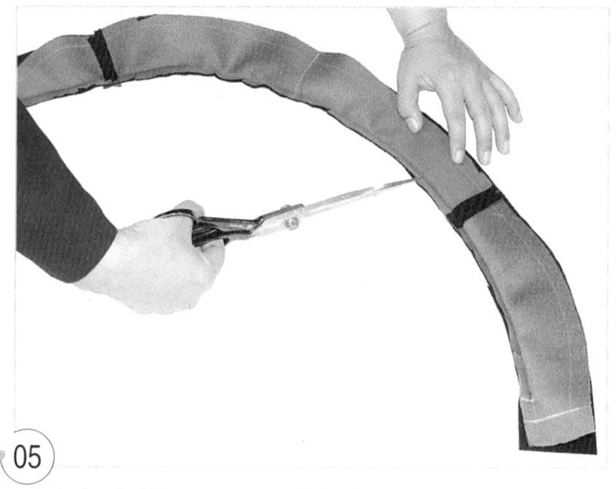

05
허리선 시접을 0.7cm로 정리하고 곡선 부분에 가윗밥을 넣는다.

06
겉쪽으로 뒤집어 안 요크 쪽을 0.1cm 들여 다리미로 정리한다.

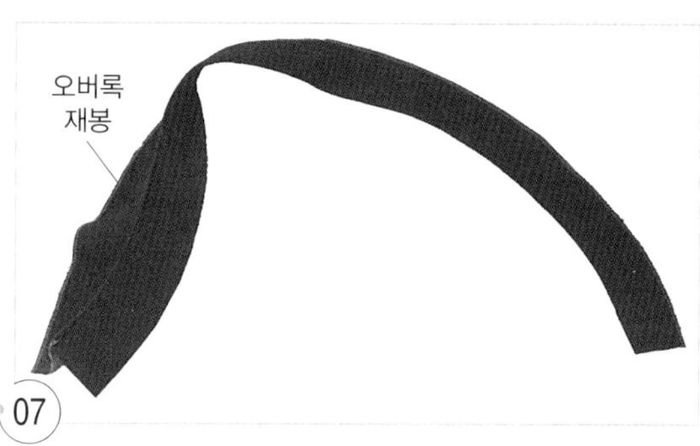

07
안 요크의 밑쪽 시접에 오버록 재봉을 한다.

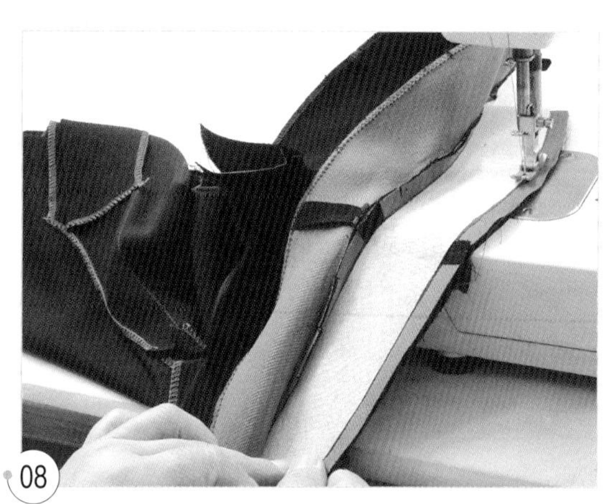

08
겉 스커트와 겉 요크를 겉끼리 마주 대어 요크의 심지 끝에서 0.1cm 시접 쪽을 박는다.

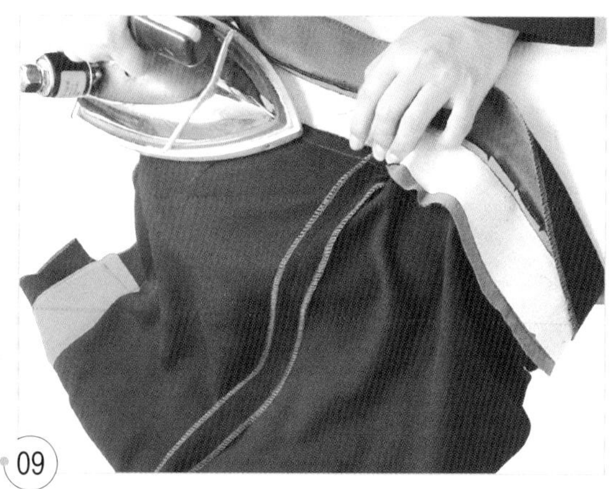

09
시접을 요크 쪽으로 넘긴다.

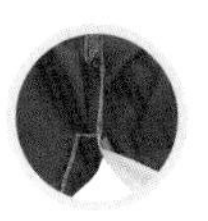

7. 지퍼를 달고 안 요크를 정리한다.

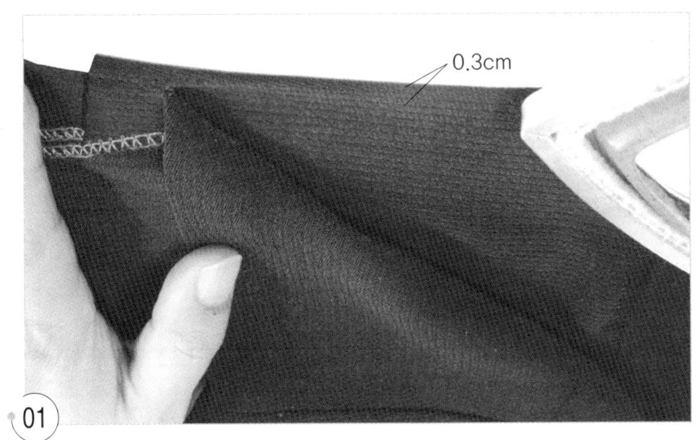

01
뒤 오른쪽 지퍼 다는 곳의 시접을 0.3cm 내어 접는다.

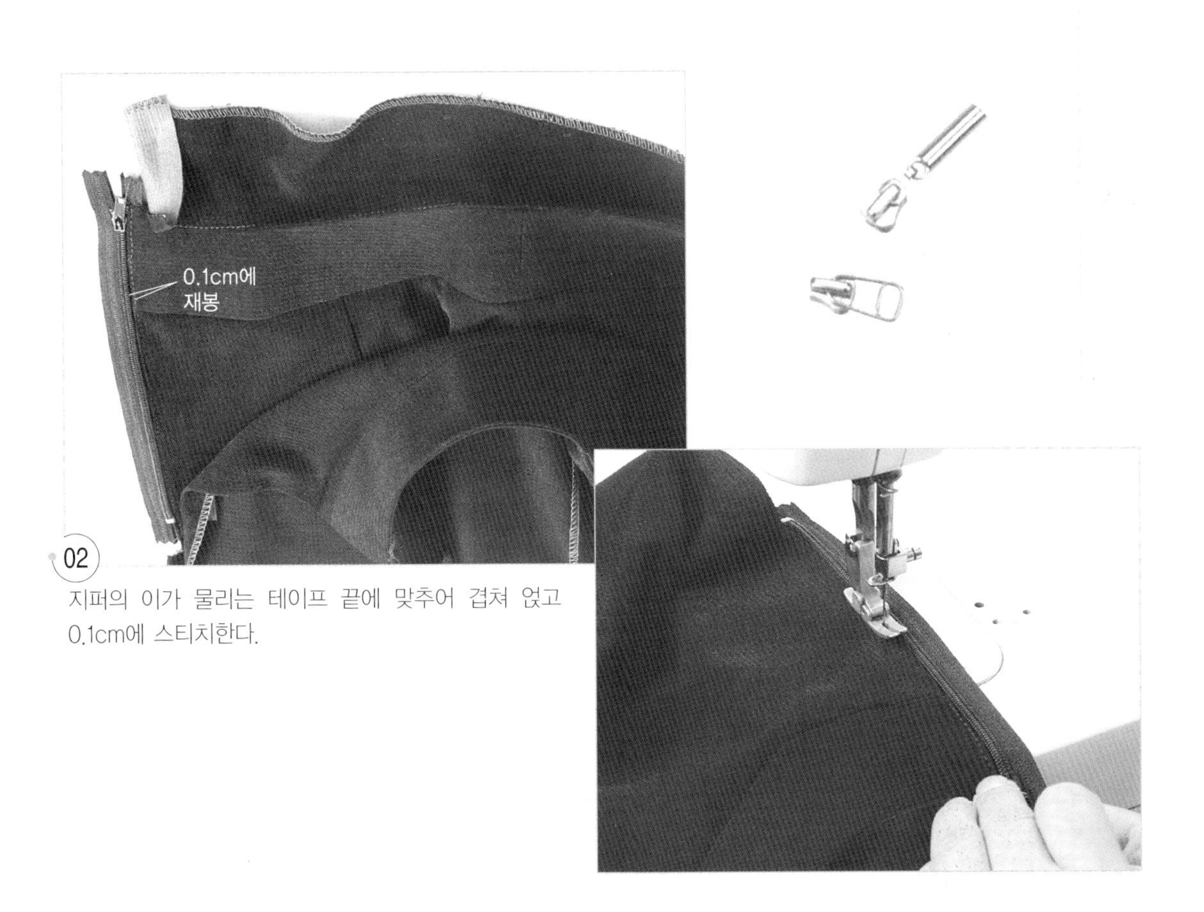

02
지퍼의 이가 물리는 테이프 끝에 맞추어 겹쳐 얹고 0.1cm에 스티치한다.

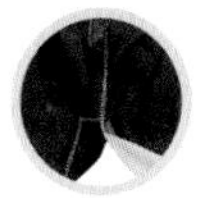

03

지퍼 달림 끝에서 수평으로 1cm 되박음질하고, 직각으로 뒤 왼쪽 완성선을 앞 오른쪽 완성선에 맞추어 겉 요크 끝까지 스티치한다.

주 안 요크를 함께 박지 않도록 주의한다.

04

6의 03에서 뒤 중심 허리선 쪽에 1cm 박지 않고 남겨 둔 부분을 박는다.

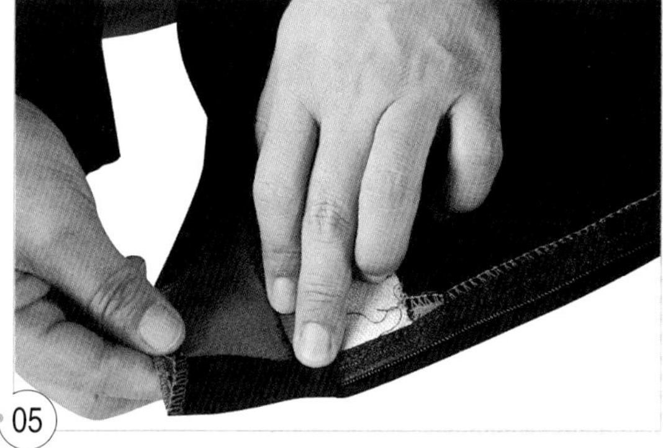

05

뒤 중심의 좌우 안 요크를 지퍼가 물리지 않도록 안쪽으로 접어 넘긴다.

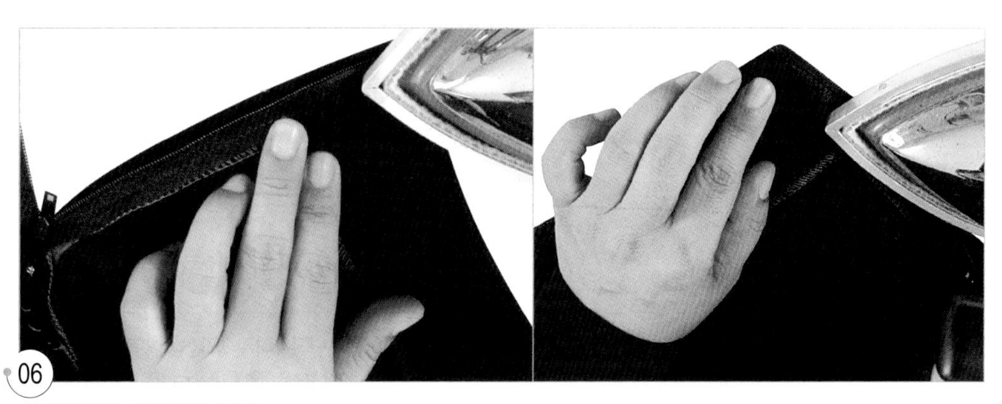

06

다림질하여 자리잡아 둔다.

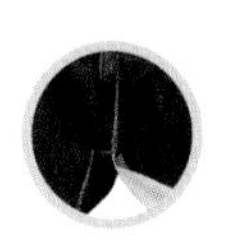

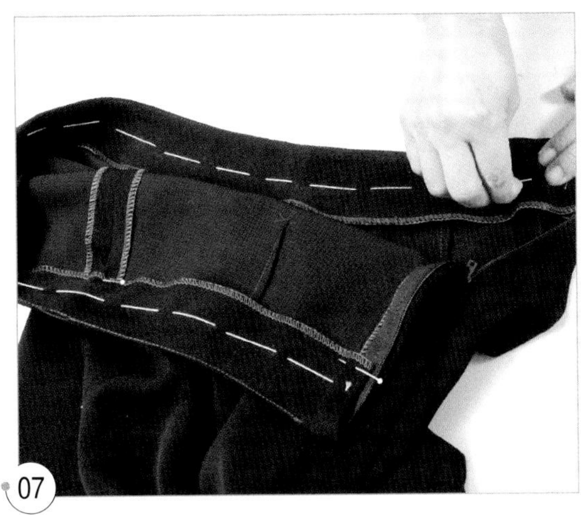

07
겉 요크와 안 요크를 시침질로 고정시킨다.

08
겉쪽에서 요크의 박은 선 홈에 마무리 스티치를 한다.

09
뒤 중심 쪽의 좌우 안 요크를 감침질로 고정시킨다.

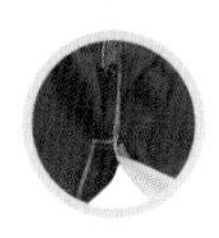

8. 스프링 훅과 아이를 단다.

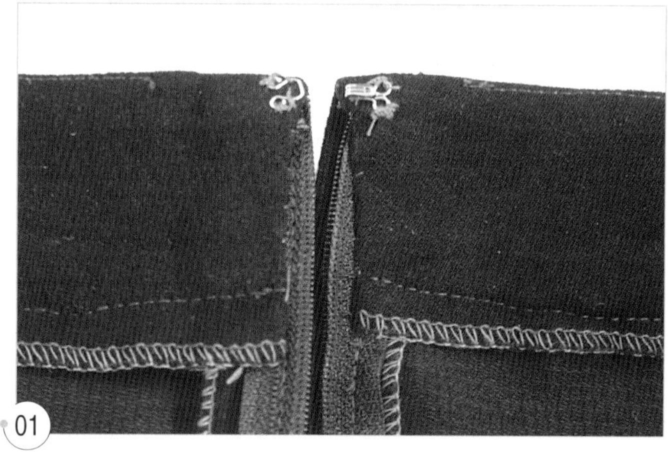

01 왼쪽 안 요크의 끝에서 0.3cm 안쪽에 스프링 훅을 달고, 지퍼를 올려 슬라이더가 감싸지게 오른쪽에 아이를 단다.

9. 벤츠와 단 처리를 한다.

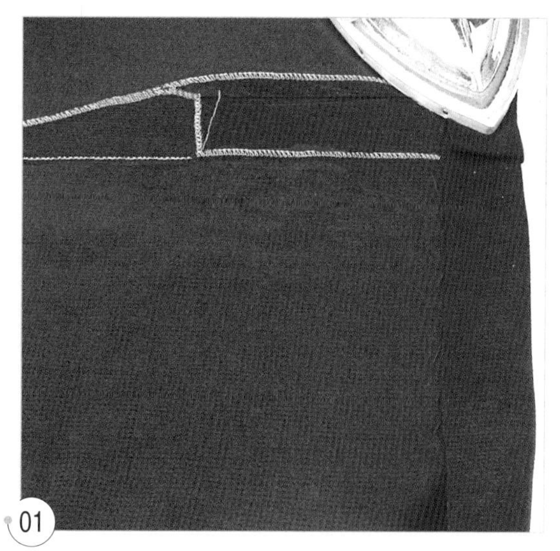

01 벤츠와 속자락을 함께 완성선에서 접는다.

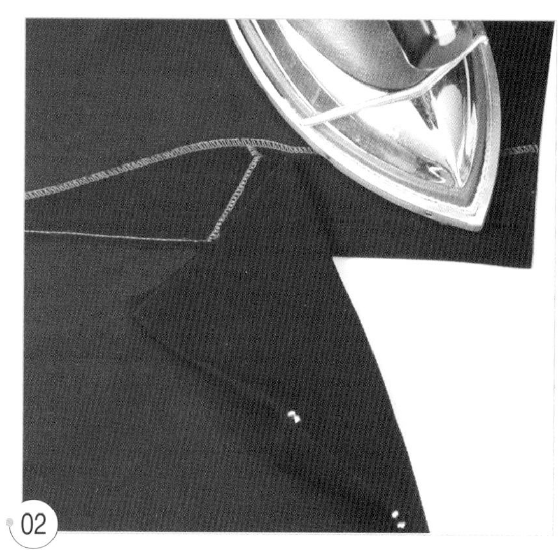

02 벤츠와 속자락을 주름이 접힌 대로 따로따로 다시 접는다.

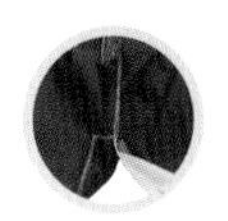

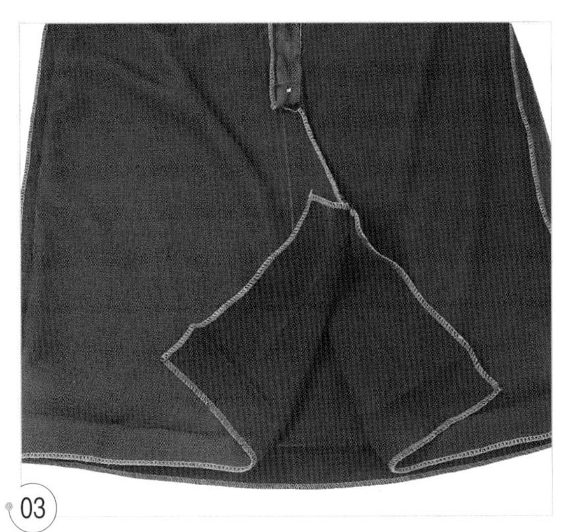

03
밑단 시접에 오버록 재봉을 한다.

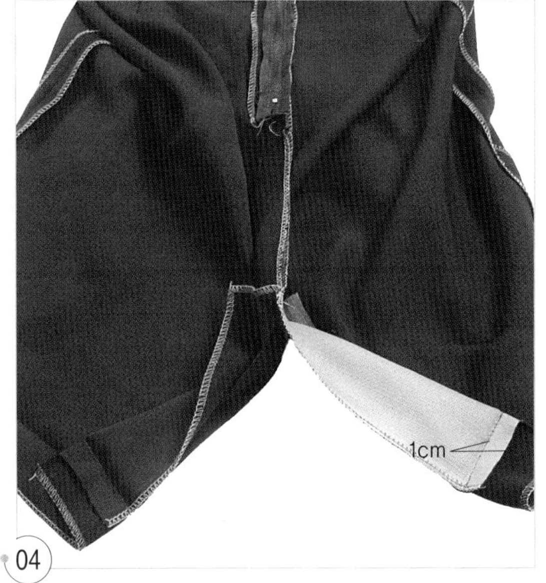

04
안단과 속자락을 겉끼리 마주 대어 주름이 접힌 대로 맞추어 박고 안단과 속자락의 안단 시접만을 박은 선에서 1cm 남기고 잘라낸다.

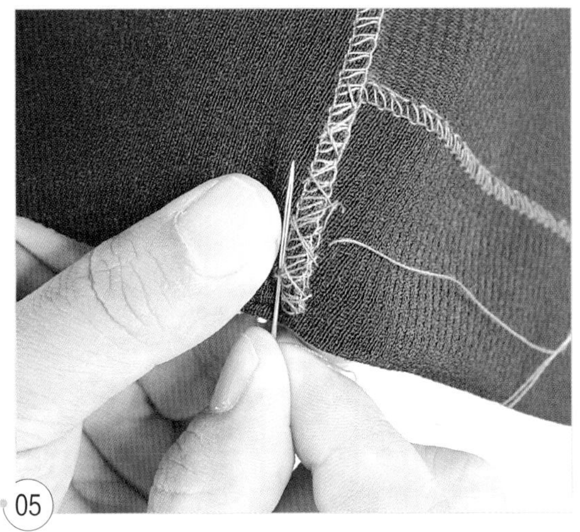

05
겉으로 뒤집어서 벤츠 안단과 속자락 안단을 밑단 시접에 새발뜨기로 고정시킨다.

06
밑단을 올려 감침질로 고정시킨다.

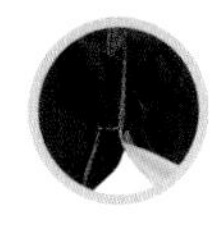

10. 마무리 다림질을 하여 마무리한다.

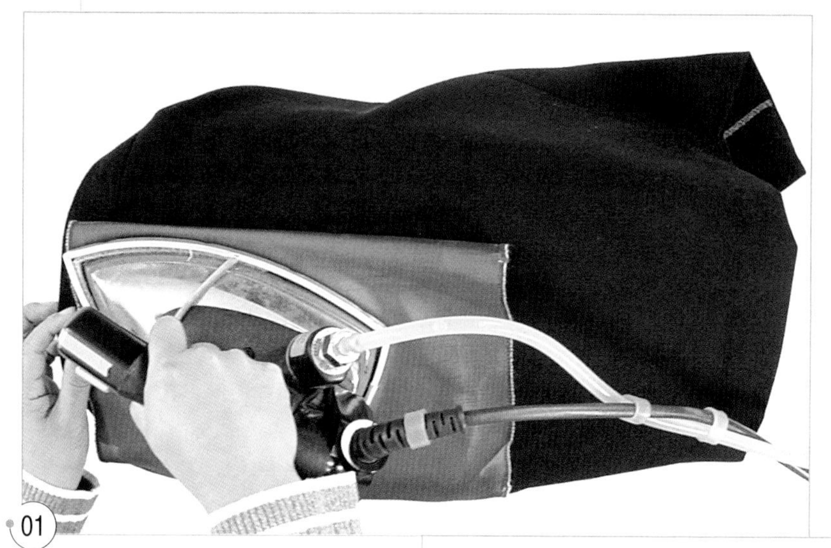

01

히프 선 위쪽은 곡선의 형태가 유지되도록 프레스 볼에 끼워 얇은 다림질 천을 얹어 스팀 다림질하고, 히프 선 아래쪽은 편편한 곳에서 스팀 다림질한다.

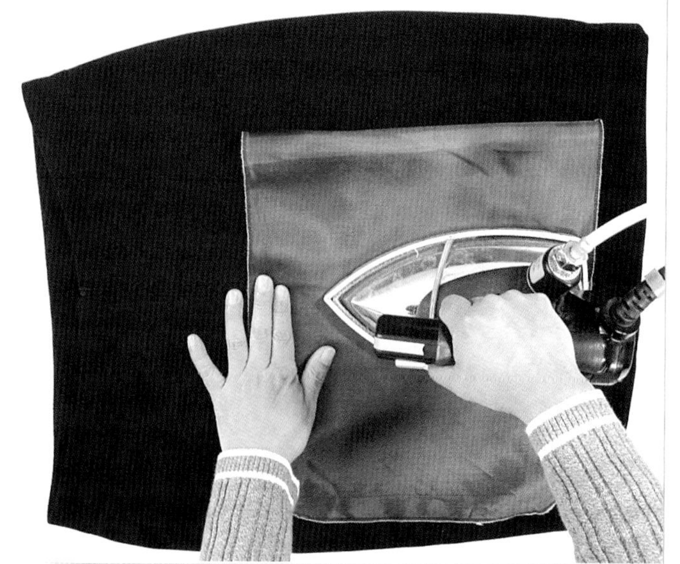

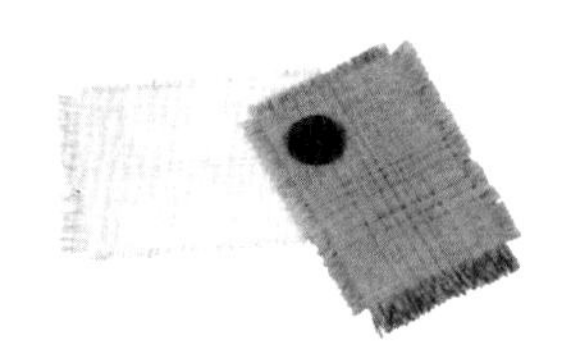

골반 요크 스커트 Hipbone Yoke Skirt...

S.K.I.R.T

04

안감을 넣는 경우

스타일 타이트 스커트를 요크 절개로 하여 골반에 걸쳐 입는 스타일이다.

소 재 촘촘하게 짜여진 울이나, 면, 화섬이나 합성 피혁 등 약간 두꺼운 것을 선택하는 것이 좋다.

포인트

① 겉 요크에 벤놀 심지를 붙이지 않는 것이 안감을 넣지 않는 경우와 다르므로 주의한다.

② 속자락의 안단이 없는 것이 안감을 넣지 않는 경우와 다르므로 재단시 주의한다.

제도법

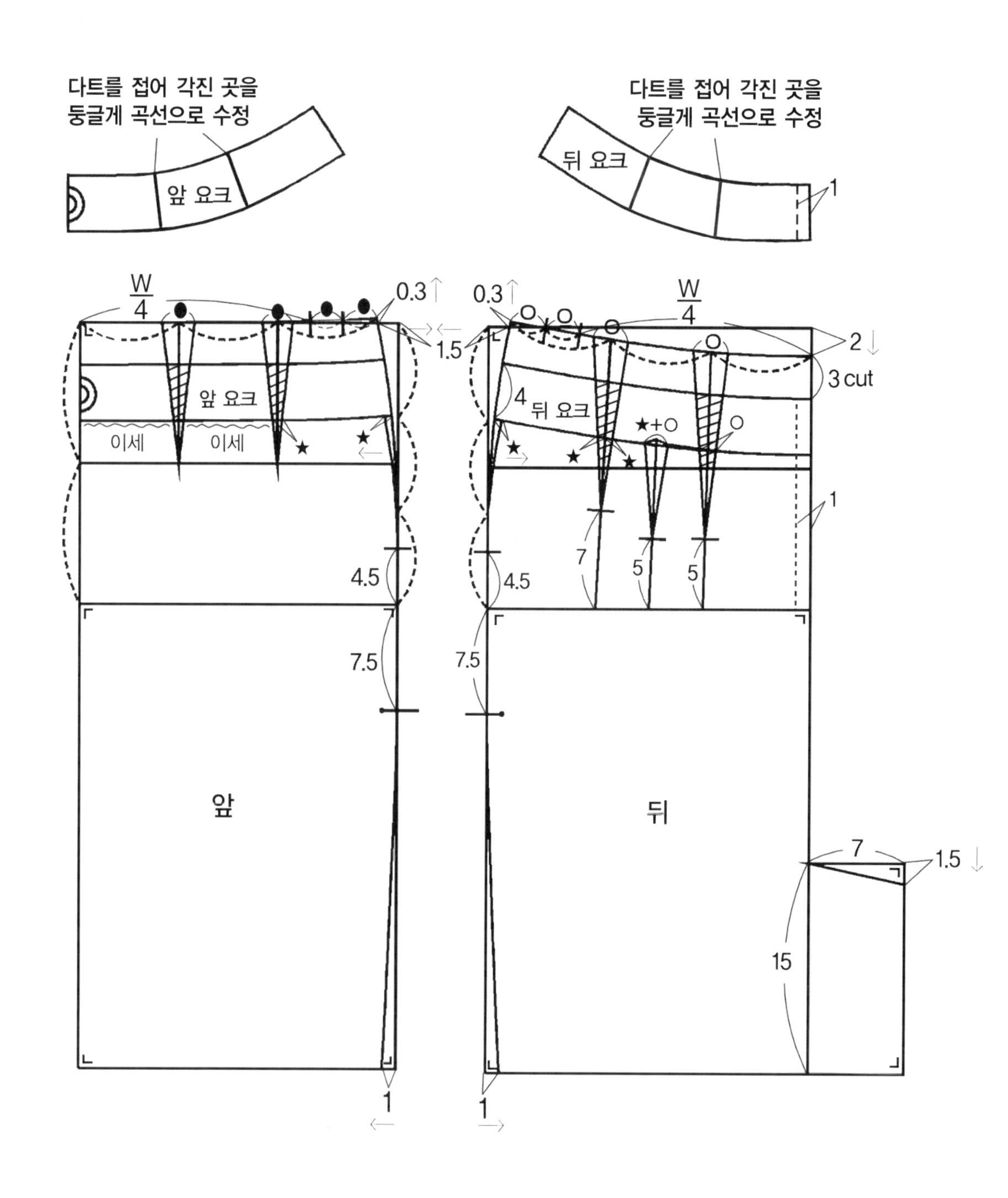

다트를 접어 각진 곳을
둥글게 곡선으로 수정
앞 요크
다트를 접어 각진 곳을
둥글게 곡선으로 수정
뒤 요크
1
W/4
0.3
1.5
앞 요크
이세
이세
4.5
7.5
앞
1
0.3
W/4
2
3 cut
4
뒤 요크
★+O
1
7
5
5
4.5
7.5
뒤
7
1.5
15
1

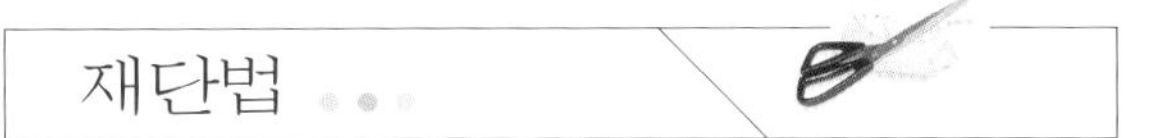

재단법

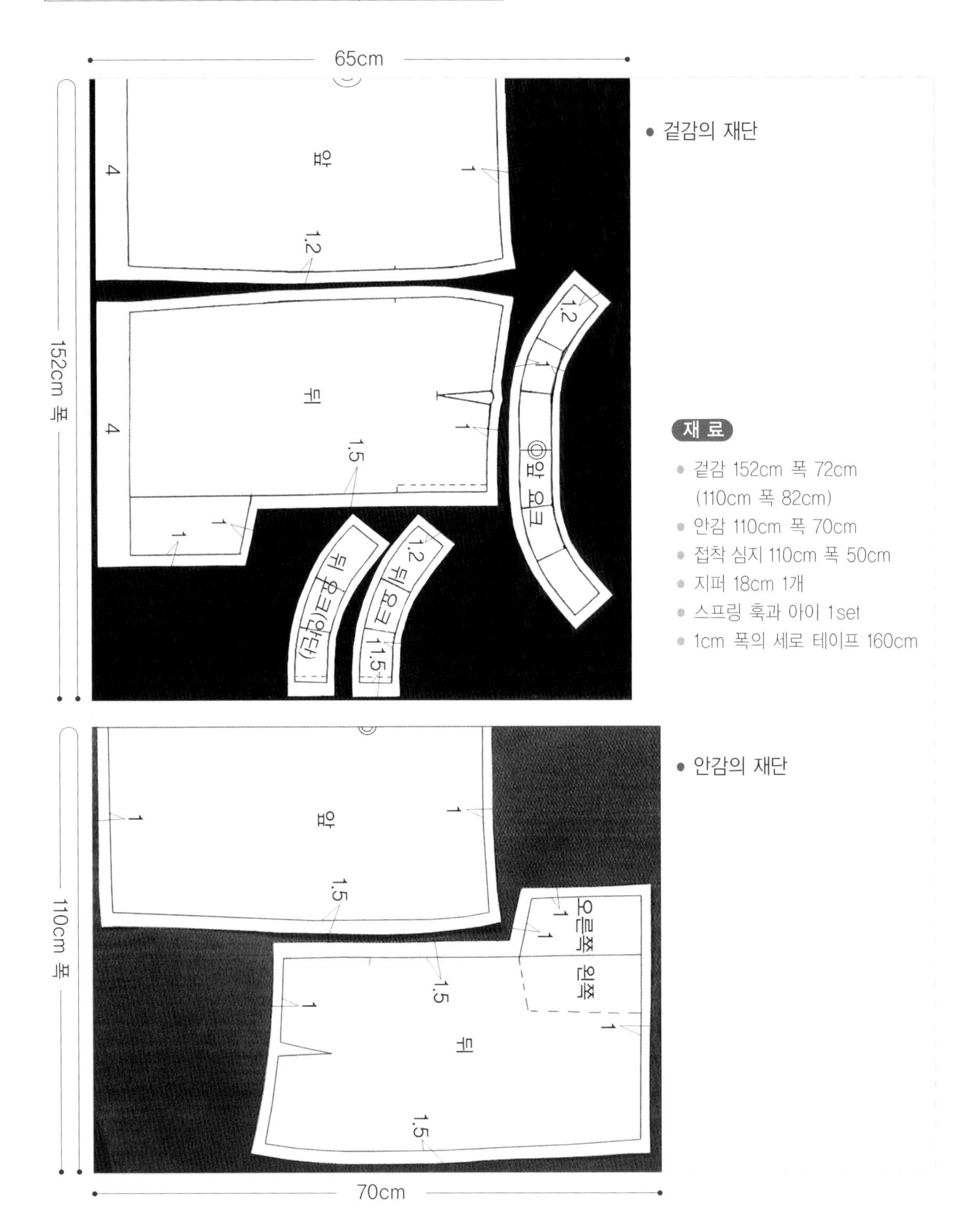

- 겉감의 재단

재 료

- 겉감 152cm 폭 72cm (110cm 폭 82cm)
- 안감 110cm 폭 70cm
- 접착 심지 110cm 폭 50cm
- 지퍼 18cm 1개
- 스프링 훅과 아이 1set
- 1cm 폭의 세로 테이프 160cm

- 안감의 재단

봉제법 ...

1. 접착 심지를 붙인다.

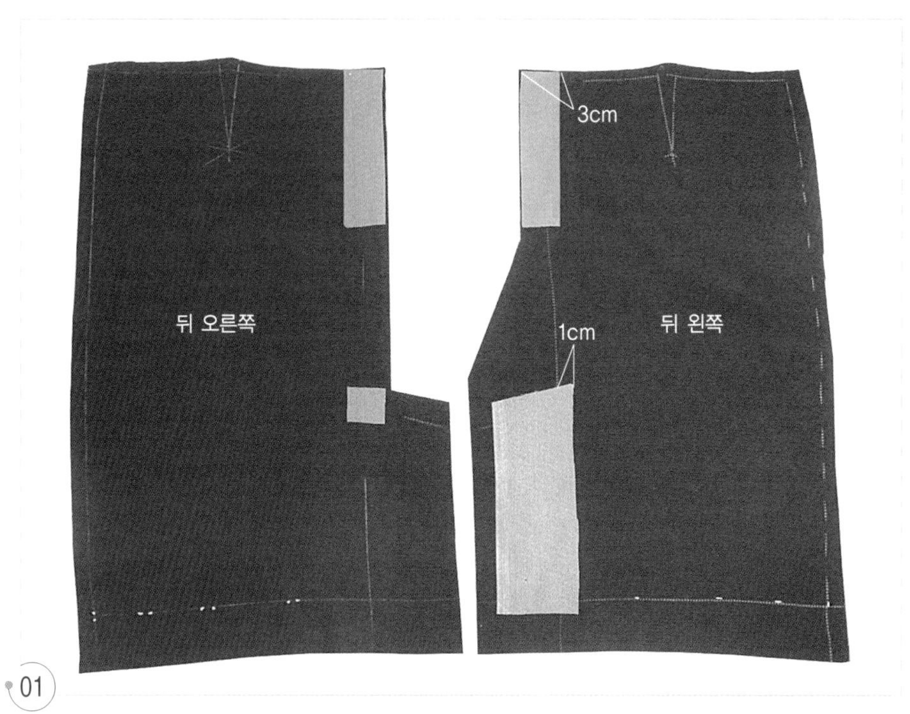

01

뒤 중심의 지퍼 다는 곳에 3cm 폭의 접착 심지를 붙이고, 뒤 왼쪽 벤츠 부분에는 완성선에서 1cm 몸판 쪽까지 접착 심지를, 뒤 오른쪽 벤츠 끝 부분에는 미어짐을 방지하기 위해 3cm 폭의 정사각 형으로 자른 접착 심지를 붙인다.

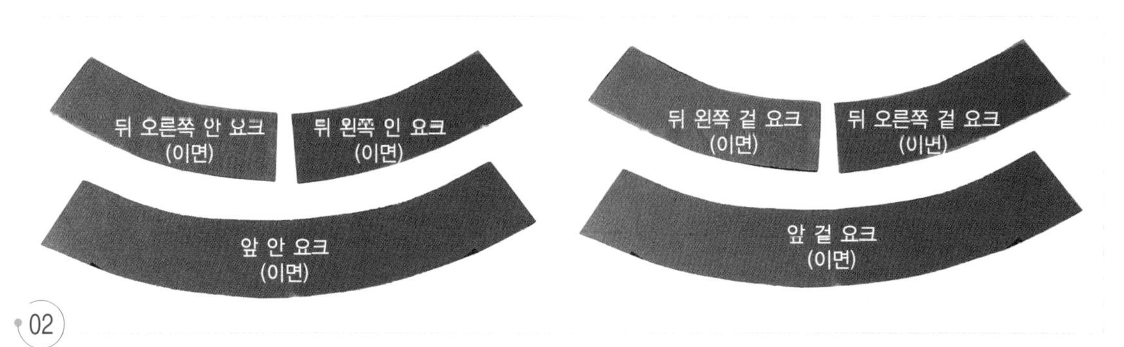

02

겉 요크와 안 요크의 이면에 접착 심지를 붙인다.

2. 오버록 재봉을 한다.

01

앞 스커트의 옆선 시접에 겉쪽에서 오버록 재봉을 한다.

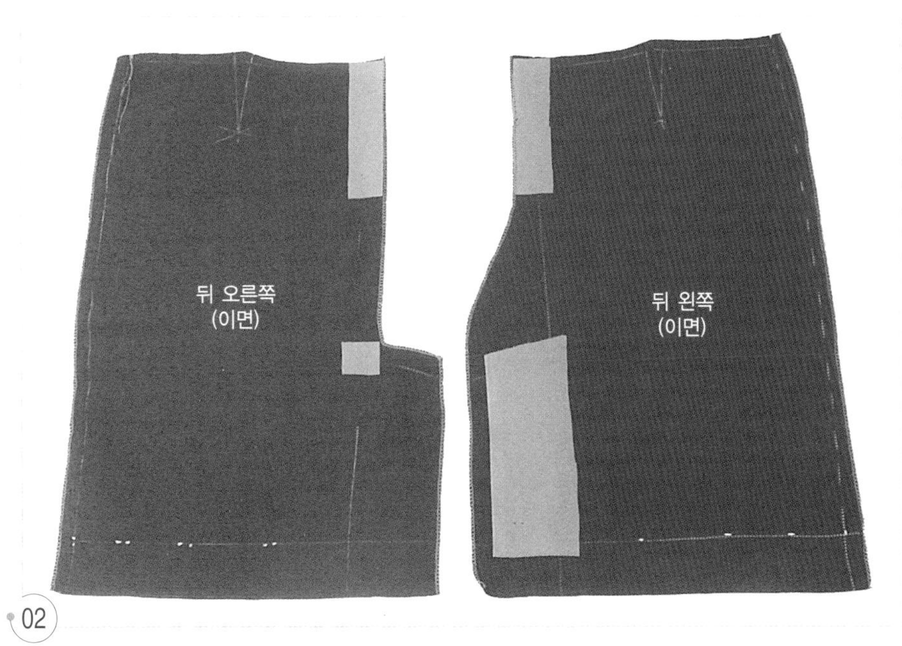

02

뒤 스커트의 뒤 중심선과 옆선 시접에 겉쪽에서 오버록 재봉을 한다.

3. 뒤 스커트의 다트를 박는다.

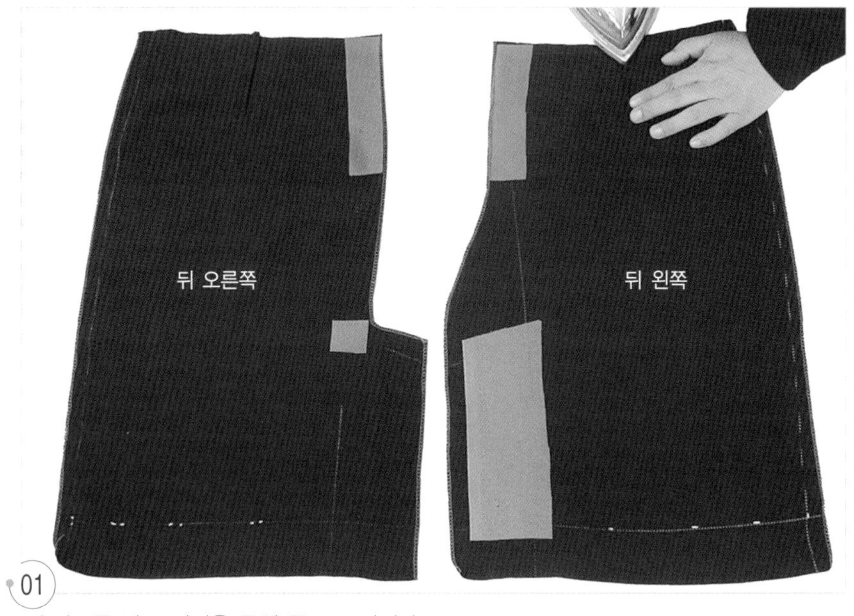

01 뒤 다트를 박고 시접을 중심 쪽으로 넘긴다.

4. 뒤 중심을 박고 벤츠 모양을 정리한다.

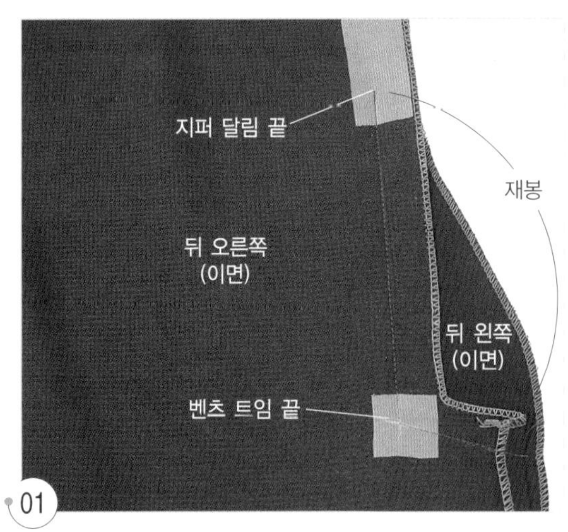

01 좌우 뒤 스커트를 겉끼리 마주 대어 지퍼 달림 끝에서 벤츠 트임까지 박고, 방향을 바꾸어 오른쪽 스커트의 속자락 쪽 시접을 1cm 접은 상태로 벤츠 부분이 틀어지지 않도록 완성선을 박는다.

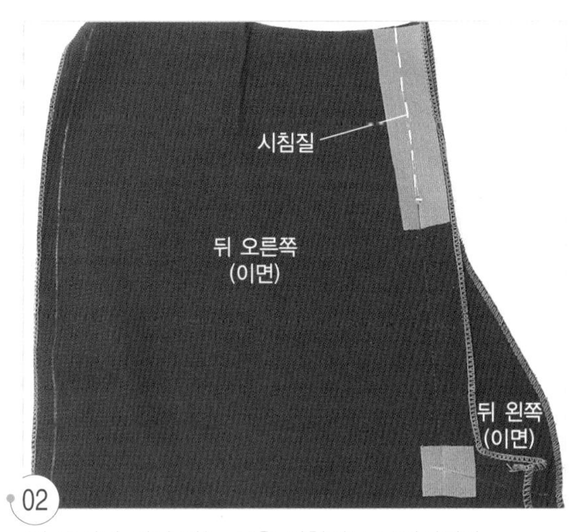

02 뒤 중심의 지퍼 다는 곳을 시침질로 고정시킨다.

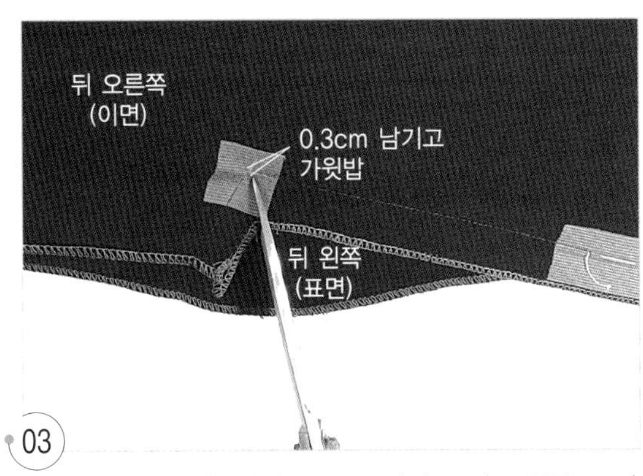

벤츠 트임 끝쪽을 향해 0.3cm 남기고 뒤 오른쪽 스커트의 시접에만 가윗밥을 넣는다.

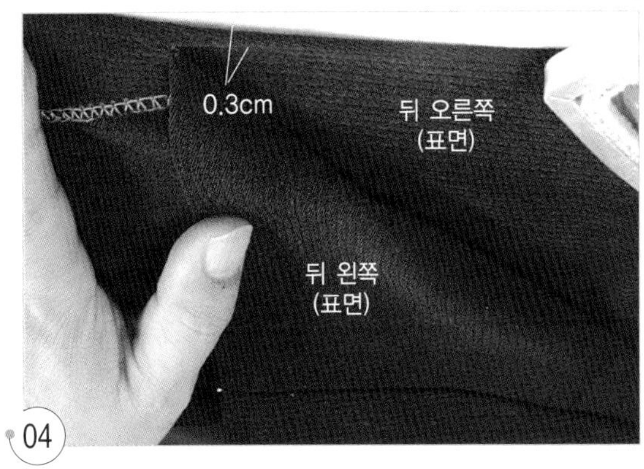

뒤 오른쪽 스커트 지퍼 다는 위치의 시접을 완성선에서 0.3cm 내어 접는다.

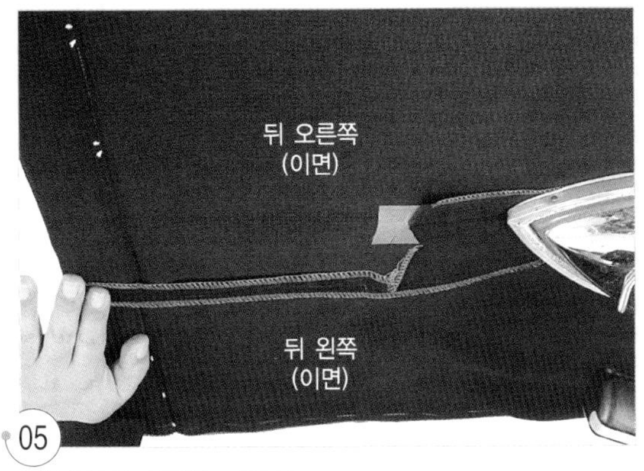

뒤 중심의 시접을 가른다.

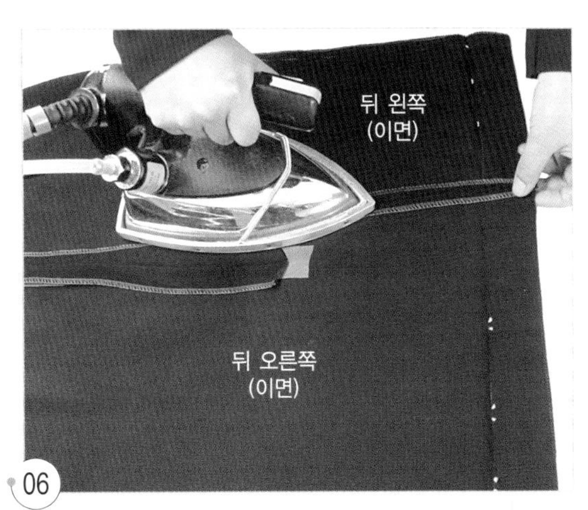

벤츠 밑 속자락 쪽 시접을 완성선에서 접는다.

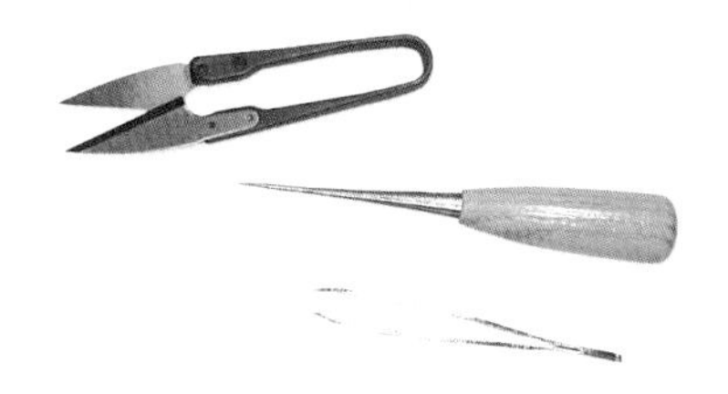

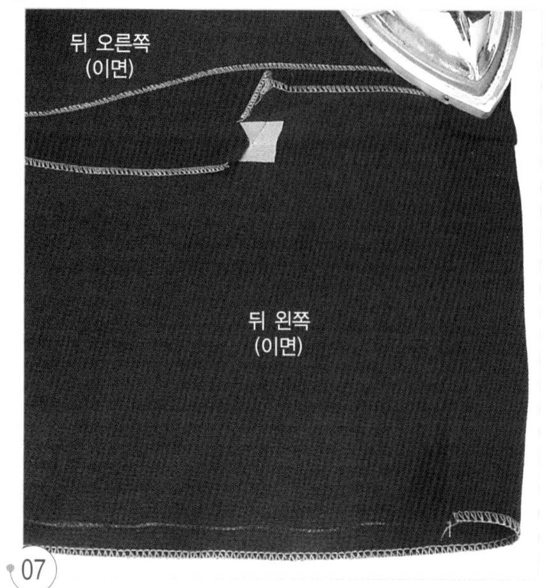

07
벤츠와 벤츠 밑 속자락 쪽 밑단 시접을 완성선에서 함께 접는다.

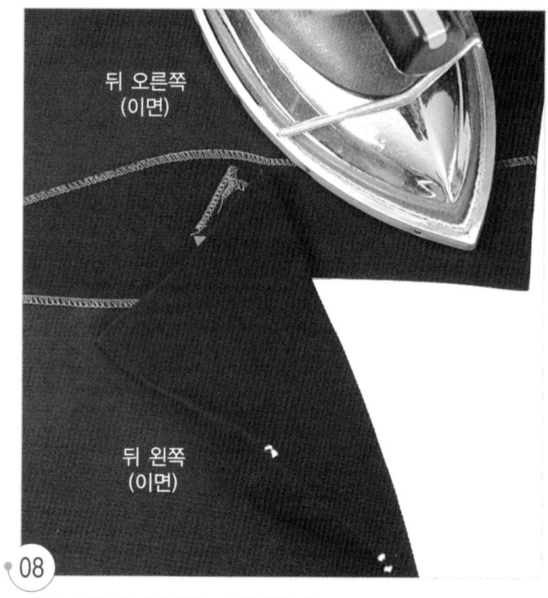

08
벤츠 모양을 정리해 다림질한다.

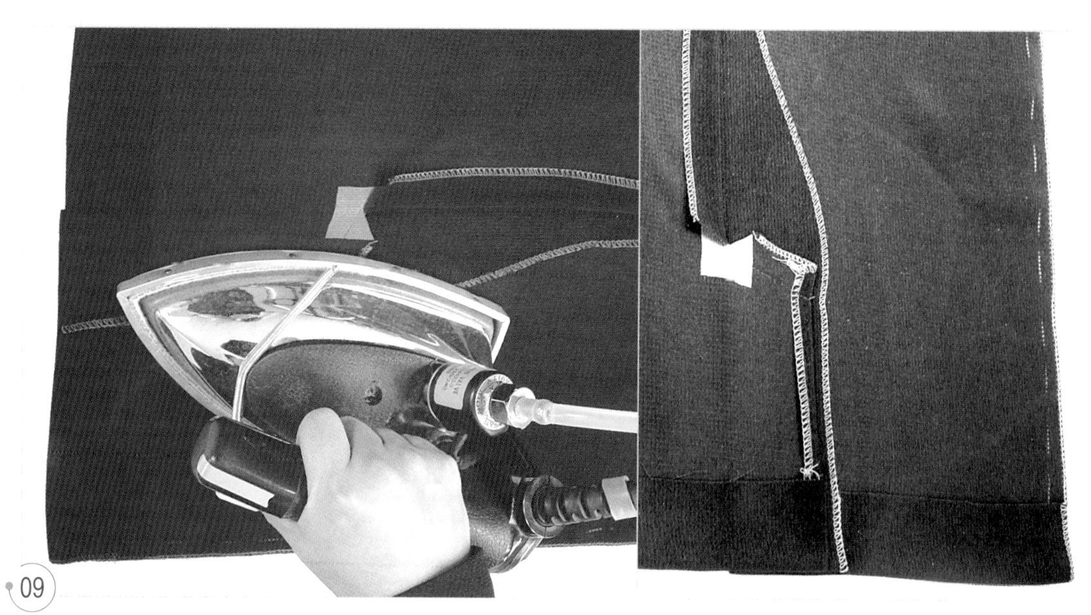

09
벤츠 밑 속자락 쪽의 시접을 정리한다.

5. 옆선을 박는다.

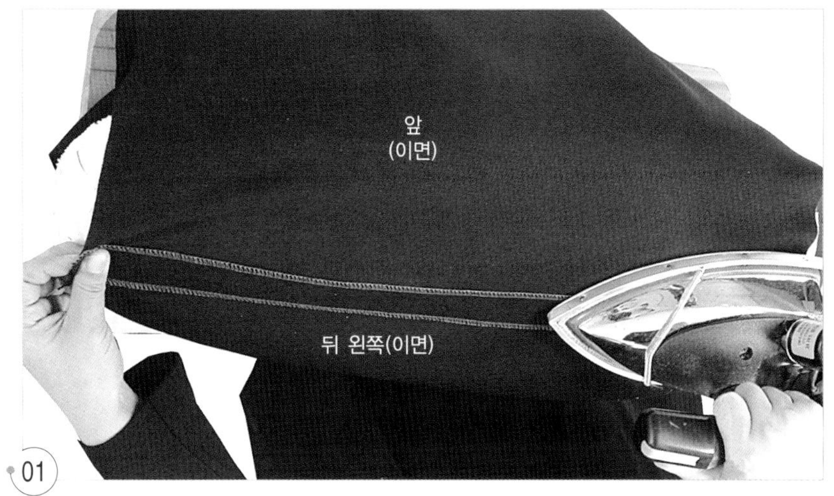

01
양쪽 옆선을 박고 시접을 가른다.

6. 요크를 만들어 단다.

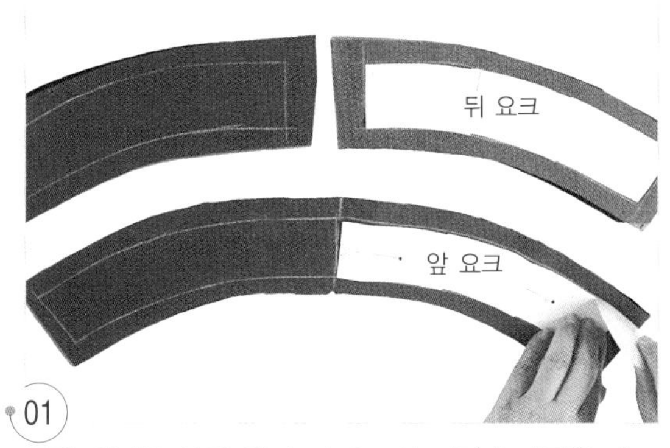

01
접착 심지를 붙인 앞뒤 겉 요크의 이면에 패턴을 대고 완성선을 그린다.

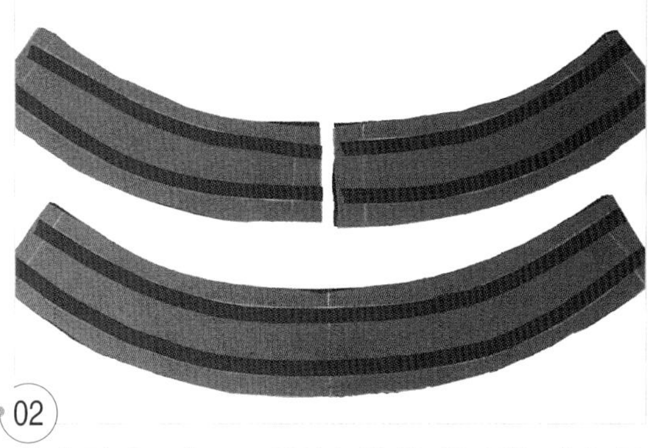

02
앞뒤 겉 요크에 1cm 폭의 늘림 방지용 접착 테이프를 붙인다.

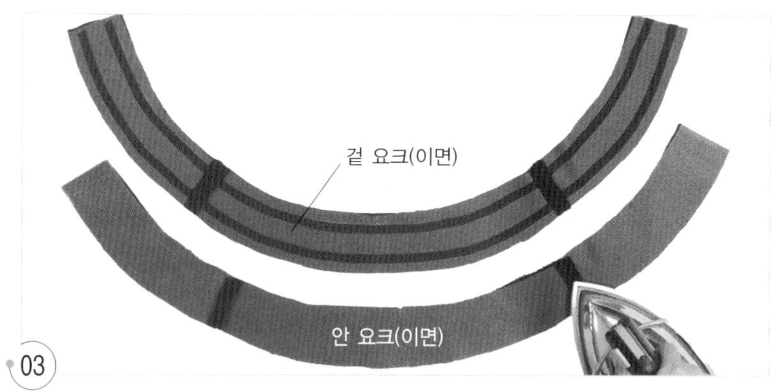

03

겉 요크와 안 요크의 옆선을 박고 시접을 가른다.

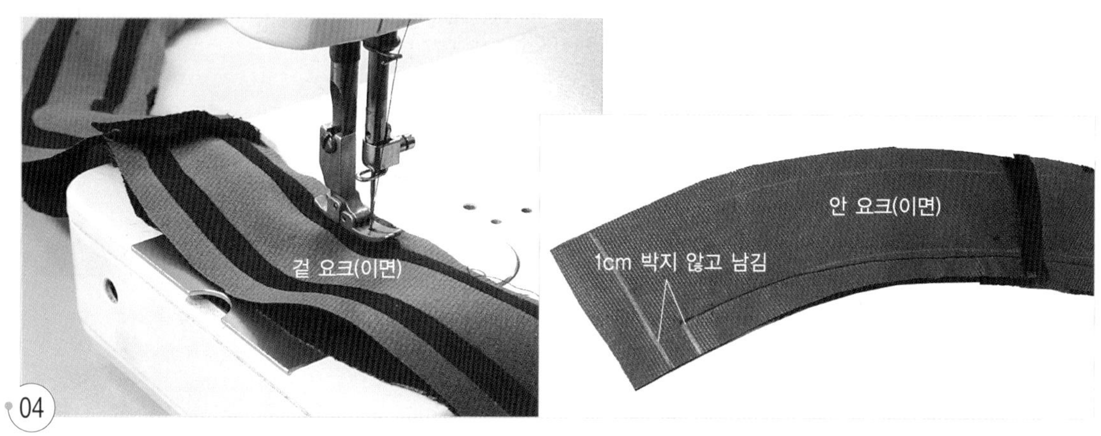

04

겉 요크와 안 요크를 겉끼리 마주 대어 양쪽 뒤 중심 표시에서 1cm씩 남기고 허리선을 박는다.

05

시접을 안 요크 쪽으로 넘기고 겉쪽에서 안 요크의 0.2cm에 상침재봉을 한다.

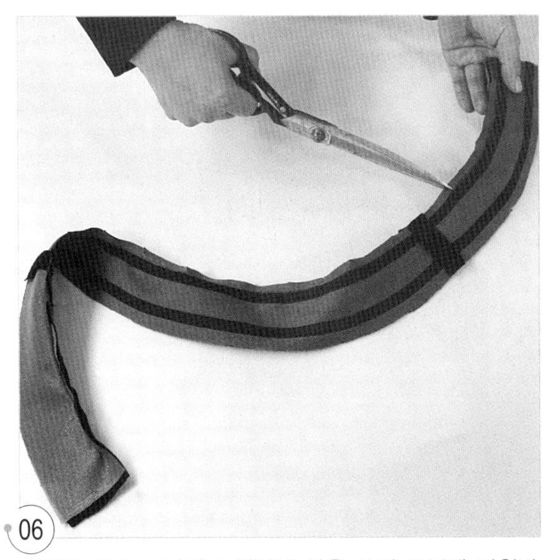

06

시접을 0.7cm 남기고 잘라낸 다음 곡선 부분에 가윗밥을 넣는다.

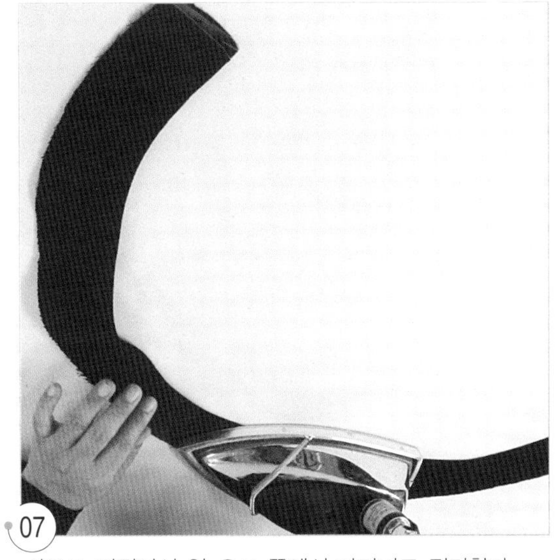

07

겉으로 뒤집어서 안 요크 쪽에서 다리미로 정리한다.

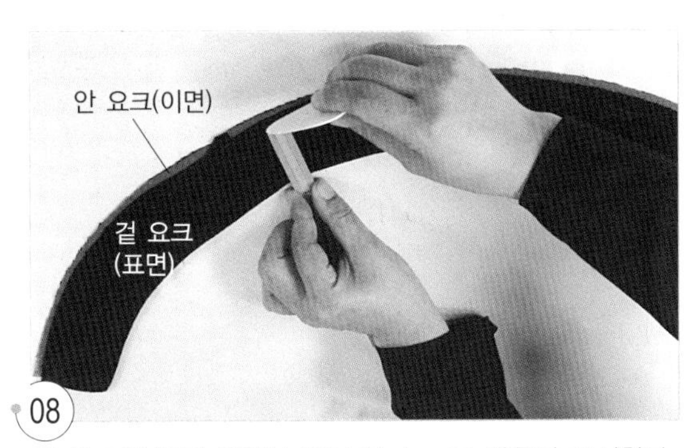

08

겉 요크의 표면 쪽에서 요크 폭 4cm로 맞추어 표시한다.

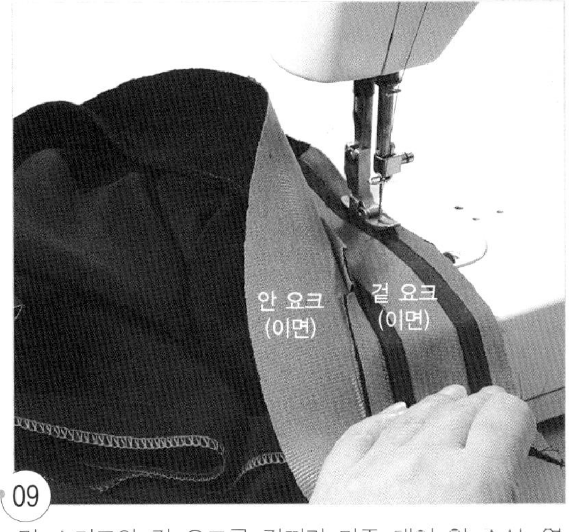

09

겉 스커트와 겉 요크를 겉끼리 마주 대어 앞 중심, 옆선, 뒤 중심의 표시를 맞추고 요크 아래쪽의 완성선을 박는다.

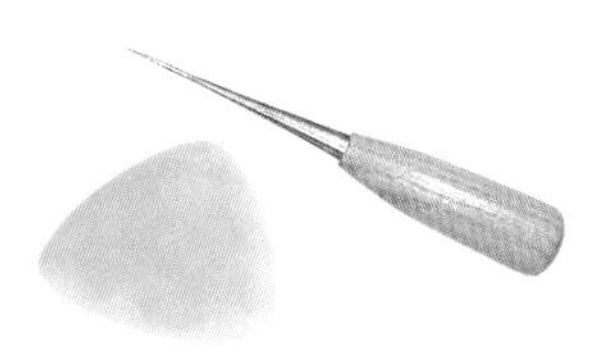

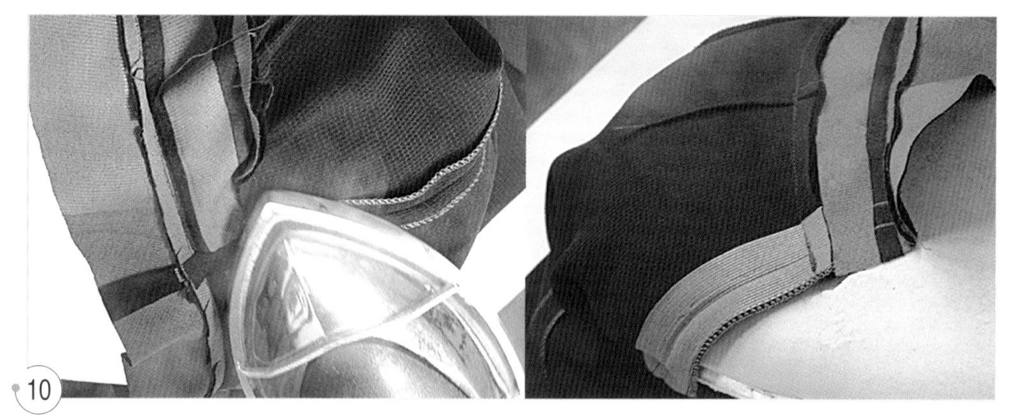

10

시접을 요크 쪽으로 넘겨 다림질한다.

7. 지퍼를 단다.

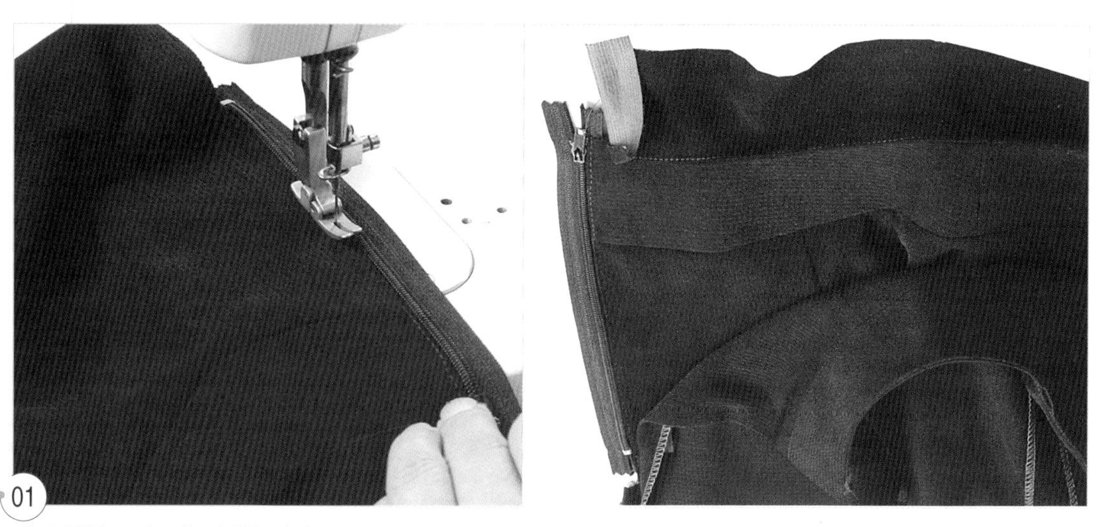

01

뒤 오른쪽 스커트에 지퍼를 단다.

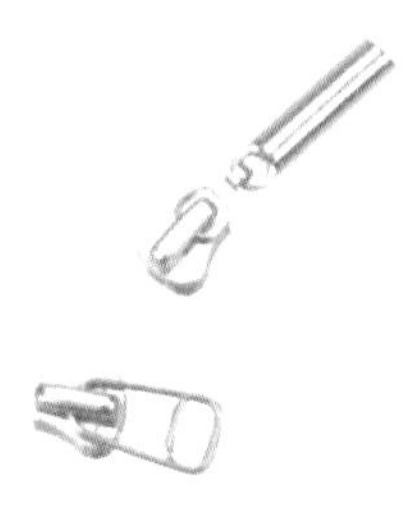

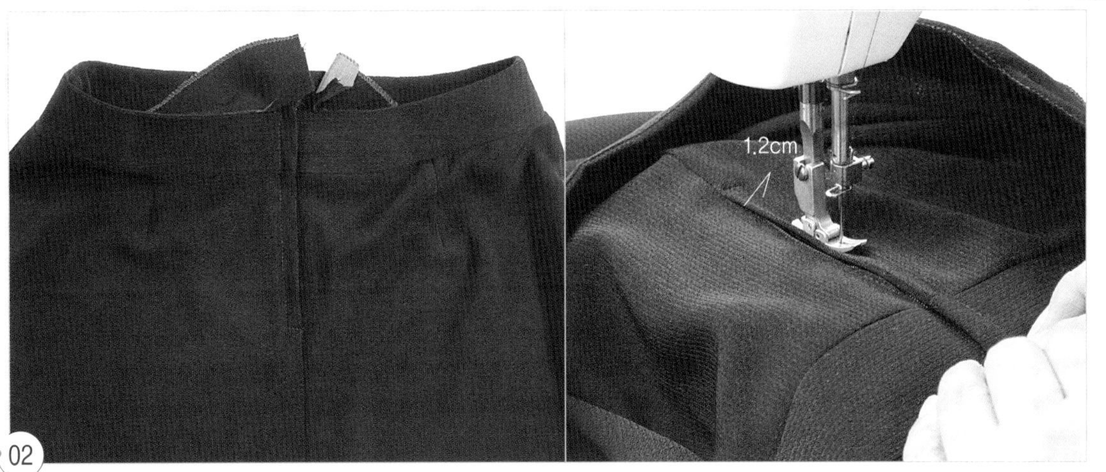

02
뒤 왼쪽 스커트에 1.2cm 폭으로 지퍼까지 통하게 겉쪽에서 스티치한다.

주 안 요크를 함께 박지 않도록 주의한다.

03
6의 04)에서 뒤 중심 허리선에 1cm 박지 않고 남겨두었던 곳을 박는다.

8. 안 스커트를 만든다.

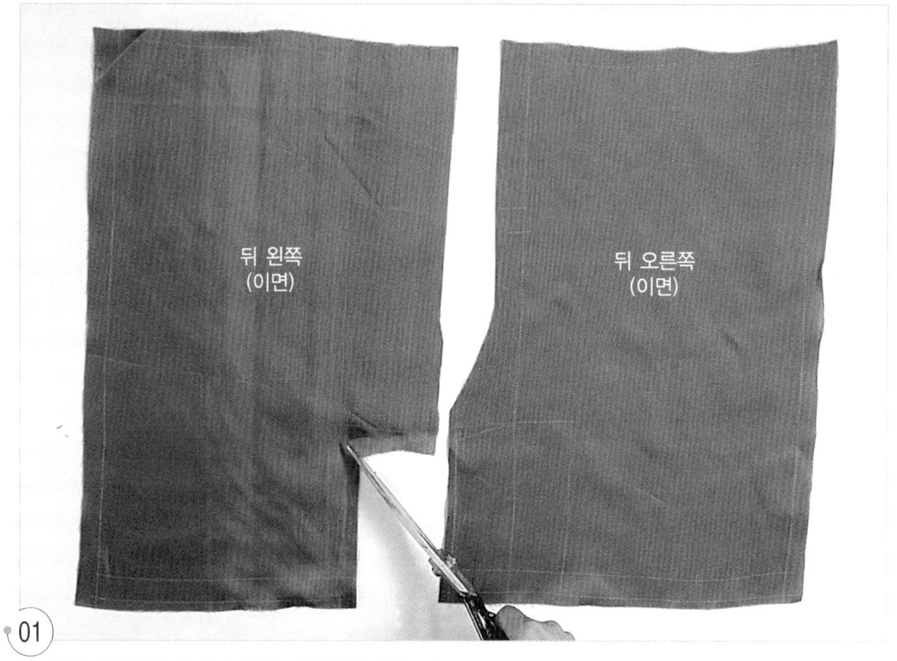

뒤 왼쪽 벤츠 끝 모서리에만 가윗밥을 넣는다.

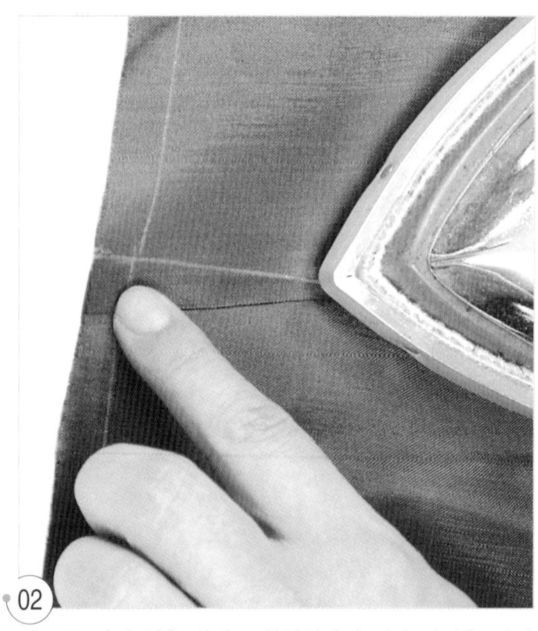

다트를 박지 않은 상태로 완성선에서 접어 시접을 옆선 쪽으로 넘긴다.

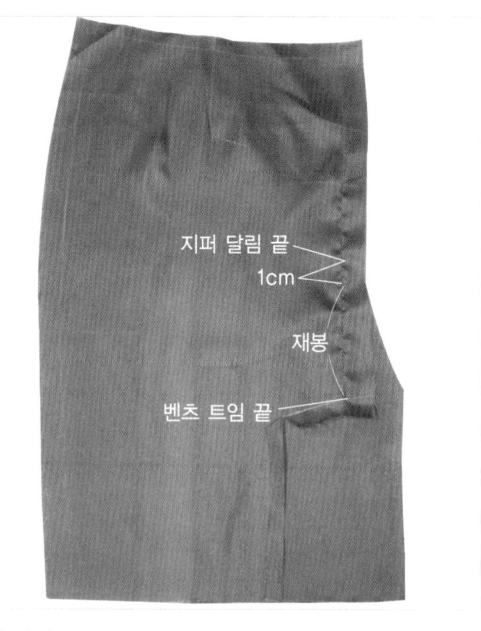

지퍼 달림 끝에서 1cm 내려온 곳에서부터 벤츠 트임 끝까지 뒤 중심선을 박는다.

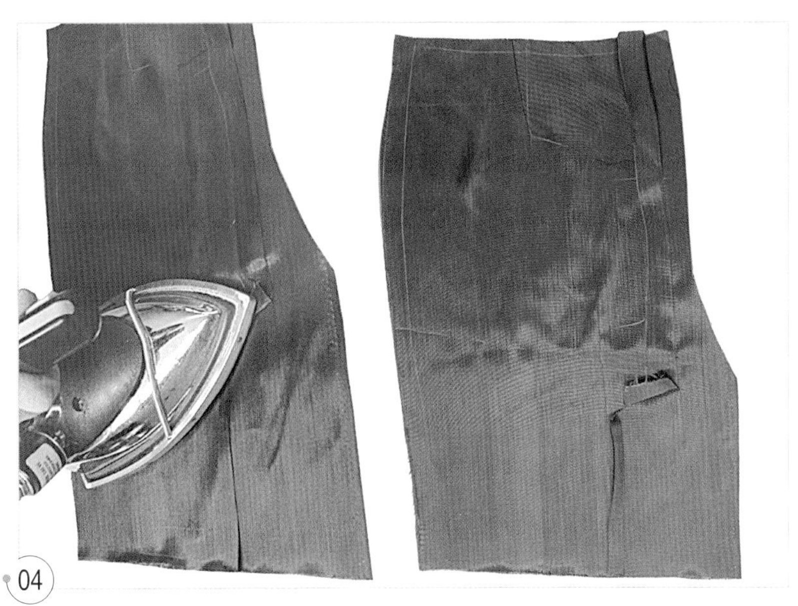

04
뒤 중심의 시접을 가르고 벤츠 끝의 시접을 접어 올린다.

05
겉끼리 마주 대어 옆선의 완성선에서 0.3cm 시접 쪽을 박는다.

06
옆선의 시접을 두 장 함께 오버록 재봉을 한다.

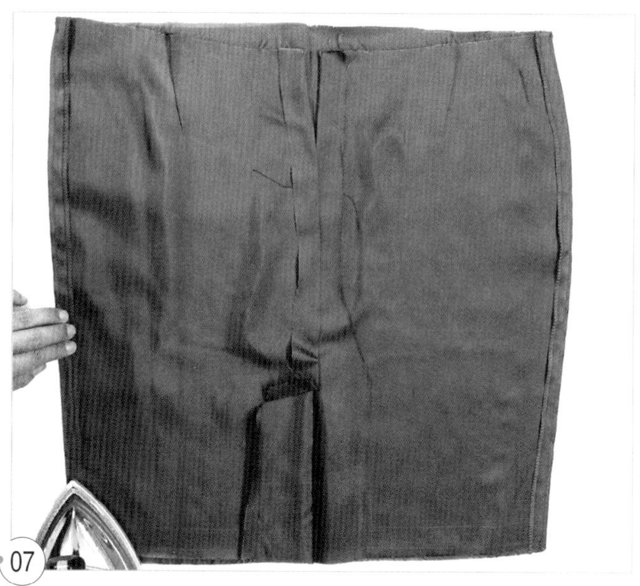

07 옆선의 시접을 완성선에서 접어 뒤 스커트 쪽으로 넘긴다.

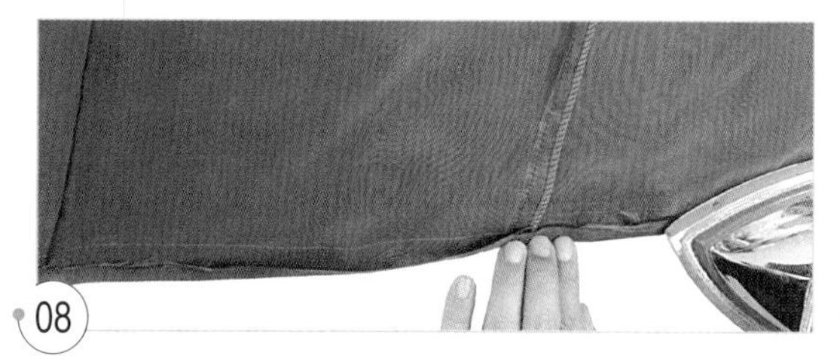

08 안 스커트의 밑단 시접을 1cm 접는다.

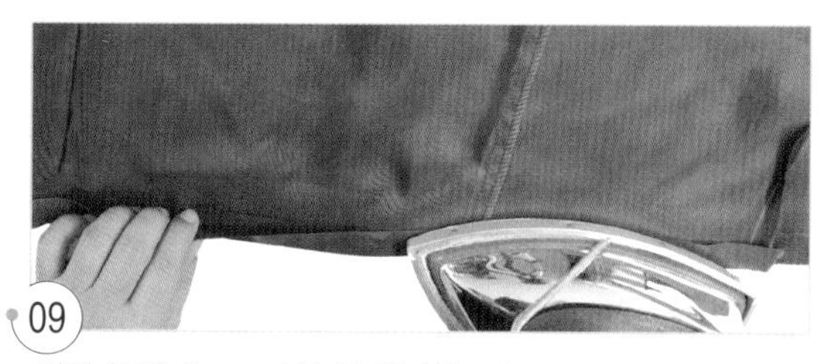

09 밑단 쪽을 2cm 다시 한 번 접는다.

10 단 쪽에서 1.8cm에 재봉을 한다.

9. 안 요크와 안 스커트를 연결한다.

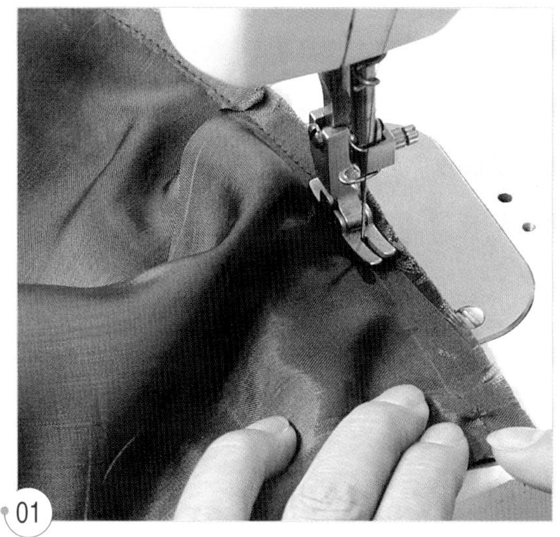

01

안 요크와 안 스커트의 겉끼리 마주 대어 요크 아래쪽의 완성선을 박는다.

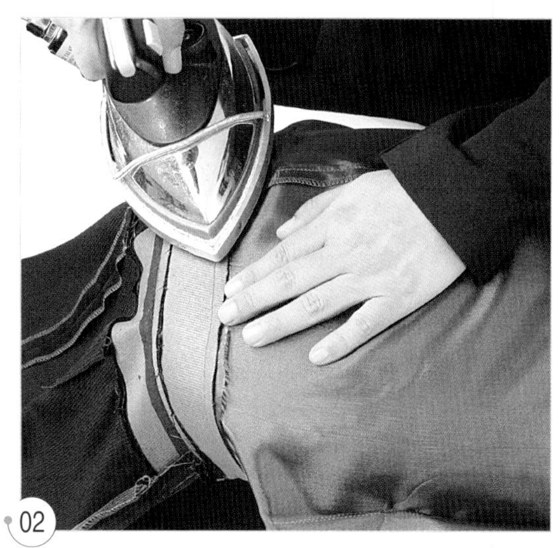

02

시접을 안감 쪽으로 넘긴다.

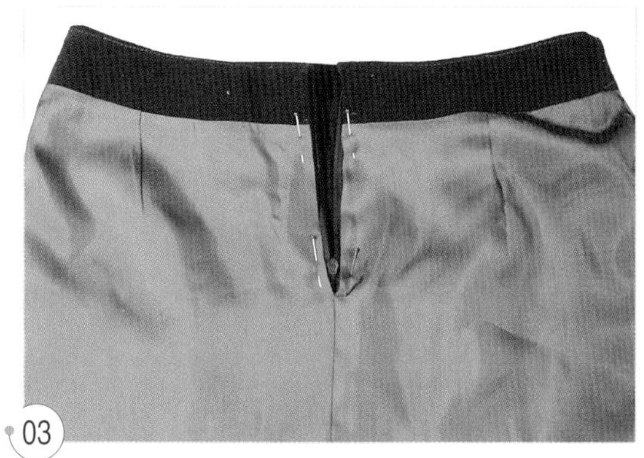

03

안 요크와 안감의 시접을 지퍼에 물리지 않게 접어 넣고 핀으로 고정시킨다.

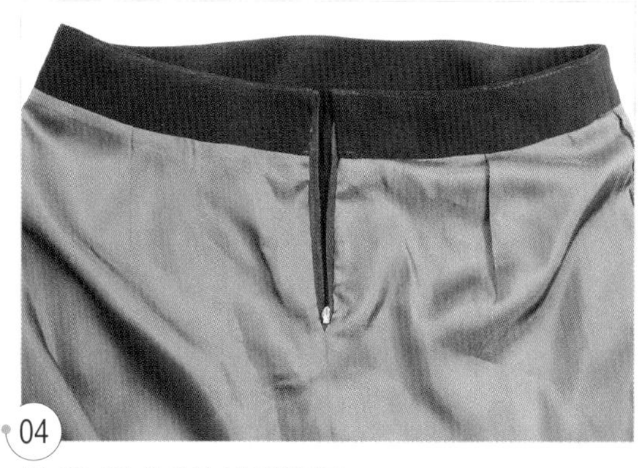

04

안 요크와 안감을 감침질한다.

10. 스프링 훅과 고리를 단다.

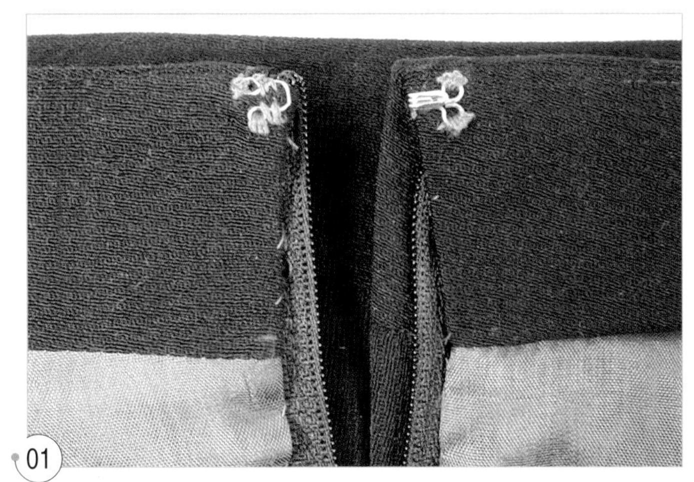

01

뒤 왼쪽에 훅을 달고, 뒤 오른쪽에 고리를 단다.

11. 겉 스커트의 단을 올리고 벤츠를 완성한다.

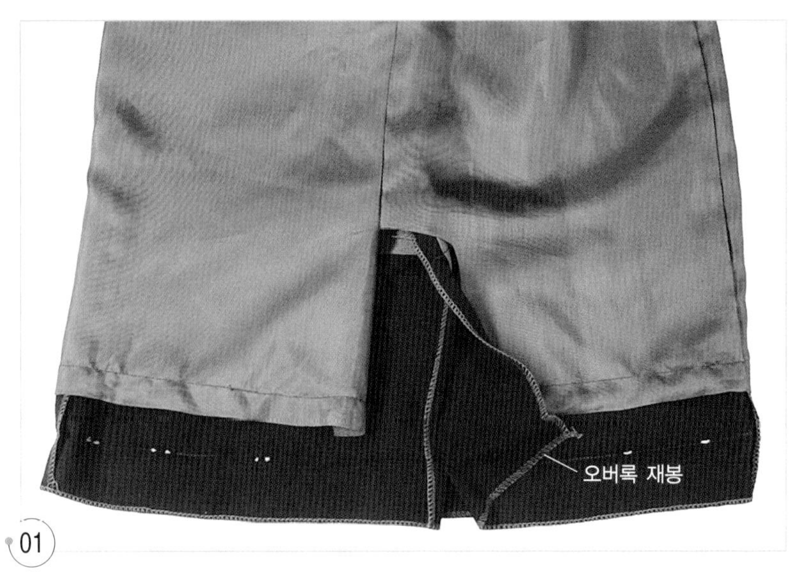

01

겉 스커트의 단 시접에 오버록 재봉을 한다.

02
벤츠의 안단을 겉끼리 마주 대어 완성선을 박고 안단의 시접만을 잘라낸다.

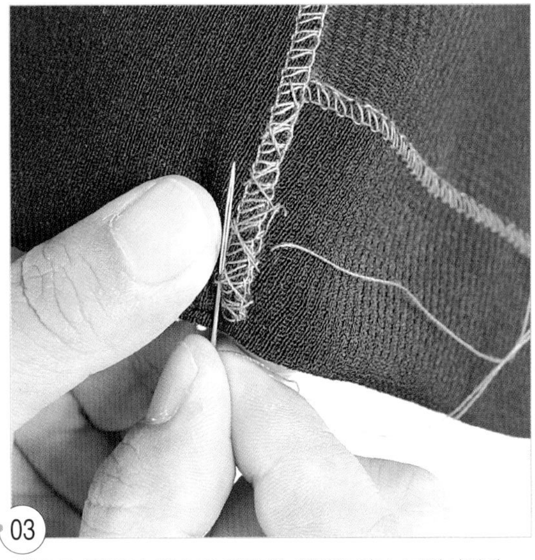

03
겉으로 뒤집어 벤츠의 안단을 새발뜨기로 고정시킨다.

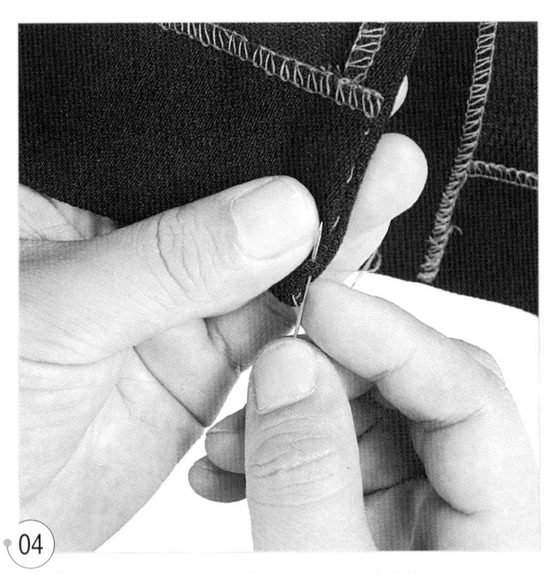

04
단을 올려 벤츠 밑 속자락 쪽을 감침질한다.

05
단을 올려 감침질로 고정시킨다.

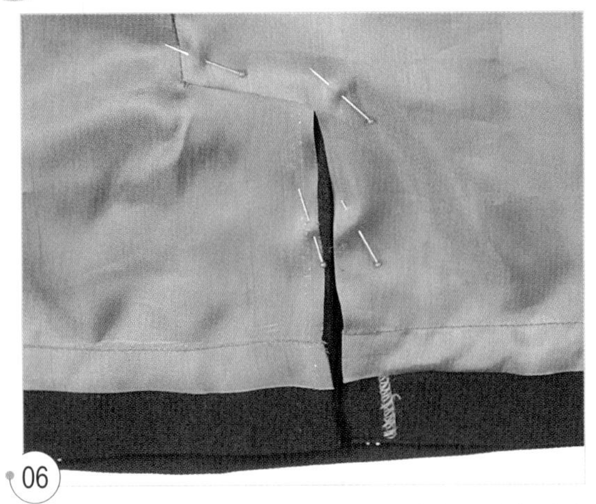

06

안감을 내려 벤츠 트임 끝에서 지퍼 달림 끝까지 약간 여유분을 주어 핀으로 고정시키고, 벤츠와 속자락에 안감을 맞추어 핀으로 고정시킨다.

07

감침질로 고정시킨다.

12. 겉 요크의 홈에 겉쪽에서 스티치한다.

01

겉 요크와 안 요크가 틀어지지 않도록 시침질로 고정시킨다.

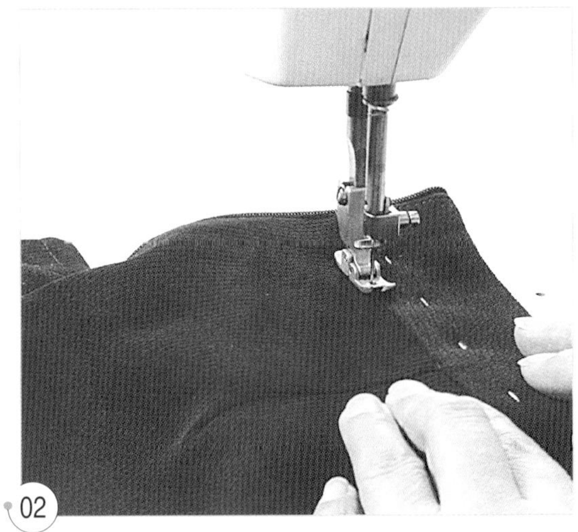

02

겉쪽에서 요크이 박은 선 홈에 스티치한다.

13. 겉감과 안감을 실 루프로 고정시킨다.

01

겉 스커트의 밑단 쪽에서 사슬뜨기 요령으로 4cm 정도의 실 루프를 만들어 안 스커트에 고정시킨다.

14. 마무리 다림질을 하여 완성한다.

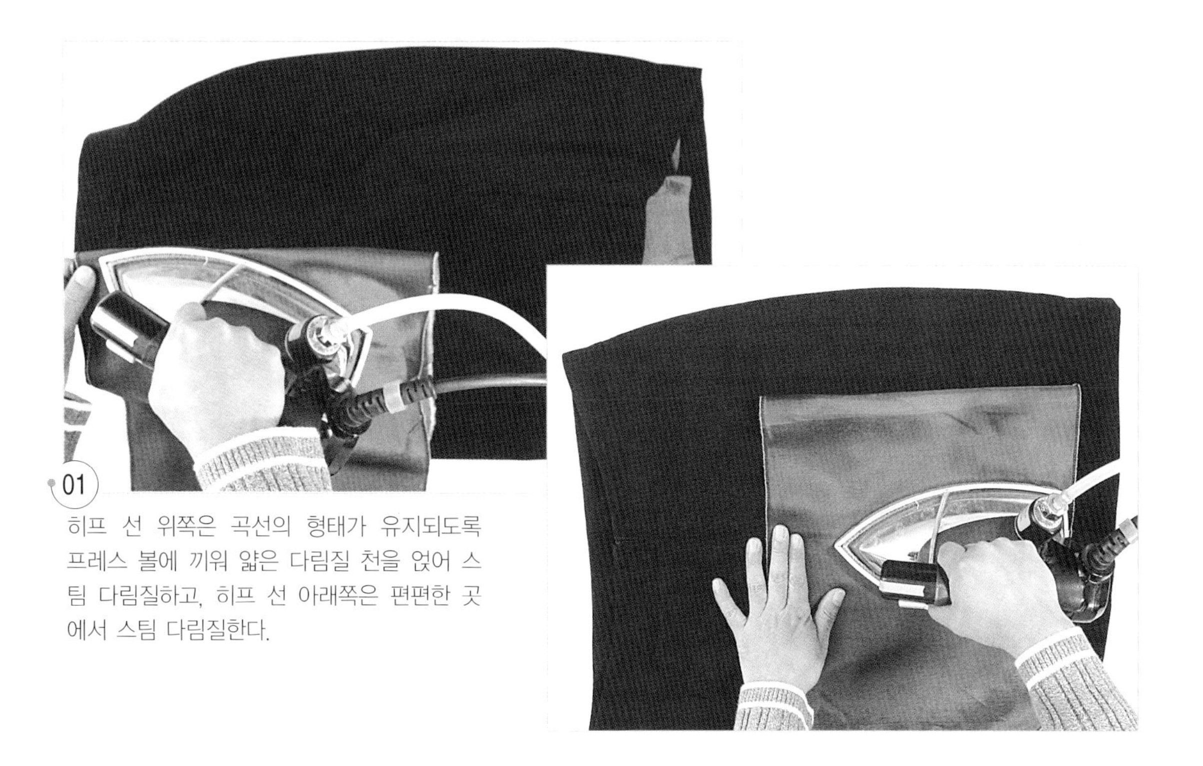

01

히프 선 위쪽은 곡선의 형태가 유지되도록 프레스 볼에 끼워 얇은 다림질 천을 얹어 스팀 다림질하고, 히프 선 아래쪽은 편편한 곳에서 스팀 다림질한다.

8쪽 고어드 스커트 8 Piece Gored Skirt...

S.K.I.R.T

스타일 8조각을 서로 이어서 모양을 만든 스커트로, 다른 스커트에 비해 입체적으로 실루엣이 아름답고 어떤 체형에도 맞추기 쉬운 스타일이다.

소 재 고어드 스커트의 소재는 실루엣에 따라 다르나 플레어가 적은 경우는 중간 두께의 울이나 두꺼운 면 또는 화섬 등이 적합하다. 움직임이 있는 플레어 실루엣은 드레이프성이 좋은 울이나 폴리에스테르 조젯 같은 것이 좋다.

포인트

① 각 조각의 위치가 틀어지지 않도록 각 조각을 순서대로 기입해 둔다.
② 각 조각을 맞추어 잇고 각진 부분의 시접이 일직선이 되도록 늘려 주는 것이 중요하다.

제도법

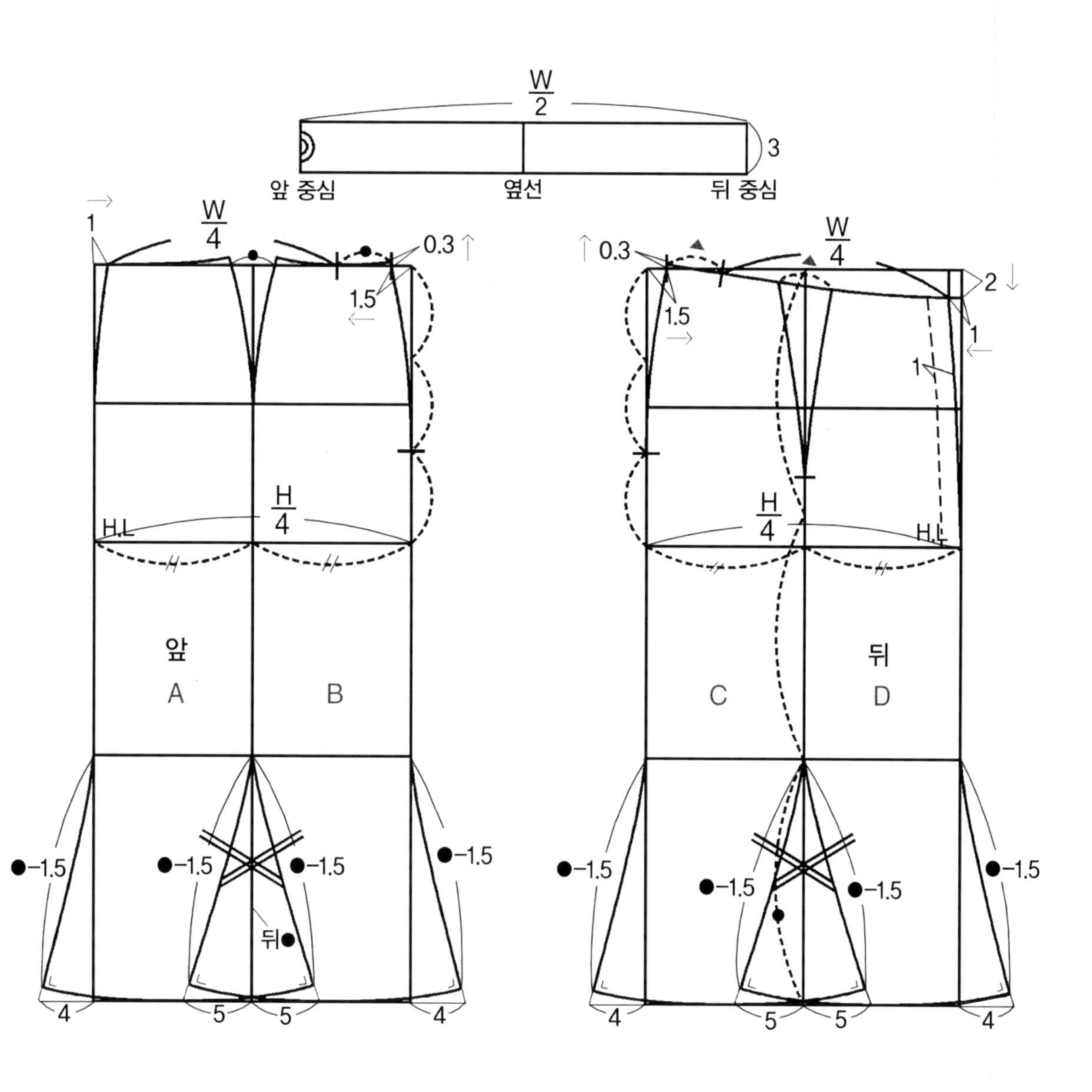

재단법

재 료

- 겉감 152cm 폭 75cm(110cm 폭 120cm)
- 접착 심지 6cm×20cm
- 허리 벨트 심지 허리 둘레 치수+3cm
- 지퍼 18cm 1개   • 스프링 훅과 아이 2set

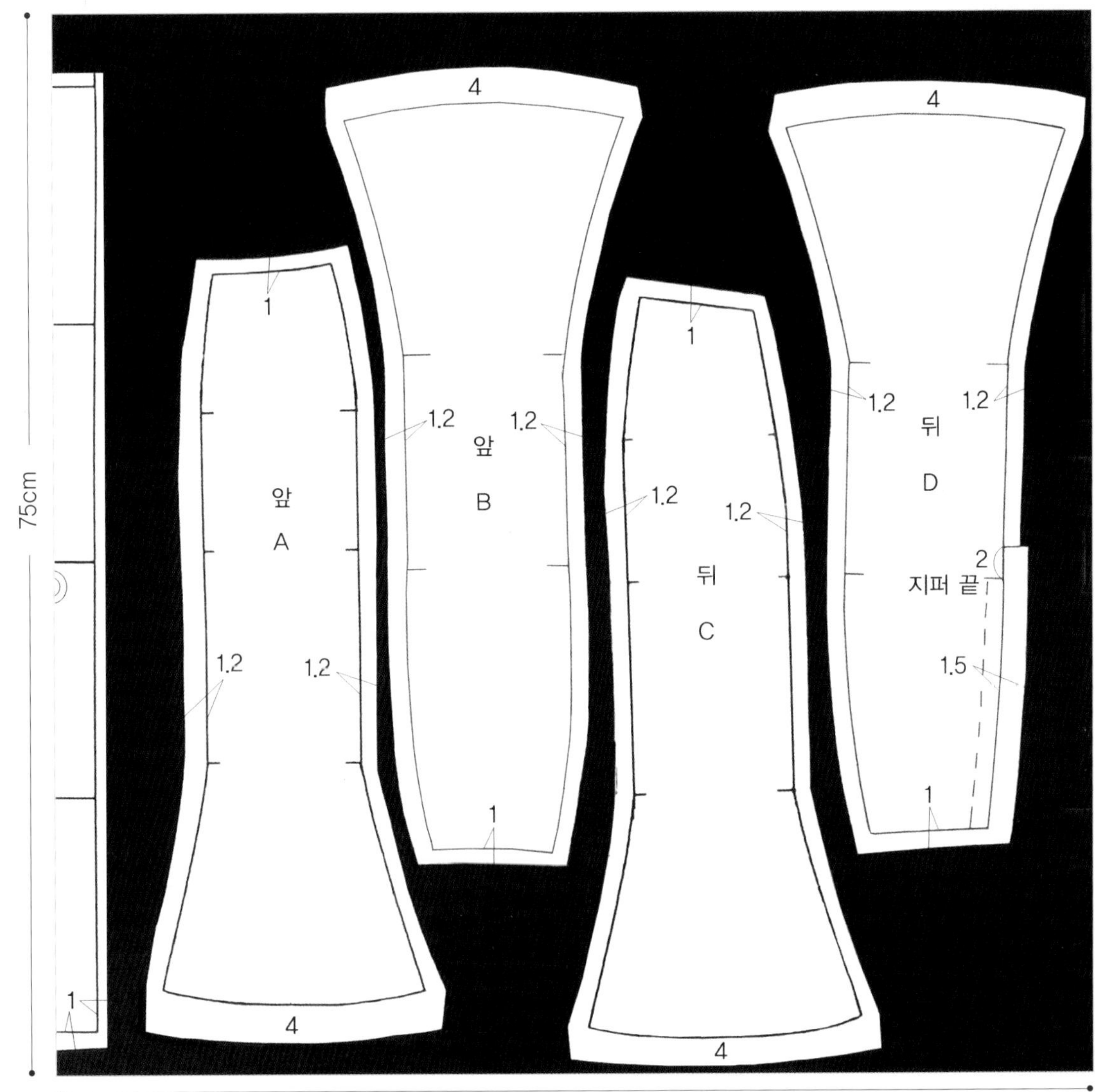

봉제법 ...

1. 허리 벨트를 만든다.

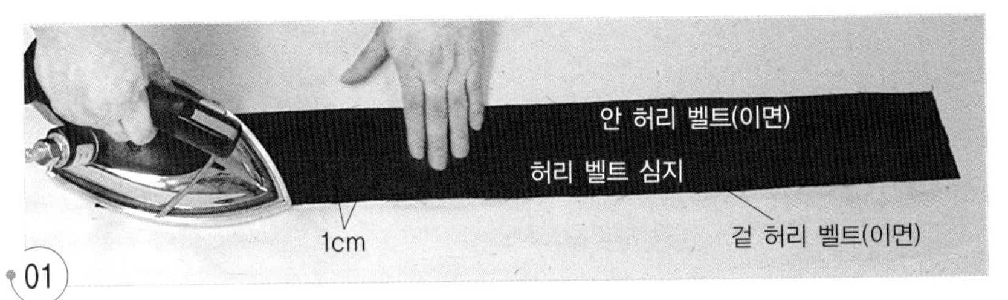

01
겉 허리 벨트 쪽에 허리 벨트 심지를 붙인다.

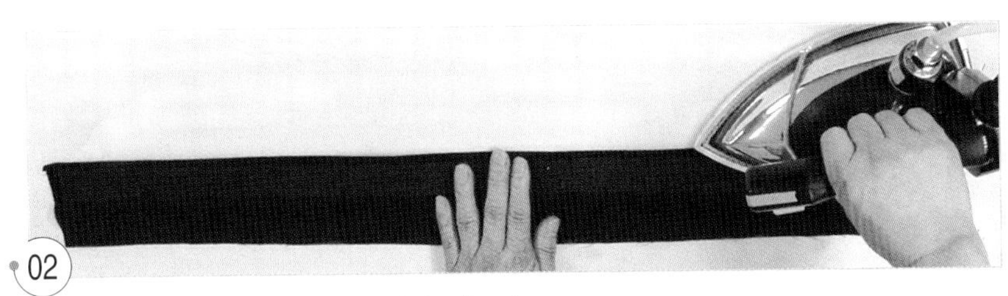

02
겉 허리 벨트의 시접을 심지 끝에서 접는다.

03
안 허리 벨트를 심지 끝에서 접는다.

04
겉 허리 벨트 단 끝을 따라 허리 다는 선의 안내선을 그리고 뒤 중심, 옆선, 앞 중심의 표시를 한다.

2. 뒤 중심의 지퍼 다는 곳에 접착 심지를 붙인다.

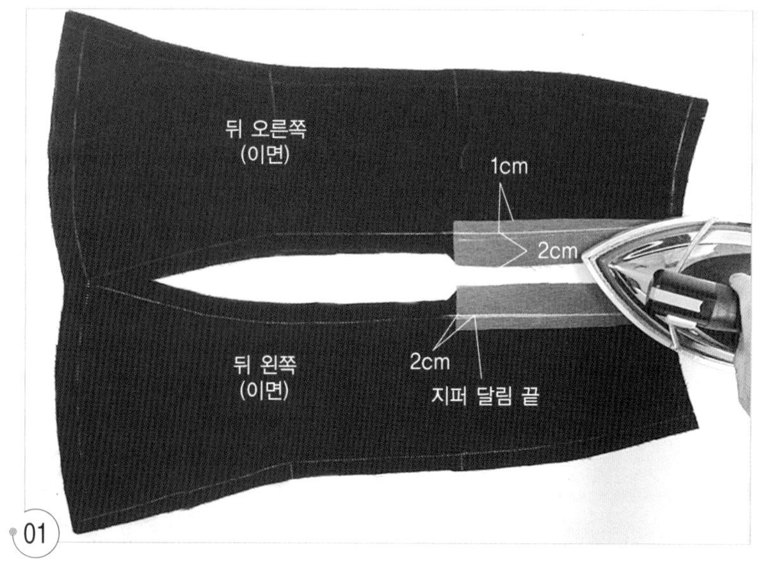

3cm 폭의 접착 심지를 뒤 중심선에서 1cm는 스커트 안쪽으로, 2cm는 시접 쪽에 맞추어 얹고 접착시킨다.

3. 오버록 재봉을 한다.

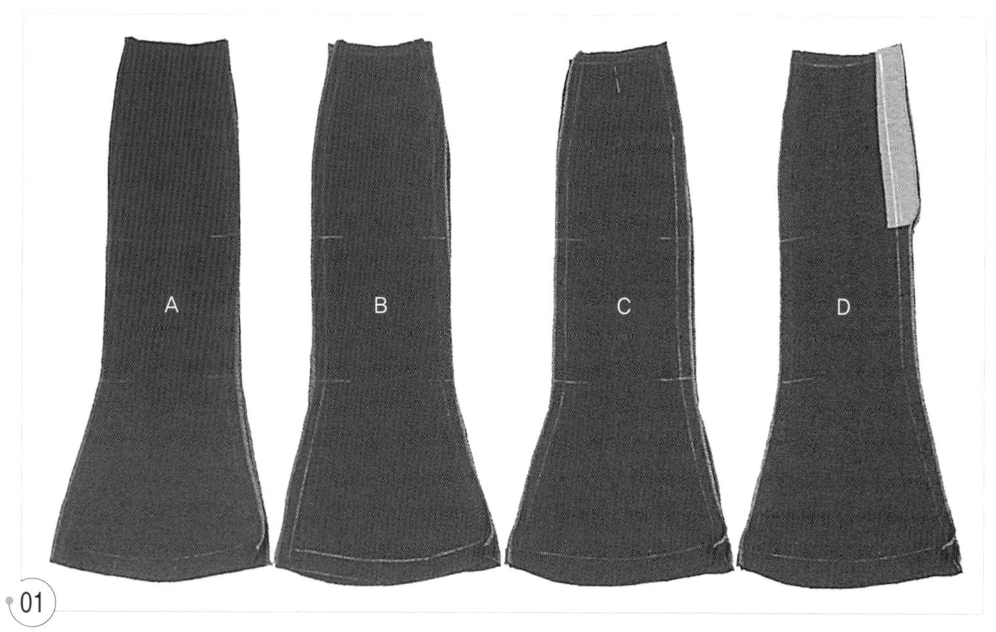

8쪽 모두 양옆 시접에만 겉쪽에서 오버록 재봉을 한다.

4. 스커트 8쪽을 연결한다.

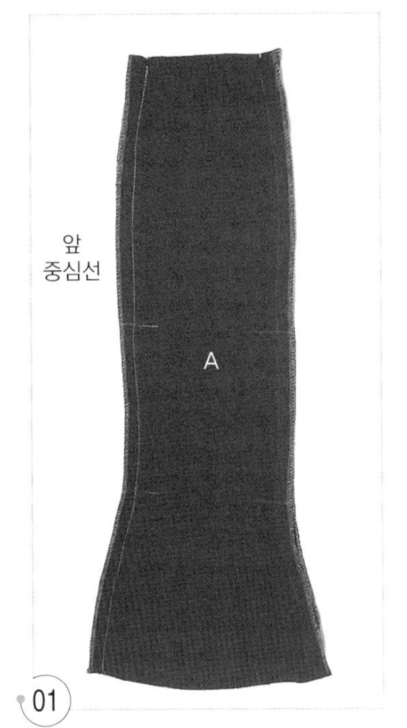

01
A의 앞 중심선을 박는다.

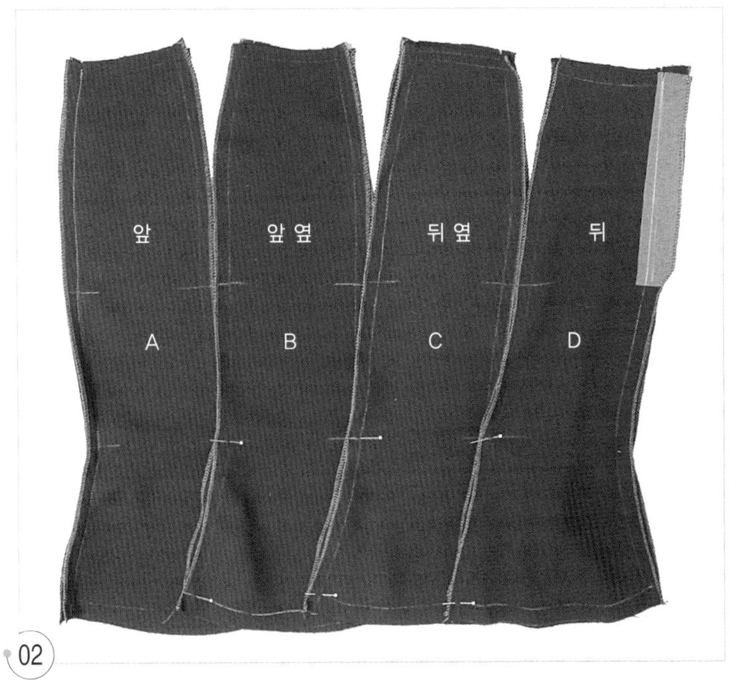

02
바뀌지 않도록 A에서 D쪽까지를 맞춤표시를 맞추어 8쪽을 핀으로 고정시켜 둔다.

03
뒤 중심의 지퍼 트임 끝을 제외하고 8쪽을 박아 연결하고, 지퍼 다는 곳에는 시침재봉을 해 둔다.

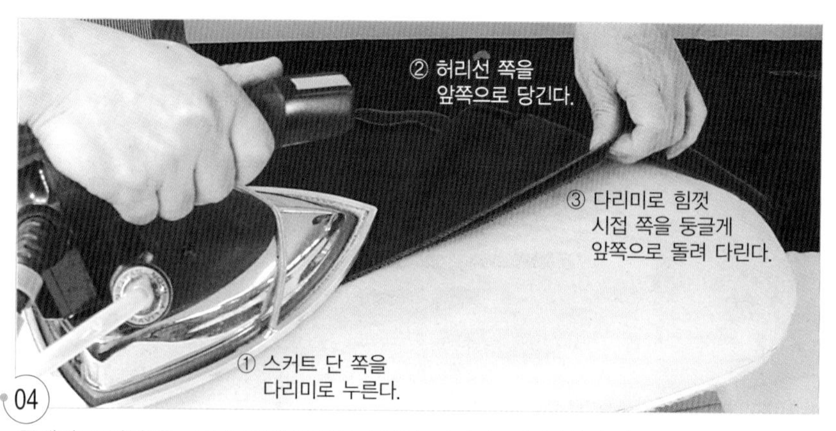

플레어로 넓어지는 곳의 각진 부분의 시접을 다리미로 일직선이 되도록 늘려 준다.

시접을 모두 가른다.

5. 지퍼를 단다.

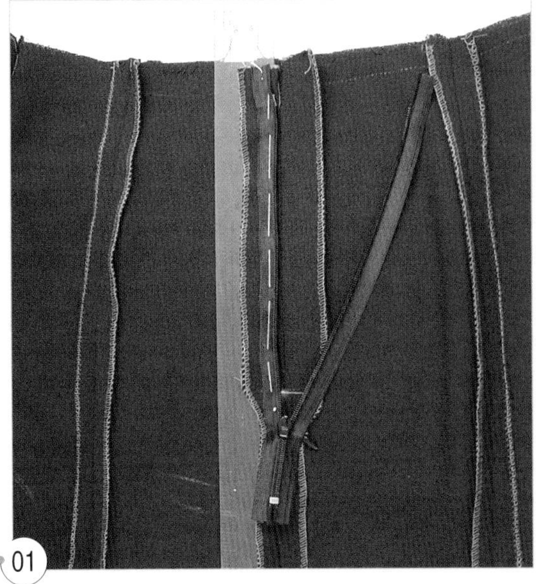

01

시접의 표면 위에 콘실 지퍼의 표면을 마주 대어 얹고 뒤 중심 지퍼 위쪽 고정 스프링 끝을 허리선에서 0.5cm 내려 맞춘 다음 지퍼를 열고 뒤 중심선에 맞추어 방안자나 두꺼운 종이를 끼우고 시접에만 시침질로 고정시킨다.

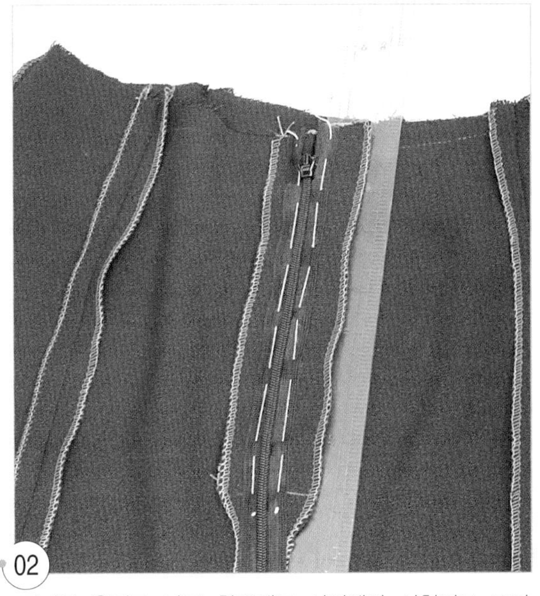

02

지퍼를 올리고 다른 한쪽에도 시접에만 시침질로 고정시킨다.

03

시침재봉한 실을 풀어낸다.

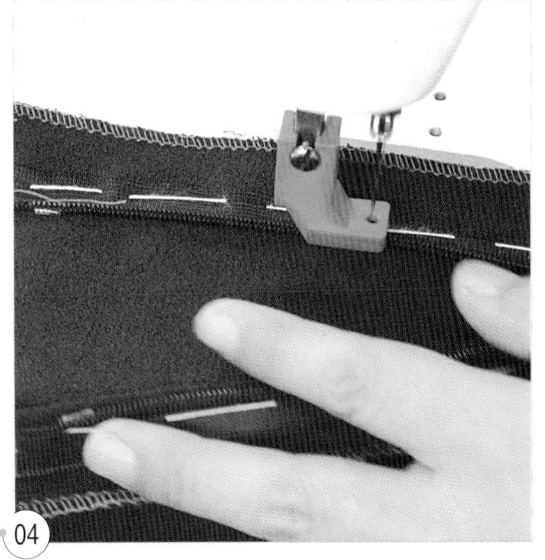

04

콘실 지퍼용 노루발의 홈에 지퍼가 물리는 부분을 끼우고 지퍼 달림 끝 표시에서 0.5cm 내려온 곳까지 박는다.

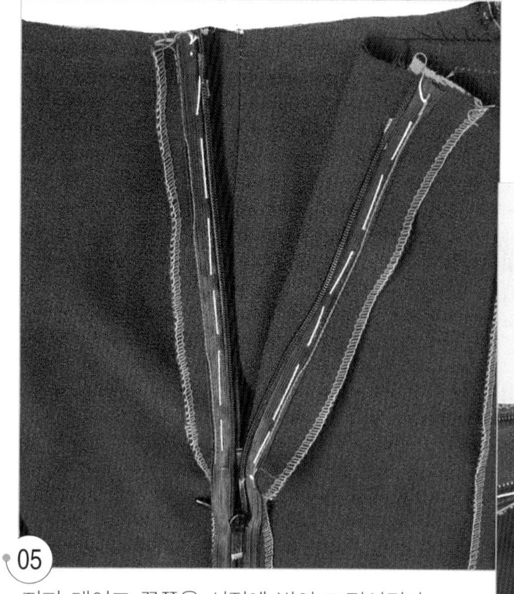

05

지퍼 테이프 끝쪽을 시접에 박아 고정시킨다.

06

슬라이더를 빼내 올린다.

6. 허리 벨트를 단다.

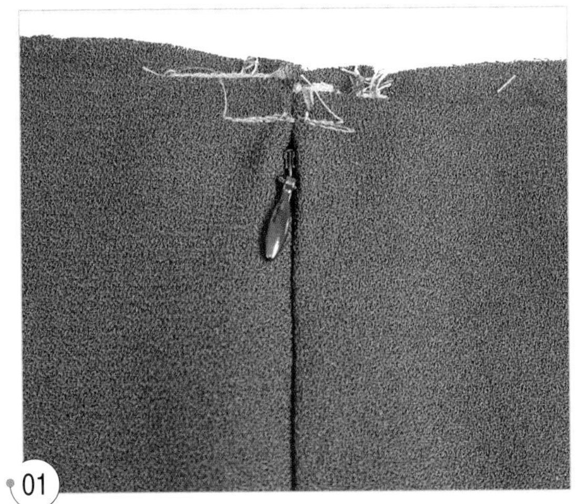

01

허리 벨트를 달기 전에 뒤 중심의 허리 다는 위치가 틀어지지 않도록 지퍼 끝쪽을 약간 당겨서 오므리고 허리 완성선에서 0.5cm 시접 쪽에 고정재봉을 한 다음 중심에서 고정재봉한 것을 잘라낸다.

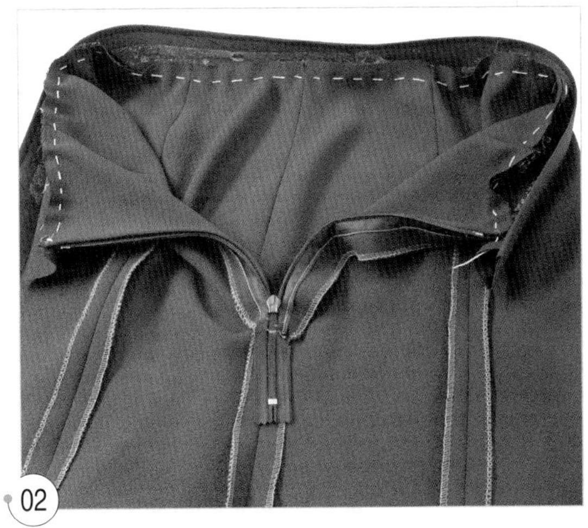

02

스커트의 이면과 안 허리 벨트의 표면을 마주 대어 앞 중심, 양쪽 옆선, 뒤 중심의 표시를 맞추고 허리선에 시침질로 고정시킨다.

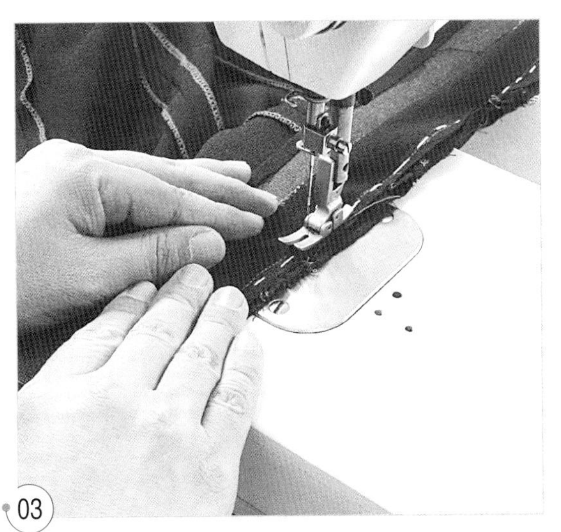

03

초크로 표시한 선에서 0.2cm 안 허리 벨트 쪽을 박는다.

04

허리 벨트를 겉끼리 마주 대어 맞추고 겉 허리 벨트가 위쪽으로 오게 하여 뒤 중심의 좌우 완성선을 박는다.

05

허리 벨트를 겉으로 뒤집어서 시접을 모두 벨트 쪽으로 넘기고 맞춤표시를 맞추어 핀으로 고정시킨다.

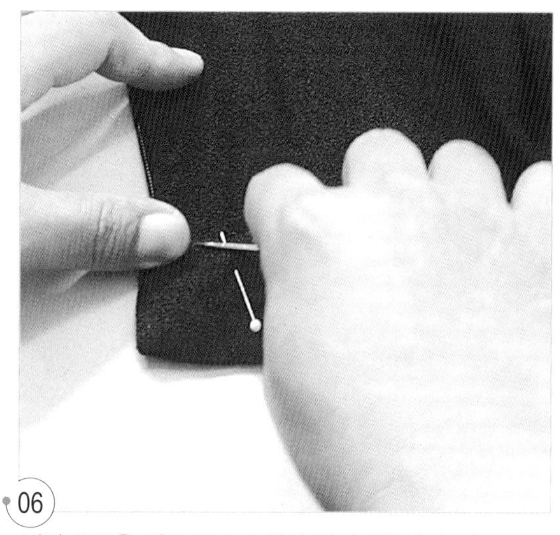

06

지퍼 끝쪽을 벨트 쪽으로 약간 당겨 밀어 넣는다.

07

겉쪽에서 0.1cm에 스티치한다.

7. 스프링과 훅과 아이를 단다.

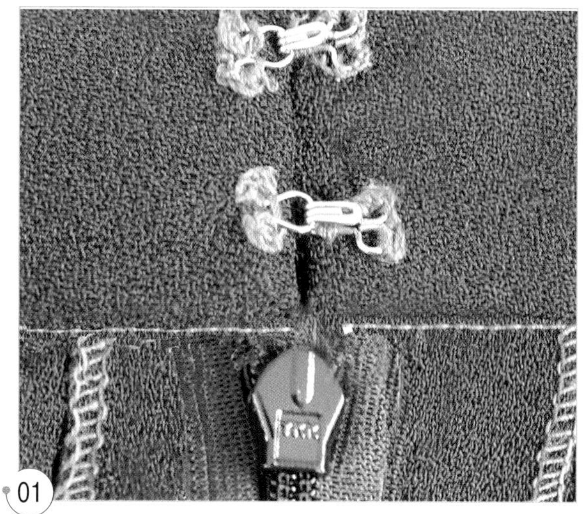

01 심지까지 떠서 버튼홀 스티치로 왼쪽에 스프링 훅을 달고 오른쪽에 아이를 단다.

8. 단 처리를 한다.

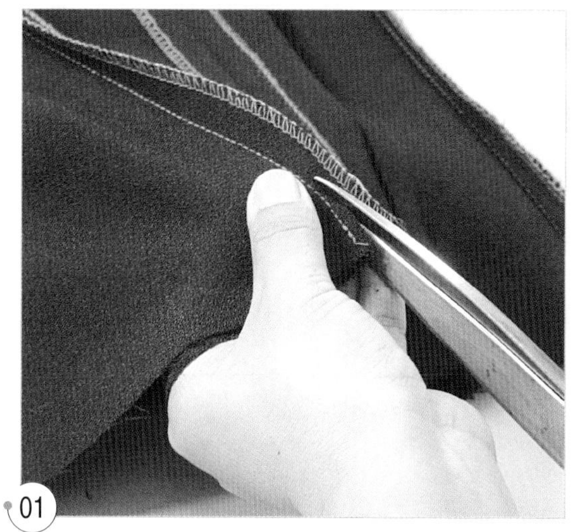

01 각 쪽을 이은 밑단의 시접에 투박함을 없애 주기 위해 시접을 0.3cm 남기고 완성선에서 0.5cm 올라간 곳까지 잘라낸다.

02 스커트 단의 시접을 수정한다.

03

수정한 선으로 잘라낸다.

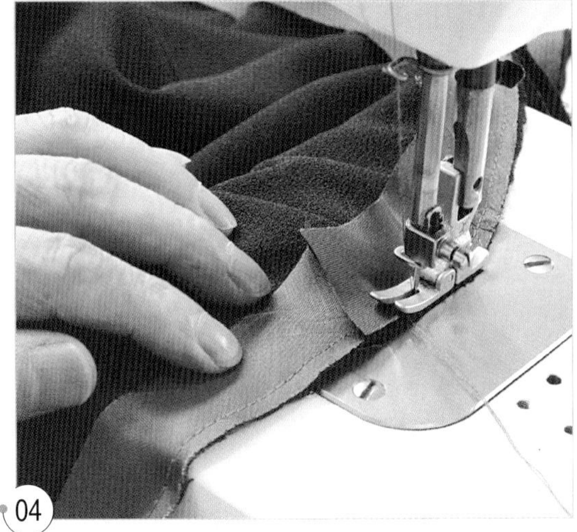

04

안감으로 재단한 바이어스 천을 1cm 접어 스커트 단의 표면 위에 얹고 0.5cm 되는 곳에 바이어스 천을 약간 당겨 가면서 박기 시작하여 끝에서는 1cm 겹쳐 얹어 박는다.

05

바이어스 천을 이면 쪽으로 넘기고 겉쪽에서 박은 선의 홈에 스티치한다.

06

스커트 단을 완성선에서 접어 올려 바이어스 테이프를 박은 선에 시침질로 고정시킨다.

07

속감치기를 한다.

9. 마무리 다림질을 하여 완성한다.

01

스커트 단 쪽에 이면 쪽에서 스팀 다림질을 한다.

02
프레스 볼에 끼워 겉쪽에서 스팀 다림질한다.

03
완성.

세미플레어 스커트 Semiflare Skirt...

S.K.I.R.T 06

스타일 허리선에서 밑단 쪽을 향해 넓게 퍼지는 실루엣이기 때문에 움직임이 아름다운 스커트이다. 소재 선택이나 플레어의 분량을 달리 하면 여러 실루엣으로 표현할 수 있다.

소 재 플레어를 균일하게 내기 위해서는 경사와 위사의 탄력이나 질감이 같은 것을 선택하는 것이 좋다. 화섬의 더블 조젯이나 면 새틴, 신축성이 있는 몽탁 등을 선택하면 실패하지 않는다.

포인트

① 신축성 소재일 경우는 허리 벨트 천의 이면에 접착 심지를 붙이고 벤놀 심지를 붙인다.
② 뒤 중심에 콘실 지퍼를 달아 매끄럽게 처리한다.

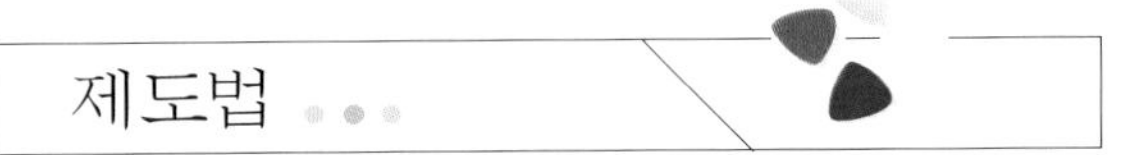

제도법

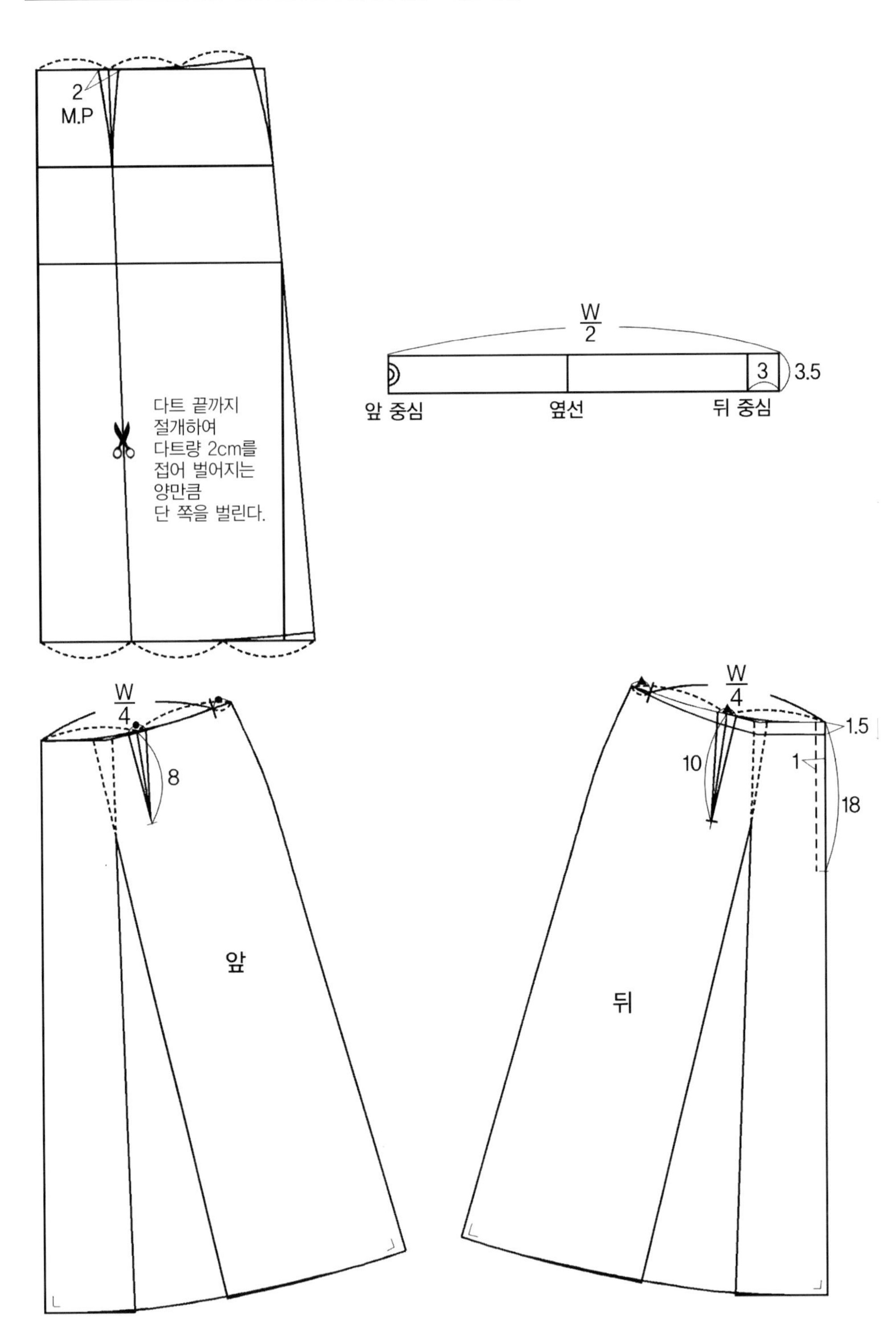
2
M.P
다트 끝까지
절개하여
다트량 2cm를
접어 벌어지는
양만큼
단 쪽을 벌린다.
W/2
3
3.5
앞 중심
옆선
뒤 중심
W/4
8
앞
W/4
1.5
10
1
18
뒤

재단법

재 료

- 겉감 110cm 폭 110cm(152cm 폭 75cm)
- 안감 110cm 폭 92cm
- 접착 심지 6cm×20cm
- 허리 벨트 심지 허리 둘레 치수+3cm
- 지퍼 18cm 1개
- 훅과 아이 1set

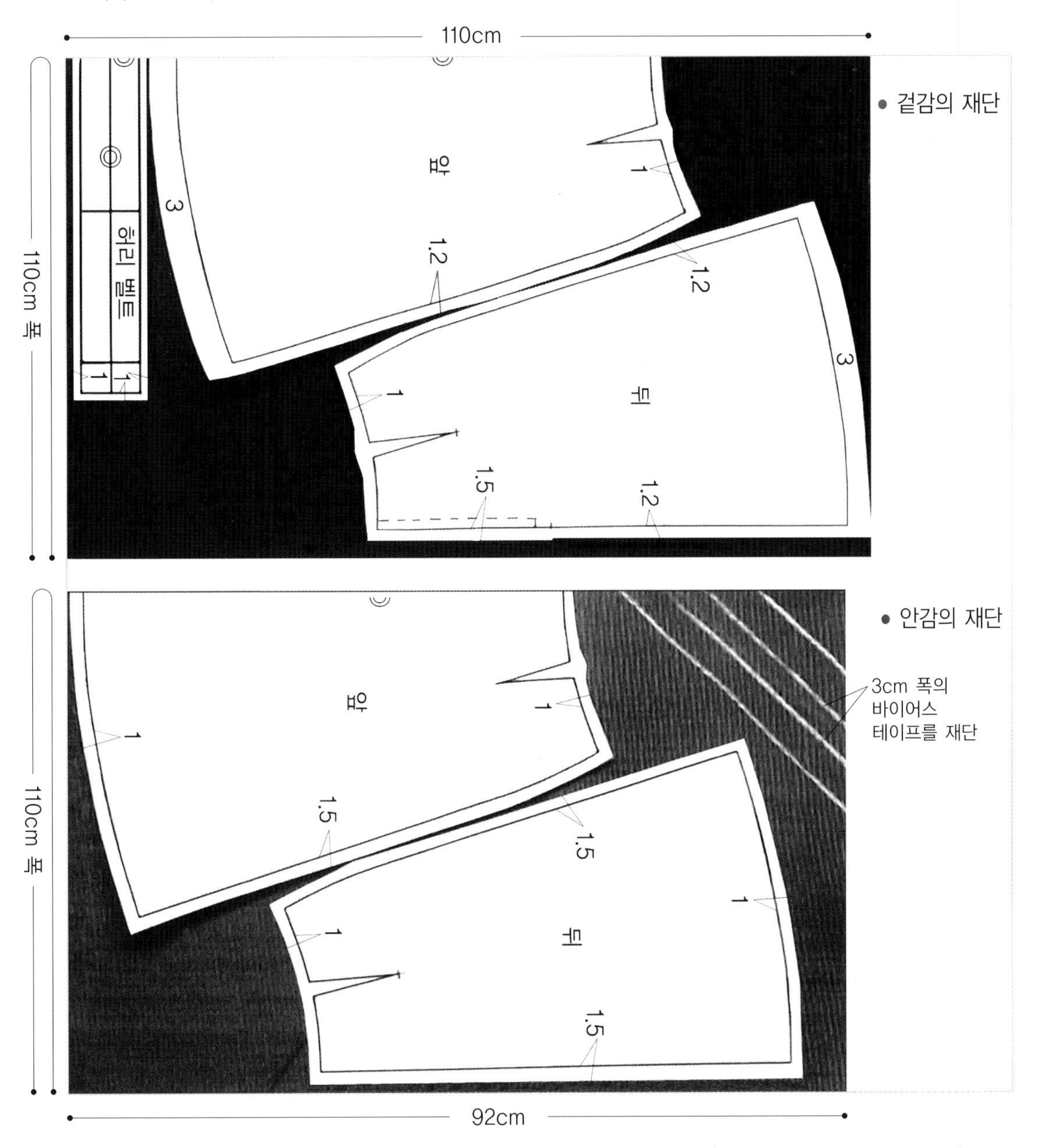

봉제법

1. 뒤 스커트의 지퍼 다는 곳에 접착 심지를 붙이고 표시한다.

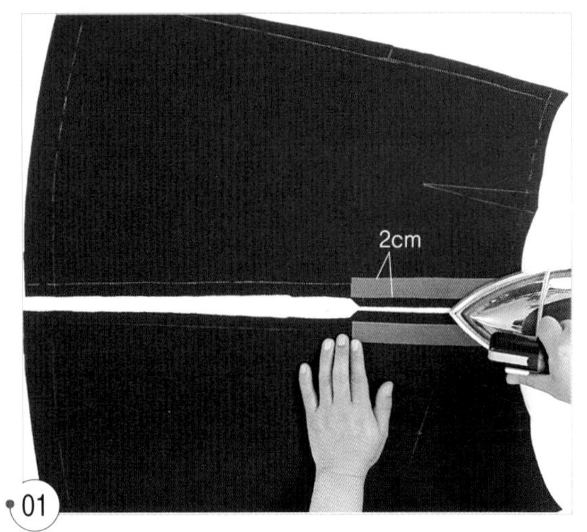

뒤 스커트의 지퍼 다는 곳에 2cm 폭의 접착 심지를 붙인다.

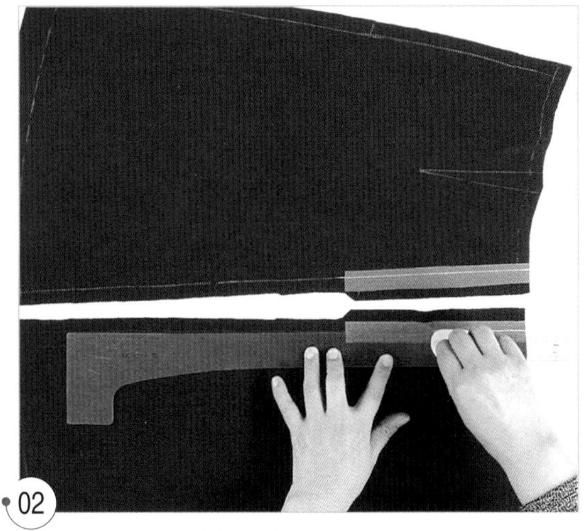

뒤 중심의 접착 심지 위에 완성선을 표시한다.

2. 허리 벨트를 만든다.

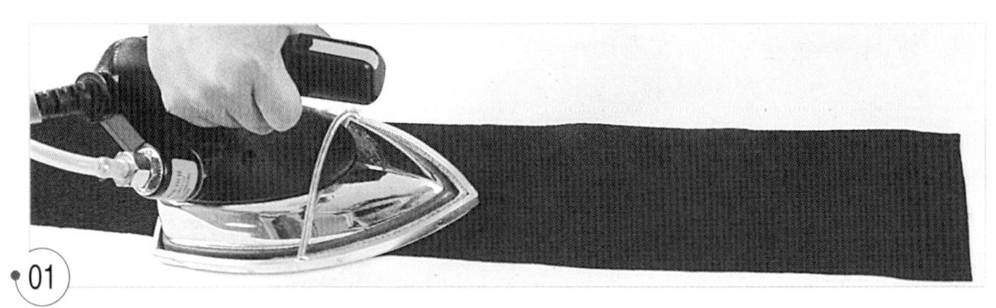

허리 벨트 천의 이면 쪽에 수축 방지와 구김을 펴기 위해 스팀을 분사하고 완전히 말려 준다.

신축성 소재이므로 허리 벨트 천의 이면에 접착 심지를 붙인다.

주 신축성 소재가 아니면 접착 심지를 붙이지 않는다.

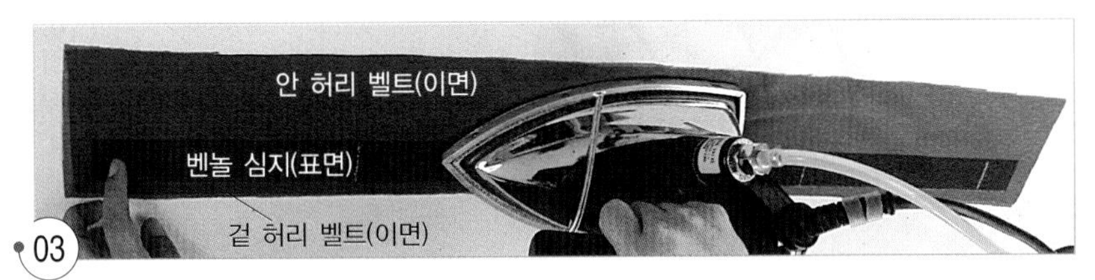

03
겉 허리 벨트 천의 이면에 벤놀 심지를 붙인다.

04
겉 허리 벨트 천의 시접을 심지 끝에서 접는다.

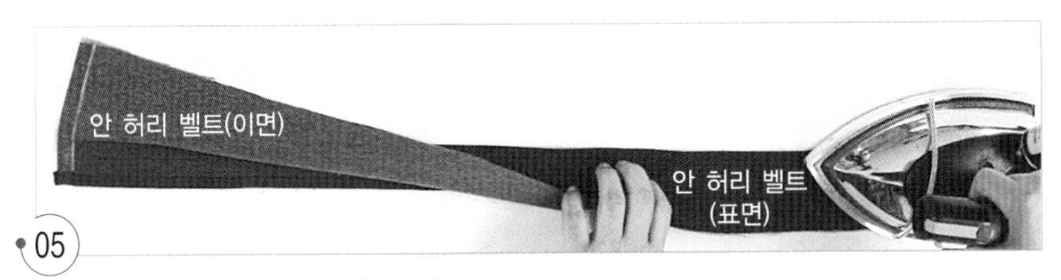

05
안 허리 벨트 천을 심지 끝에서 접는다.

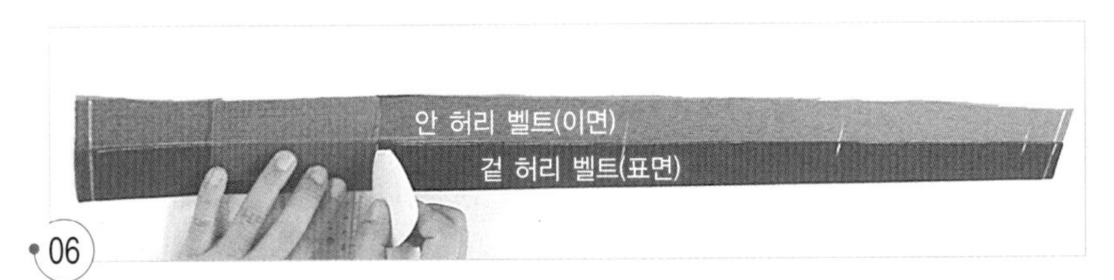

06
앞 중심, 뒤 중심, 옆선 낸 단분의 표시를 한다.

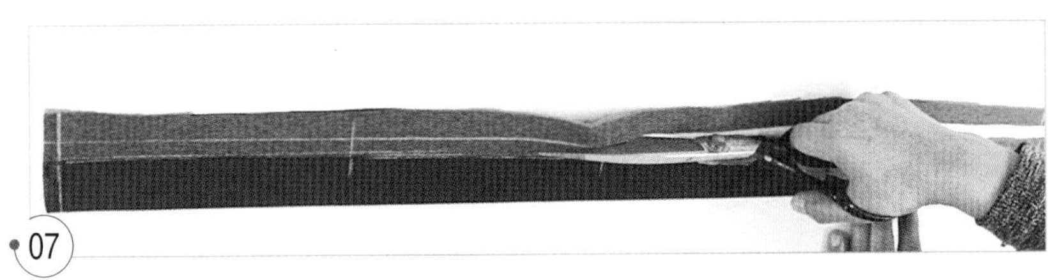

07
안 허리 벨트 천의 시접을 1cm 남기고 잘라낸다.

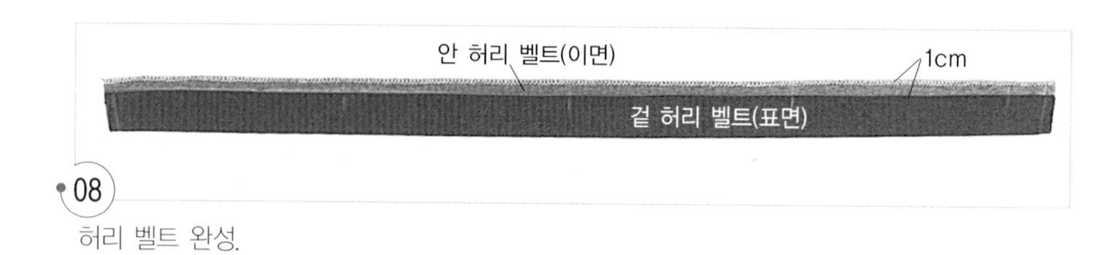

08
허리 벨트 완성.

3. 오버록 재봉을 한다.

01
앞 스커트의 양 옆선에만 오버록 재봉을 한다.

02
뒤 스커트의 옆선과 뒤 중심선에만 오버록 재봉을 한다.

4. 앞뒤 스커트의 다트를 처리한다.

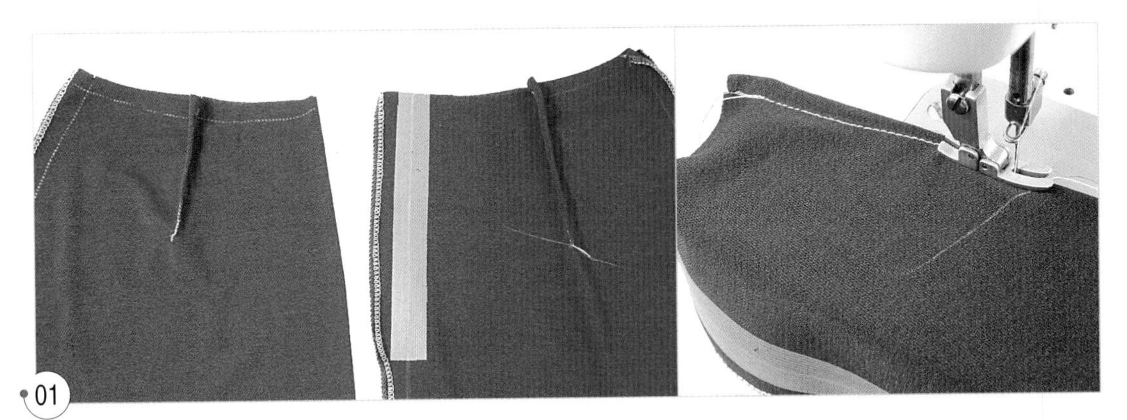

01
앞뒤 스커트의 다트를 박는다.

02
다트 끝의 실을 묶어 1cm 남기고 잘라낸다.

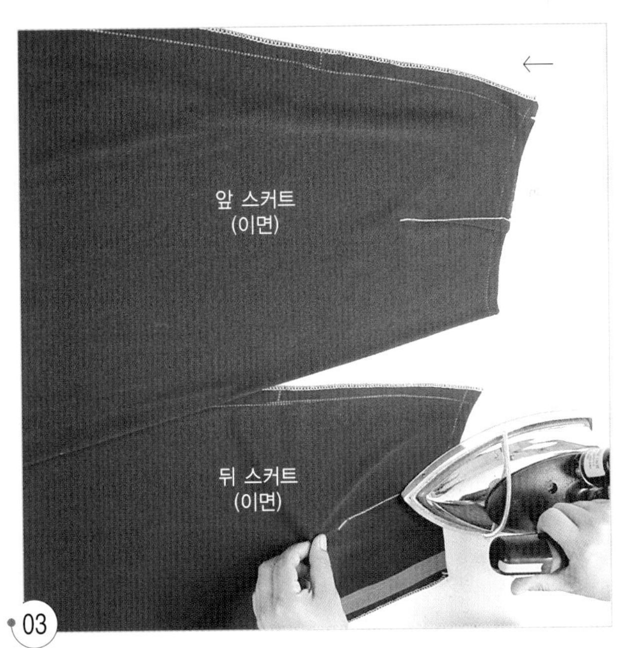

03
앞뒤 다트를 중심 쪽으로 넘긴다.

5. 뒤 중심선을 박는다.

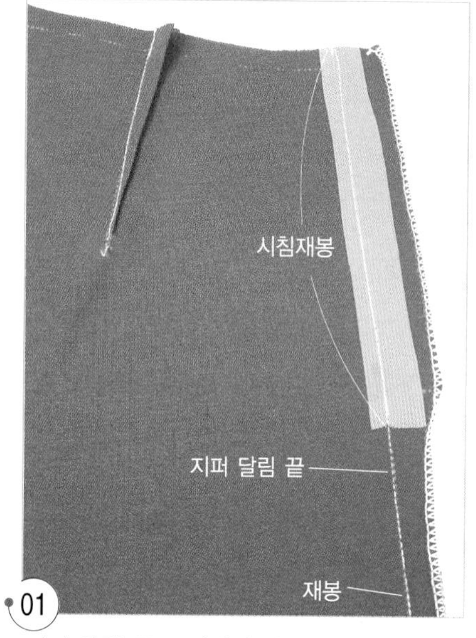

01
지퍼 달림 끝 표시에서 단까지 박고, 허리선 쪽에서 지퍼 달림 끝 표시까지는 시침재봉을 한다.

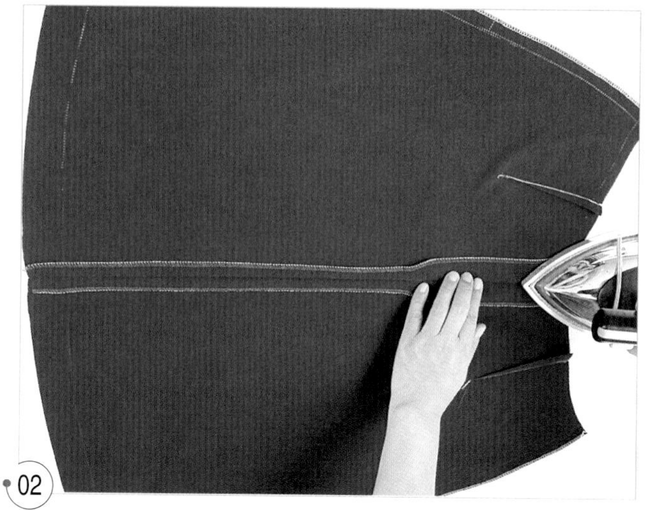

02
시접을 가른다.

6. 지퍼를 단다.

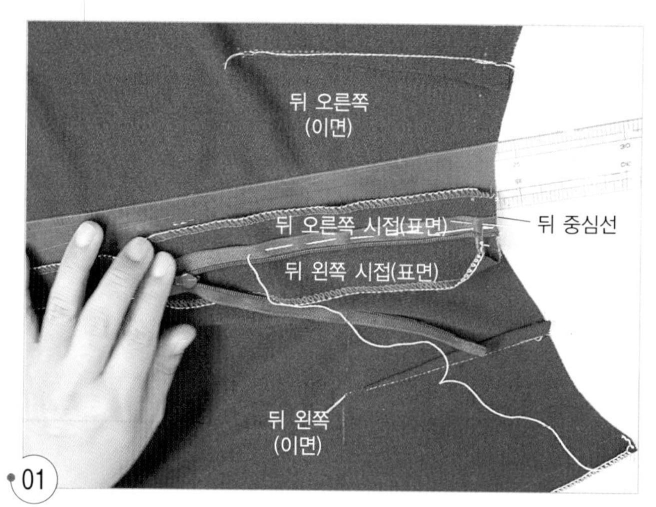

01
뒤 중심선의 시접 밑에 두꺼운 종이나 방안자를 끼워 뒤 중심선의 시접 표면에 콘실 지퍼의 표면을 마주 대어 허리선에서 지퍼 끝을 0.5cm 내려 맞추고 핀으로 고정시킨 다음 시접에만 시침질로 고정시킨다.

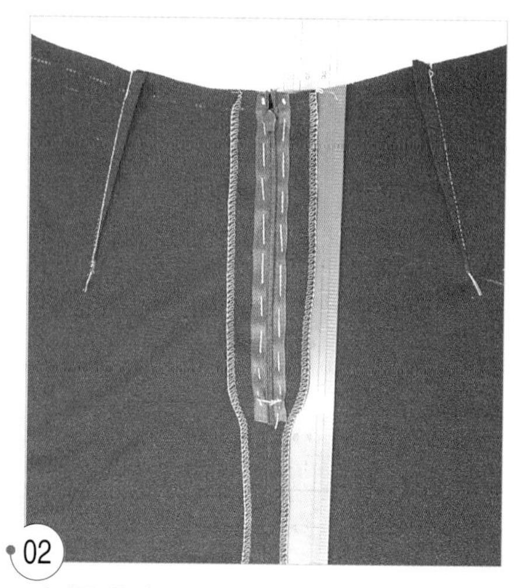

02
지퍼를 올리고 다른 한쪽에도 시접에만 시침질로 고정시킨다.

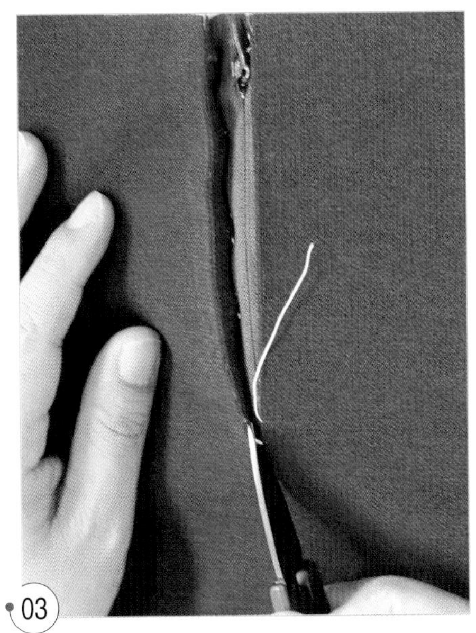

03

뒤 중심의 시침재봉한 실을 풀어낸다.

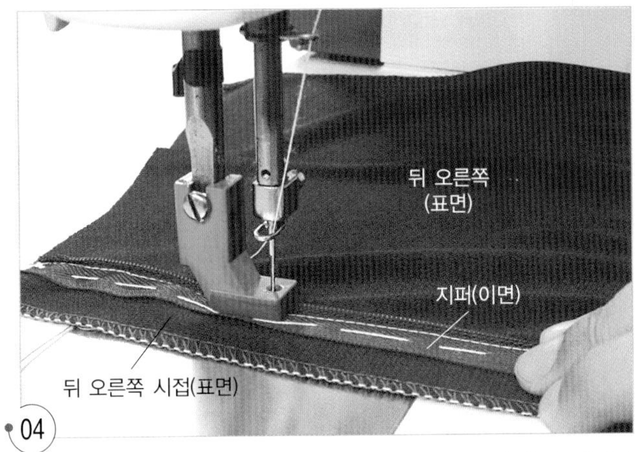

04

지퍼를 내리고 허리선 쪽부터 콘실 지퍼용 노루발의 홈에 지퍼의 이를 끼워 지퍼를 단다.

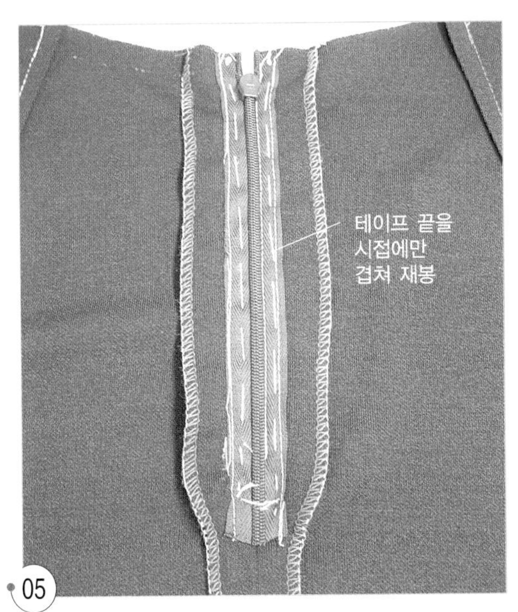

05

지퍼 테이프 끝을 시접에만 박아 테이프를 고정시킨다.

7. 옆선을 박는다.

01
앞뒤 스커트를 겉끼리 마주 대어 맞추고 양쪽 옆선을 박는다.

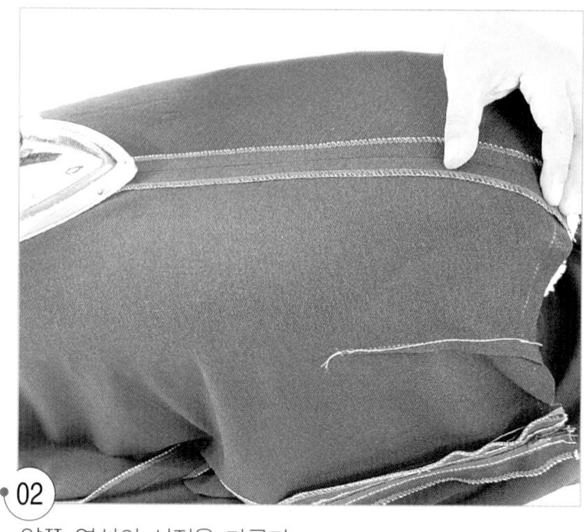

02
양쪽 옆선의 시접을 가른다.

8. 겉 허리 벨트를 단다.

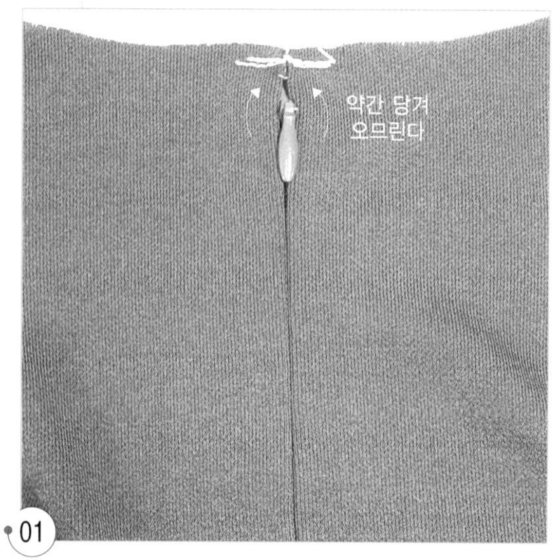

01
지퍼를 올리고 좌우 허리선 쪽을 약간 당겨서 지퍼 끝 부분을 오므리고, 허리선에서 0.5cm 시접 쪽을 박아 고정시킨다.

02
재봉한 것을 뒤 중심에서 잘라낸다.

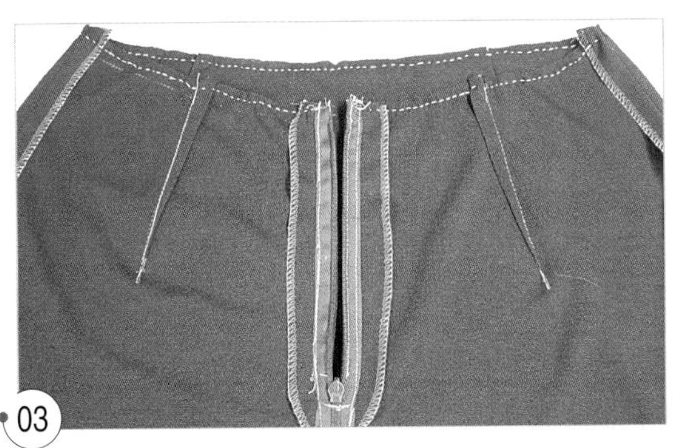

신축성 소재이므로 허리선의 시접에 촘촘한 홈질을 하고 시접에만 다리미로 다림질한다.

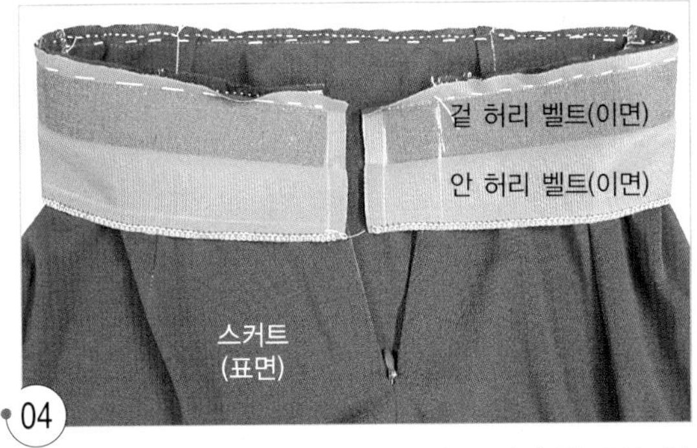

스커트와 겉 허리 벨트를 겉끼리 마주 대어 앞 중심, 옆선, 뒤 중심의 표시를 맞추어 핀으로 고정시키고 시침질한다.

심지 끝에서 0.1cm 시접 쪽을 박는다.

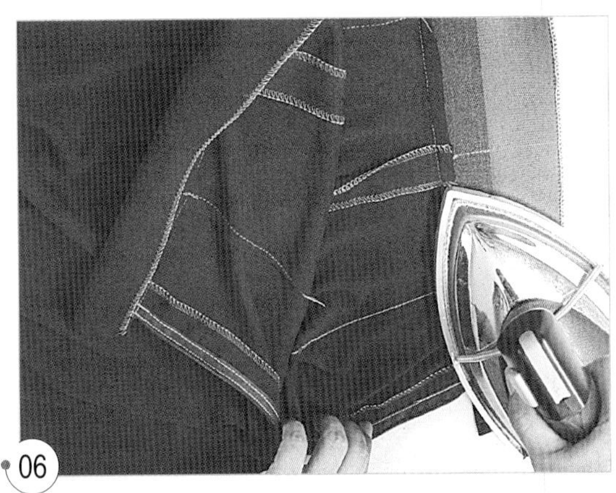

시접을 허리 벨트 쪽으로 넘긴다.

9. 단 처리를 한다.

스커트 단의 뒤 중심, 옆선의 시접을 정리한다.

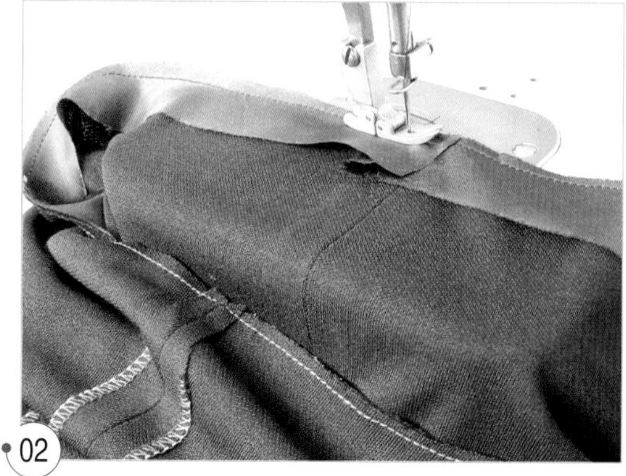

겉 스커트와 바이어스 테이프를 겉끼리 마주 대어 단 끝에서 0.5cm 되는 곳을 박고 시접을 0.5cm 남기고 정리한다.

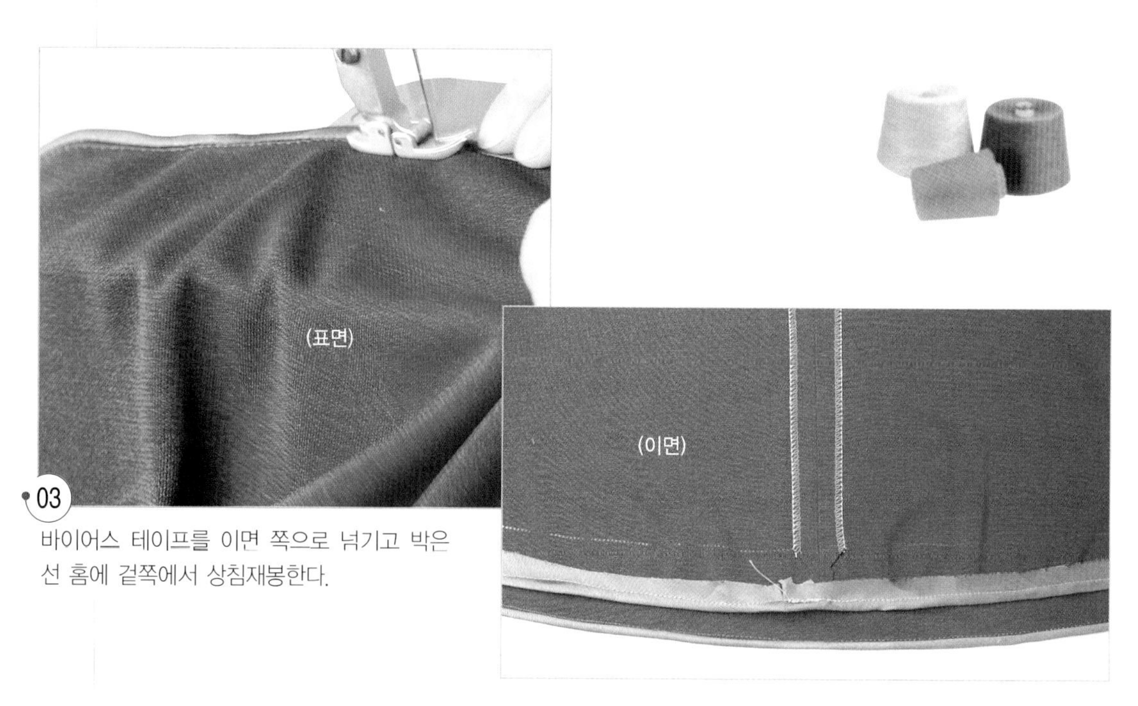

바이어스 테이프를 이면 쪽으로 넘기고 박은 선 홈에 겉쪽에서 상침재봉한다.

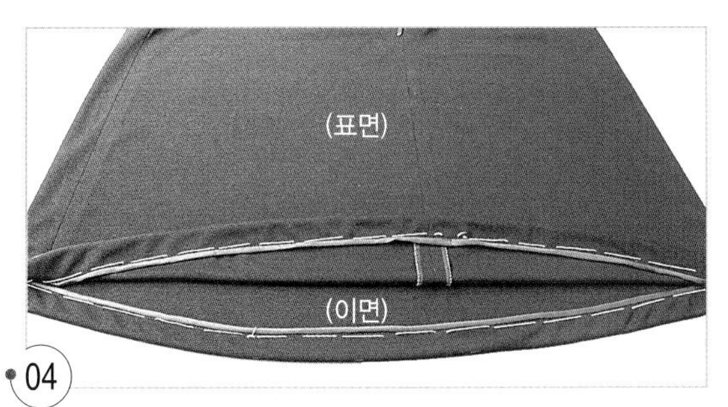

04
밑단 완성선에서 접어 올려 바이어스 테이프 끝에 시침질로 고정시킨다.

05
속감치기를 한다.

10. 안 스커트를 만든다.

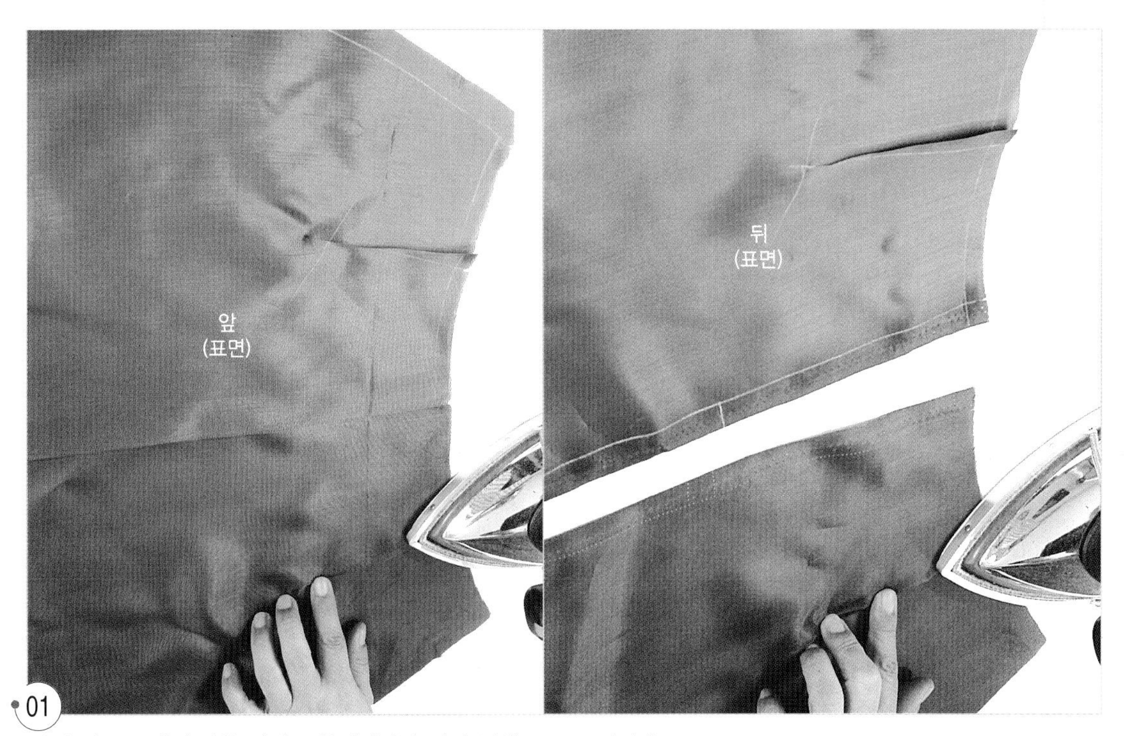

01
앞뒤 다트를 박지 않은 상태로 완성선에서 접어 옆선 쪽으로 넘긴다.

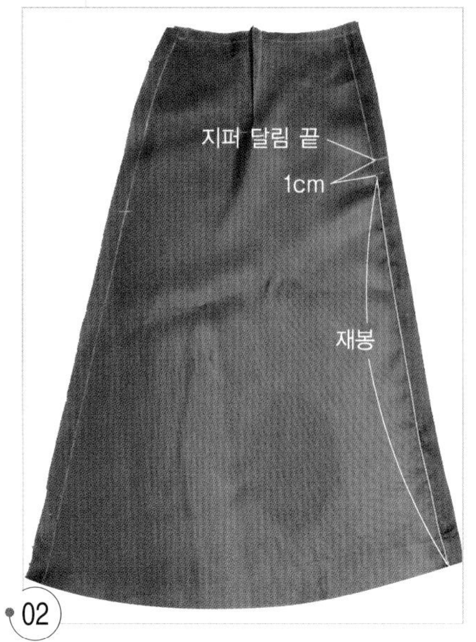

02

뒤 중심선의 지퍼 달림 끝 표시에서 1cm 내려온 곳부터 단 끝까지 박는다.

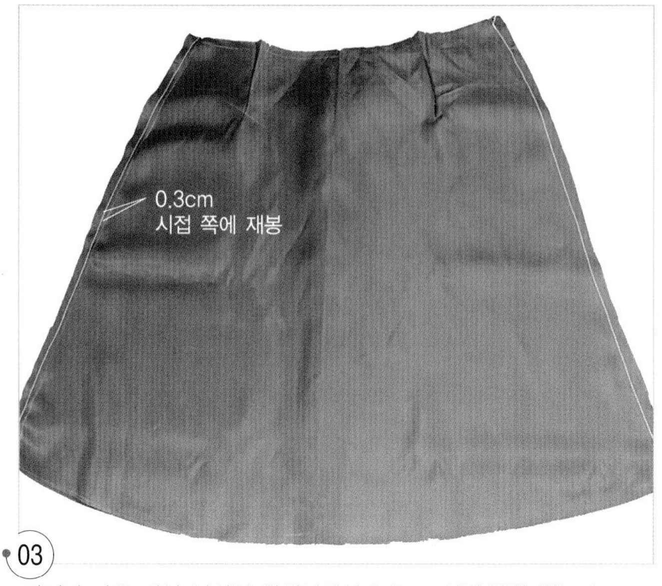

03

겉끼리 마주 대어 옆선의 완성선에서 0.3cm 시접 쪽을 박는다.

04

옆선의 시접을 두 장 함께 오버록 재봉을 하고, 시접을 완성선에서 접어 뒤쪽으로 넘긴다.

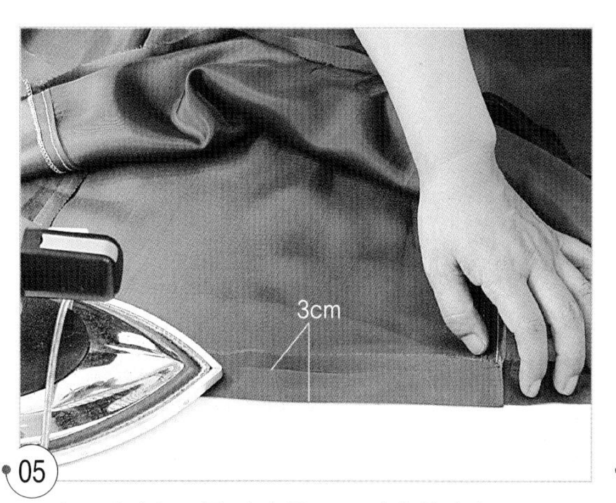

스커트 단의 3cm를 이면 쪽으로 접어 올린다.

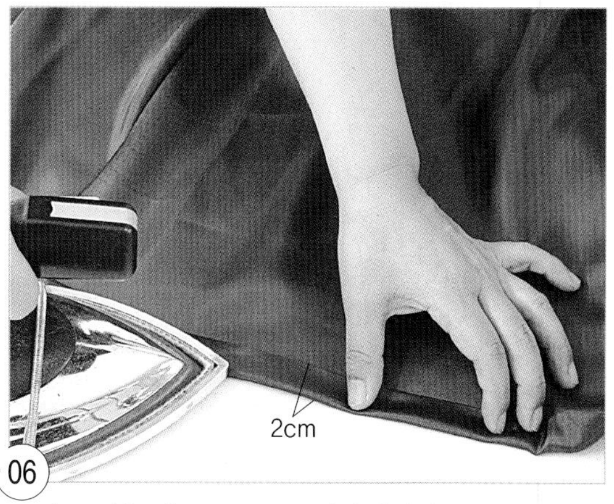

스커트 단을 겉쪽으로 2cm 접어 올린다.

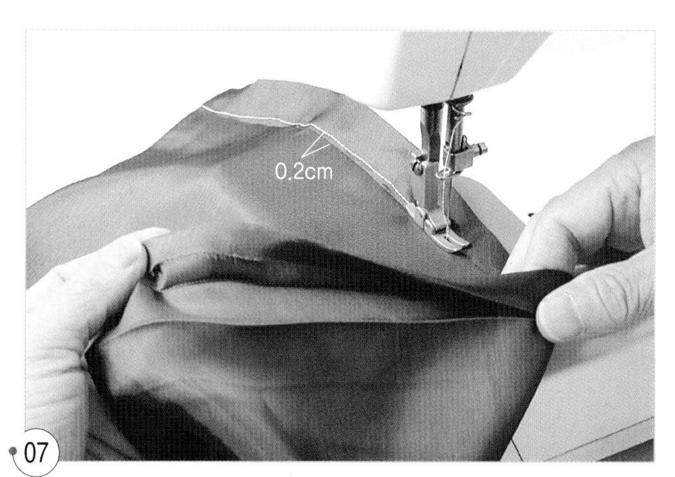

2cm 접어 다린 곳을 펴서 보면 이면 쪽에 접힌 자국 1cm를 안으로 접어 넣고 겉쪽에서 2cm 폭으로 접었던 곳에 생긴 표시에서 0.2cm 단 쪽을 박는다.

11. 허리 벨트를 완성한다.

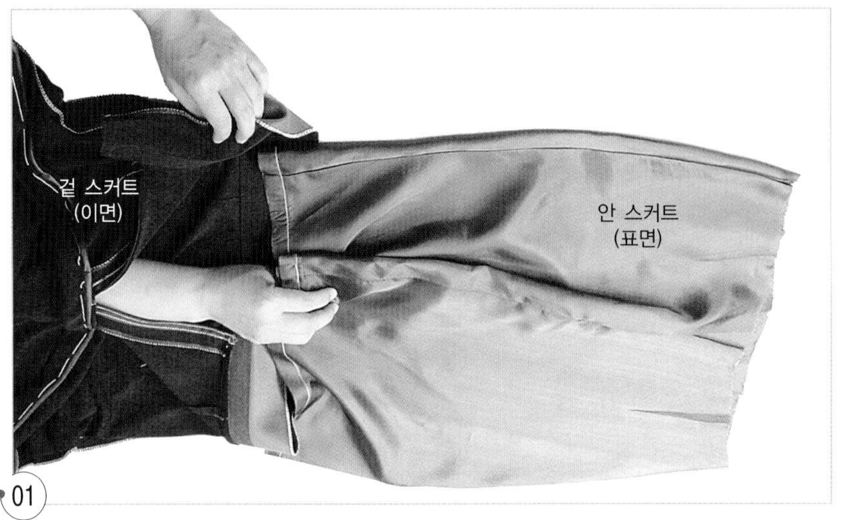

01

겉 스커트의 단 쪽으로 손을 넣어 안 스커트를 끄집어낸다.

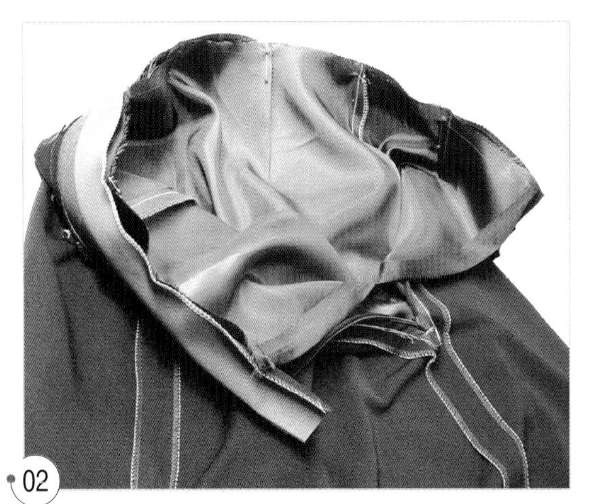

02

안 허리 벨트의 허리선 표시를 맞추어 핀으로 고정시킨다.

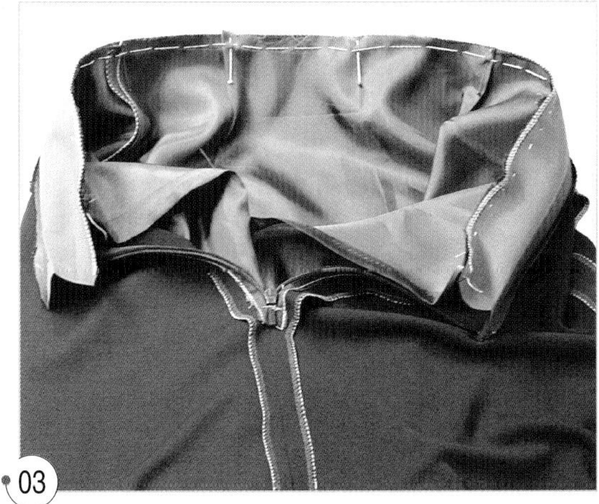

03

허리 완성선에서 0.1cm 시접 쪽에 시침질로 고정시킨다.

04 허리선의 완성선을 박는다.

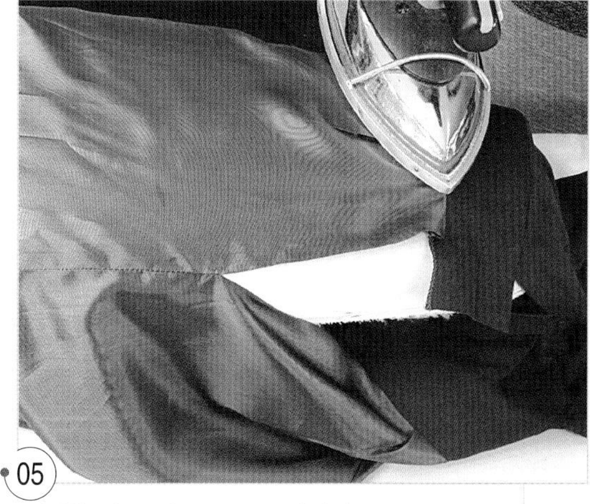

05 시접을 안 스커트 쪽으로 넘긴다.

06 허리 벨트를 겉끼리 마주 대어 심지 끝에서 접고 겉 허리 벨트가 위쪽을 보게 하여 좌우 뒤 중심 쪽 심지 끝을 박는다.

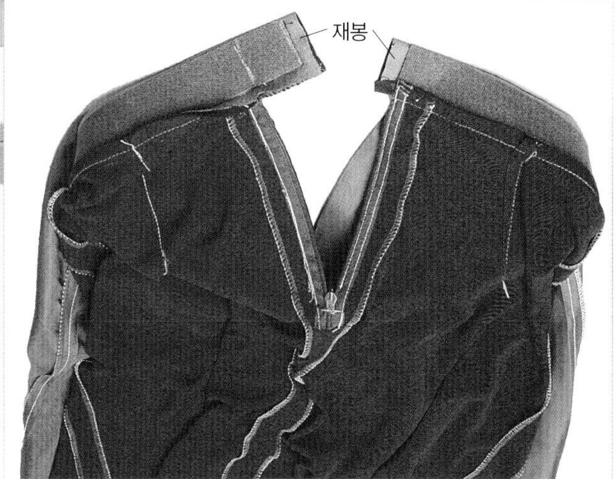

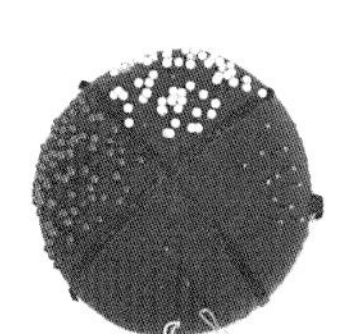

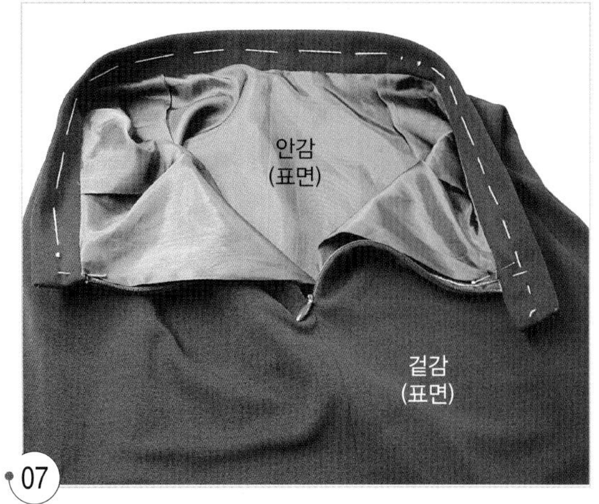

겉으로 뒤집어서 겉 허리 벨트와 안 허리 벨트가 틀어지지 않도록 표시를 맞추고 시침질한다.

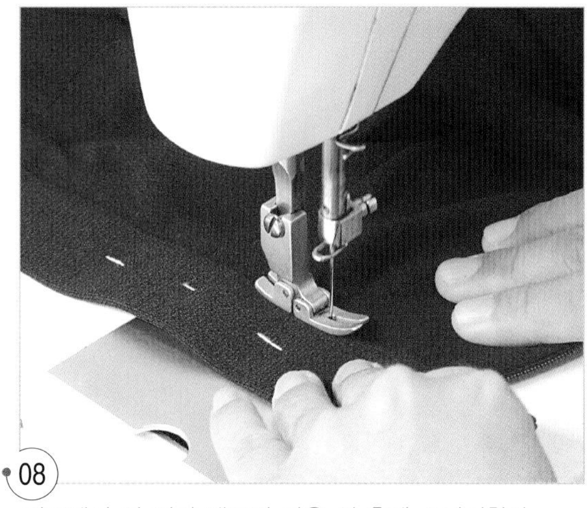

겉쪽에서 겉 허리 벨트의 박은 선 홈에 스티치한다.

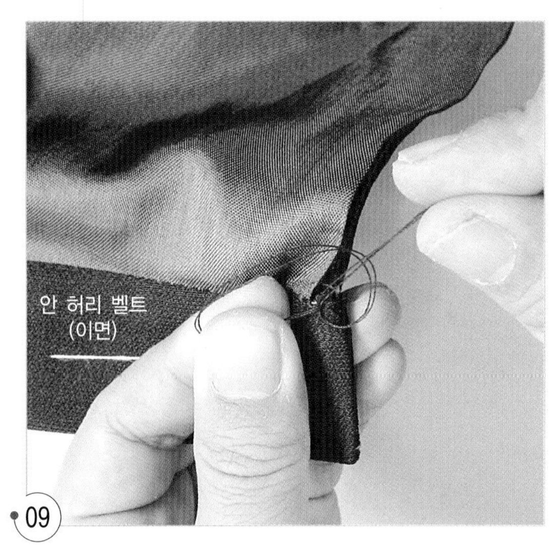

밑실을 당겨서 윗실을 빼내어 묶는다.

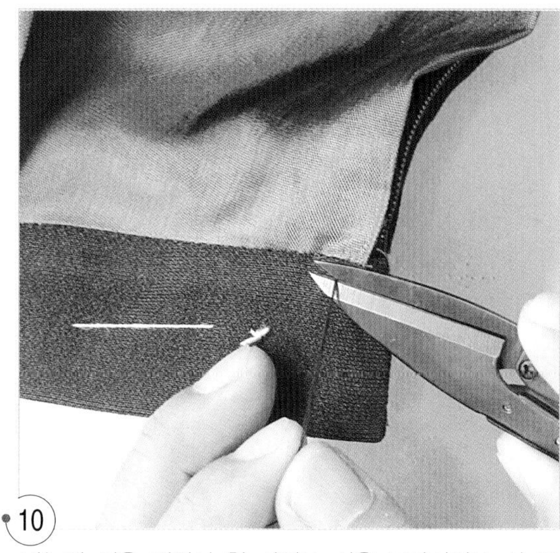

바늘에 실을 끼워서 천 사이로 실을 통과시키고 실 끝을 바짝 잘라낸다.

12. 안감을 감침질한다.

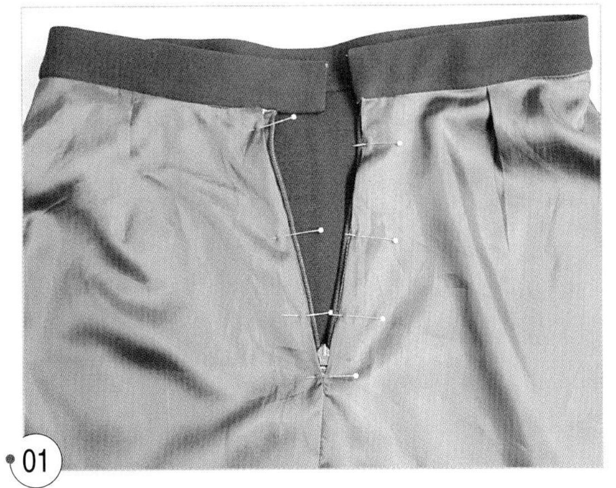
01
지퍼 단 곳의 안감을 맞추어 핀으로 고정시킨다.

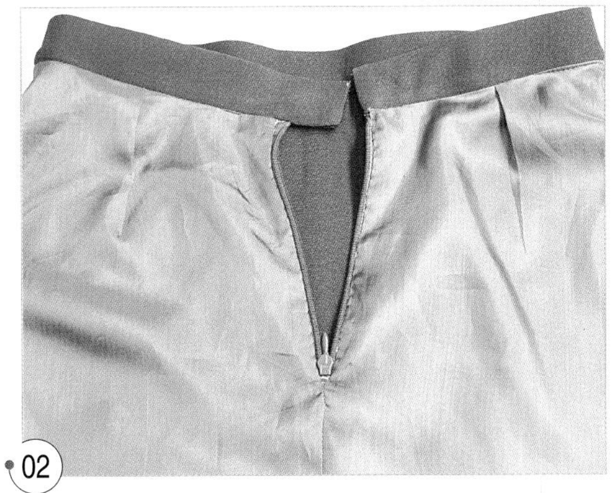
02
감침질로 고정시킨다.

13. 실 루프를 만들어 연결한다.

01
겉감과 안감의 스커트 단 옆선을 4~5cm 길이의 실 루프로 고정시킨다.

14. 훅과 아이를 단다.

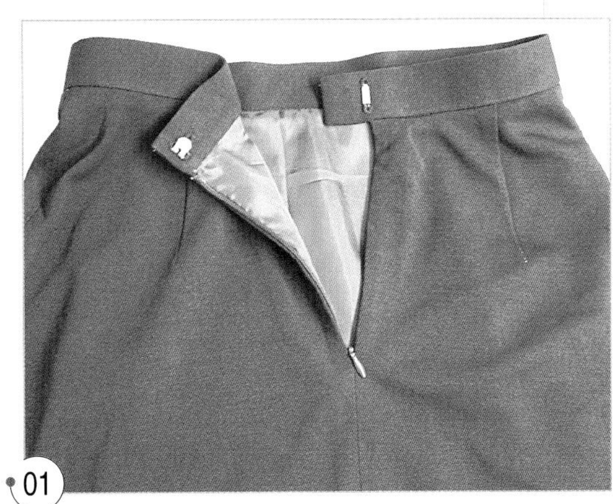
01
뒤 왼쪽 안 허리 벨트 끝에서 0.5cm 안쪽에 심지까지 떠서 버튼홀 스티치로 훅을 달고, 지퍼를 올려 아이 다는 위치를 표시한 다음 0.3cm 옆선 쪽으로 이동한 위치에 심지까지 떠서 아이를 단다.

15. 마무리 다림질을 하여 완성한다.

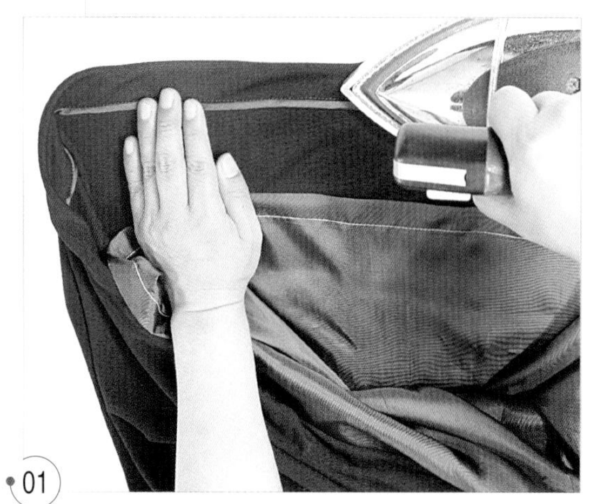

01
겉 스커트 단의 이면 쪽에서 다림질한다.

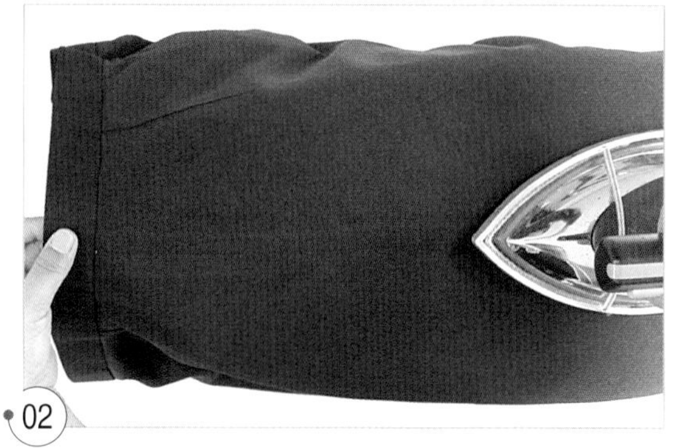

02
겉쪽에서 프레스 볼에 끼워 스팀 다림질을 한다.

주 여기서 사용한 스팀 다리미는 다리미 밑판에 다림질 천을 대용할 수 있는 다리미 판을 대어 두었으므로 일반 스팀 다리미일 경우는 다리미 천을 얹고 다림질한다.

03
완성.

180도 플레어 스커트 Semicircular Skirt...

S.K.I.R.T 07

스타일 허리만을 피트시키고 허리선에서 밑단 쪽을 향해 반원으로 넓게 퍼지는 실루엣이기 때문에 단 쪽이 나팔꽃같이 퍼져 움직임이 아름다운 스커트이다.

소 재 경사와 위사의 탄력이나 질감이 같은, 톡톡하게 짜여진 부드러운 천을 선택하는 것이 좋다. 울 소재라면 플라노, 더블 조젯, 색서니 등이 적합하고, 면 소재라면 새틴, 화섬의 경우는 용도에 따라서 얇은 것에서 두꺼운 것까지 다양하게 선택할 수 있다.

포인트 재단 시 시접을 여유 있게 넣어 자르고 24시간 정도 접어서 허리선 쪽을 꿰매어 걸어둔 다음 다시 펴서 패턴을 대고 늘어난 양을 표시하고 잘라내는 것이 중요하다.

제도법

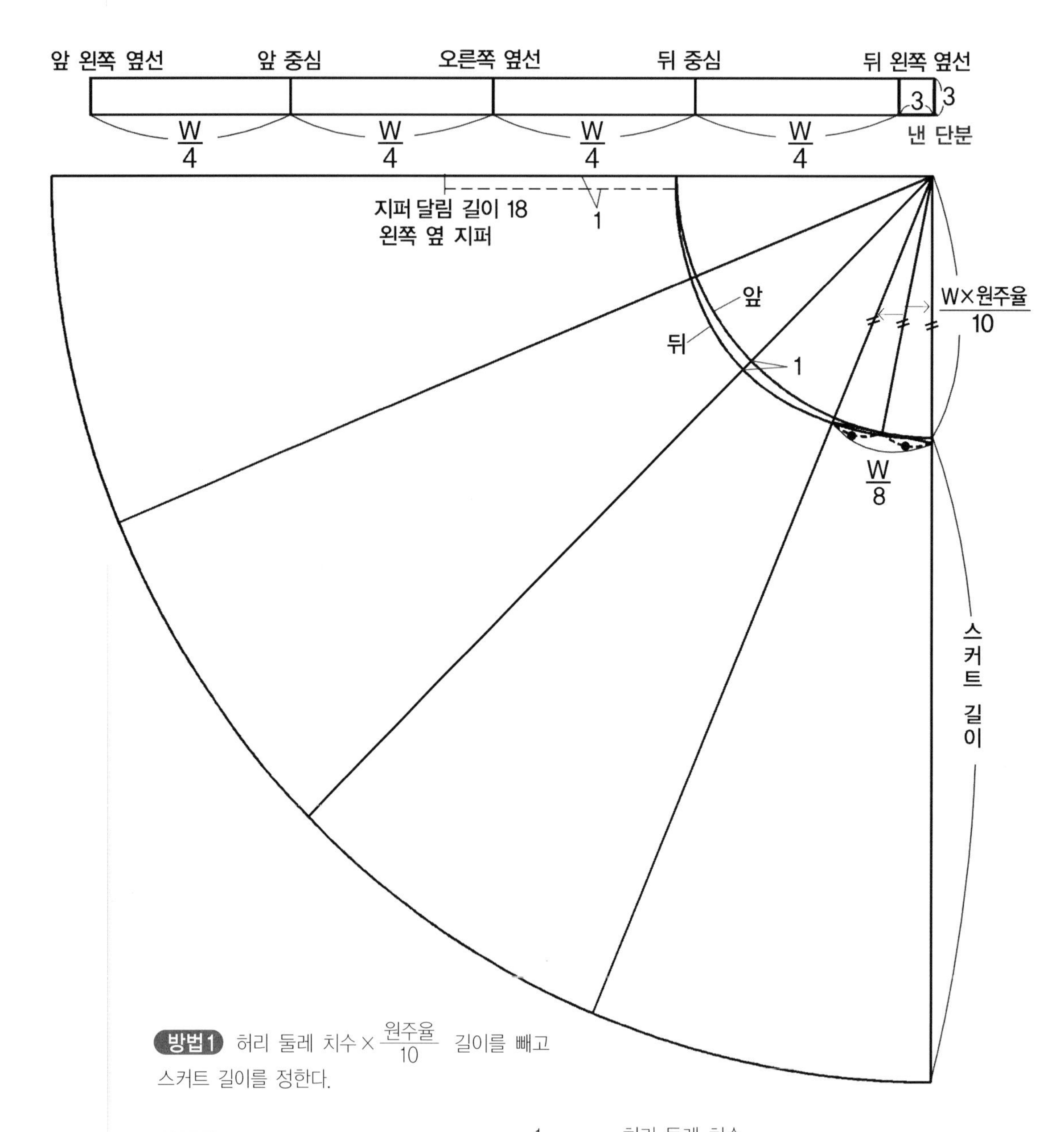

방법1 허리 둘레 치수 × $\frac{\text{원주율}}{10}$ 길이를 빼고 스커트 길이를 정한다.

방법2 180도 각도 선을 4등분하였을 때 그 $\frac{1}{4}$ 위치에 $\frac{\text{허리 둘레 치수}}{8}$ 치수가 맞닿은 곳에서 허리선을 정하고 스커트 길이를 정한다.

재단법

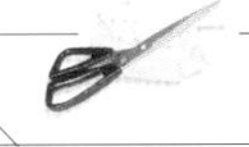

재 료

- 겉감 152cm 폭 92cm
- 안감 110cm 폭 45cm
- 접착 심지 6cm × 20cm
- 허리 벨트 심지 허리 둘레 치수+3cm
- 지퍼 18cm 1개
- 훅과 아이 1set

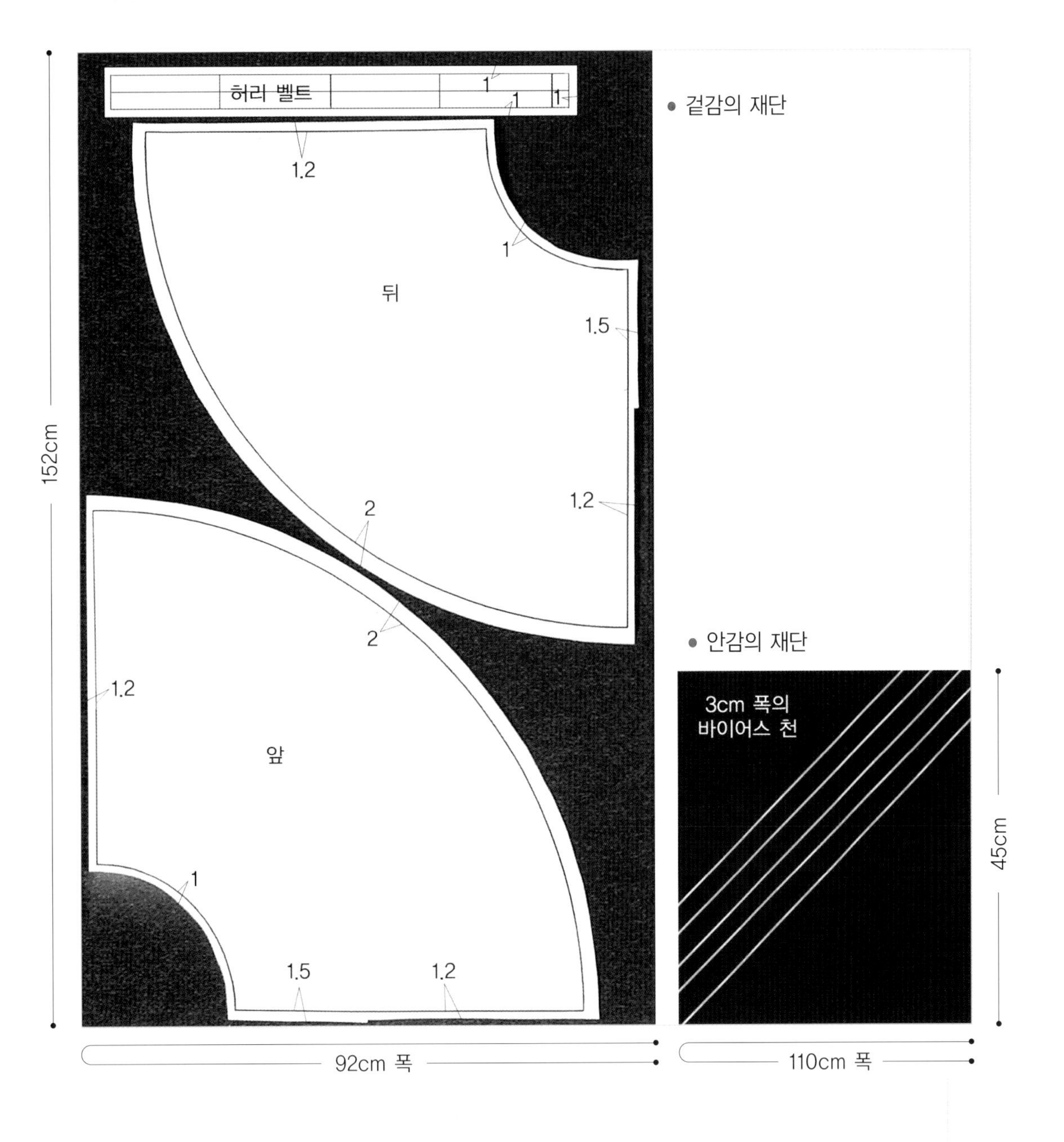

봉제법

1. 바이어스 방향의 늘어나는 양을 확인하여 스커트 단 쪽을 수정한다.

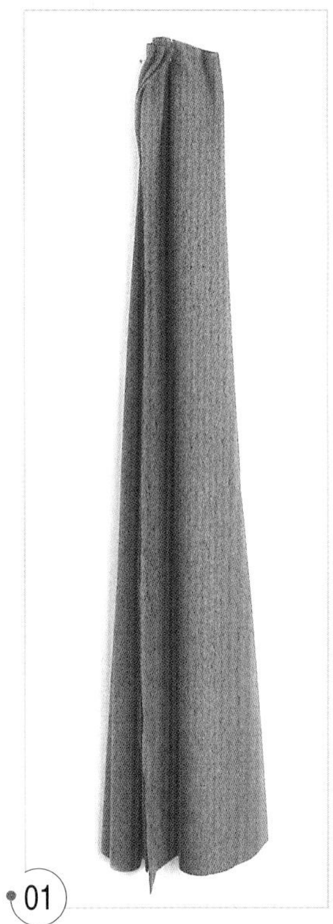

01

앞뒤 스커트의 앞뒤 중심을 맞추어 핀을 꽂고 반으로 접은 다음 다시 그 반을 접어 핀으로 고정시키고, 허리선 쪽에 실을 통과시켜 묶은 다음 24시간 걸어둔다.

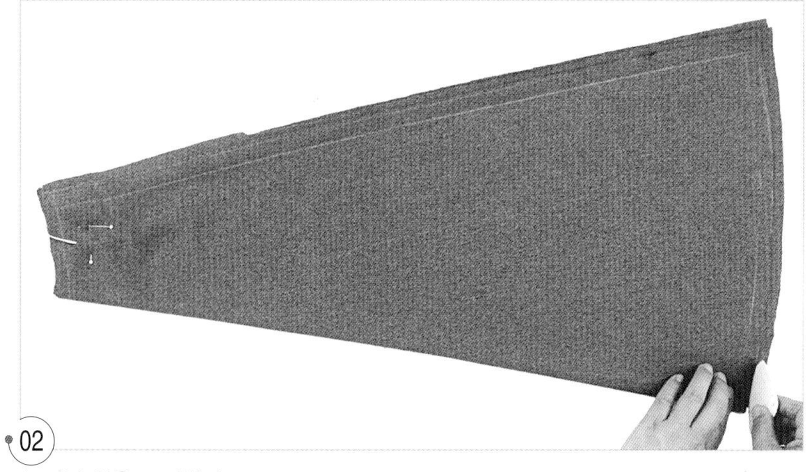

02

늘어난 양을 표시한다.

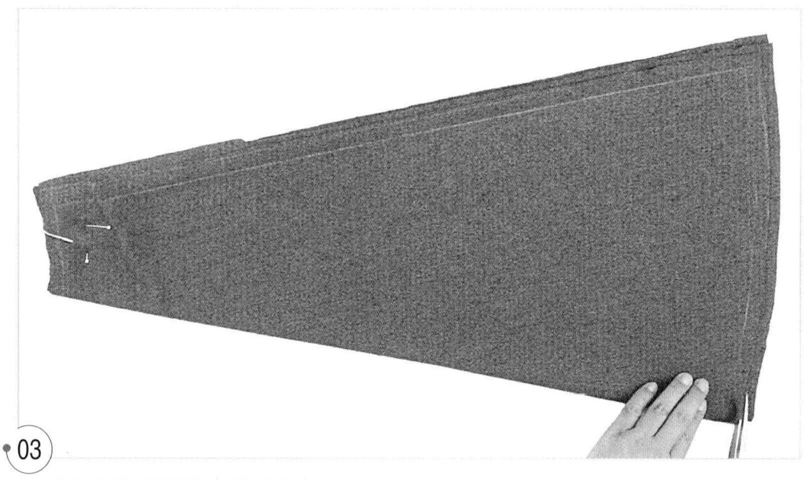

03

늘어난 양을 수정하여 잘라낸다.

2. 접착 심지와 허리 벨트 심지를 붙인다.

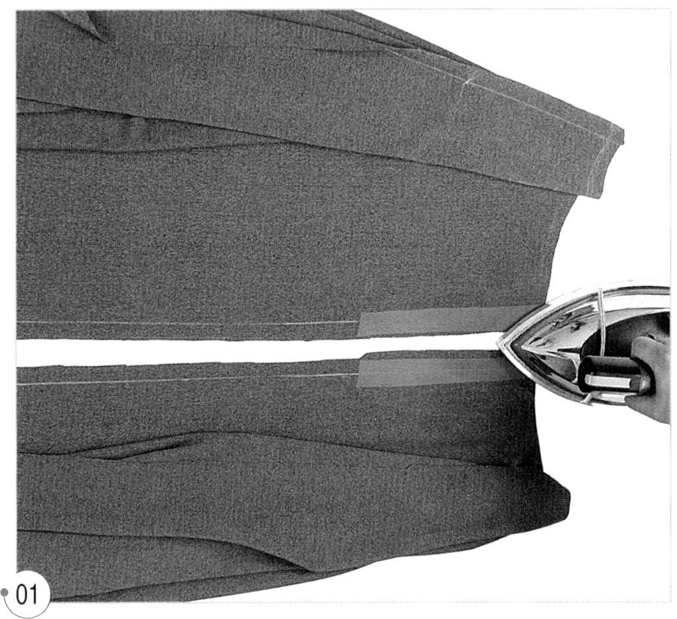

01

앞뒤 옆선의 지퍼 다는 곳에 3cm 폭으로 자른 접착 심지를 붙인다.

02

신축성이 있는 천의 경우 허리 벨트 천의 이면에 접착 심지를 붙인다(신축성 소재가 아닌 경우에는 접착 심지를 붙이지 않는다).

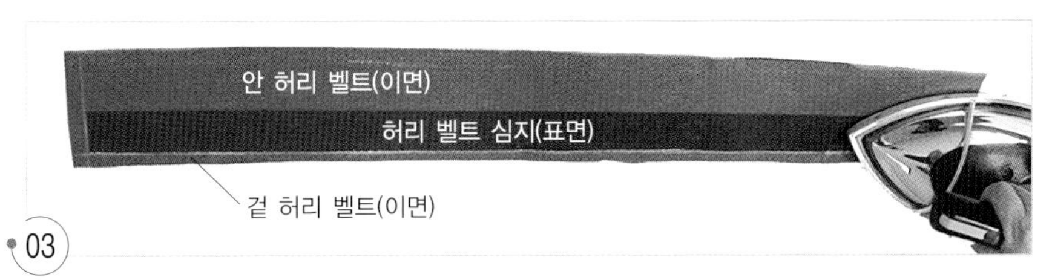

03

겉 허리 벨트 천의 이면에 허리 벨트 심지를 붙인다.

3. 허리 벨트를 만든다.

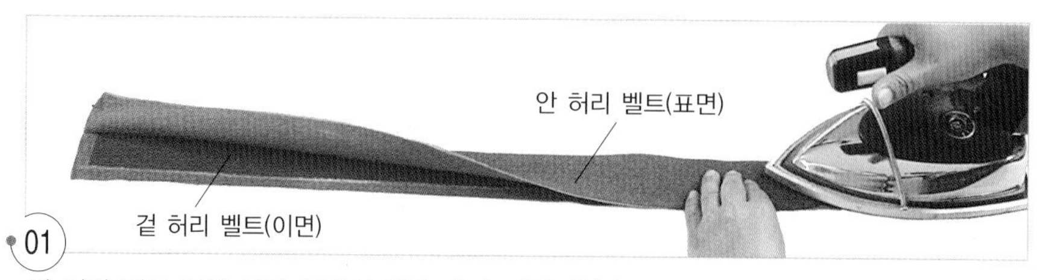

안 허리 벨트 천을 심지 끝에서 접어 내려 다림질한다.

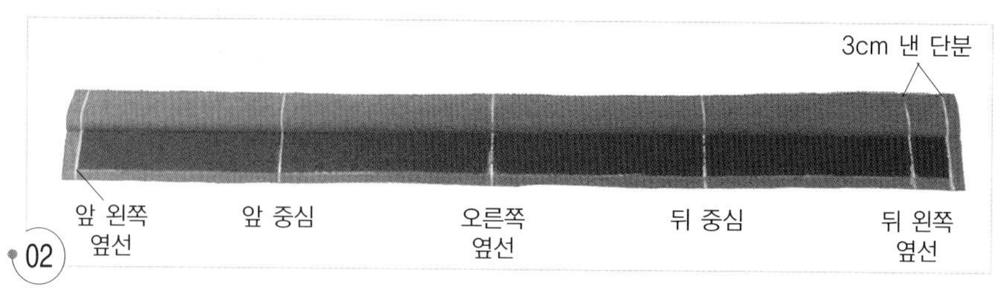

앞 옆선, 앞 중심, 옆선, 뒤 중심, 뒤 옆선과 낸 단분에 표시를 한다.

4. 왼쪽 옆선을 박는다.

지퍼 달릴 부분의 접착 심지 위에 옆선의 표시를 한다.

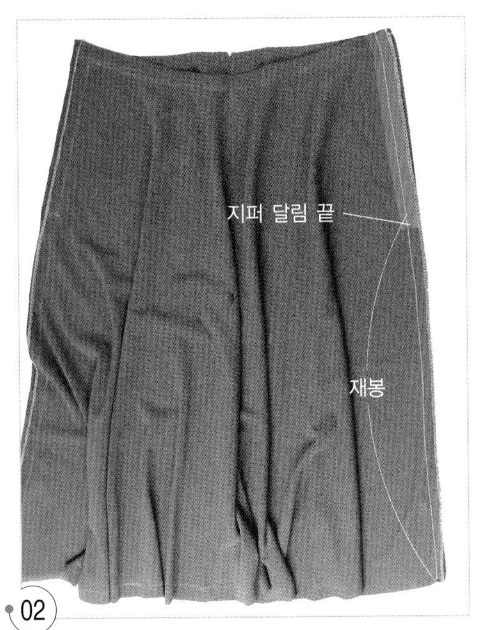

02
왼쪽 옆선을 지퍼 달림 끝에서 단 끝까지 박는다.

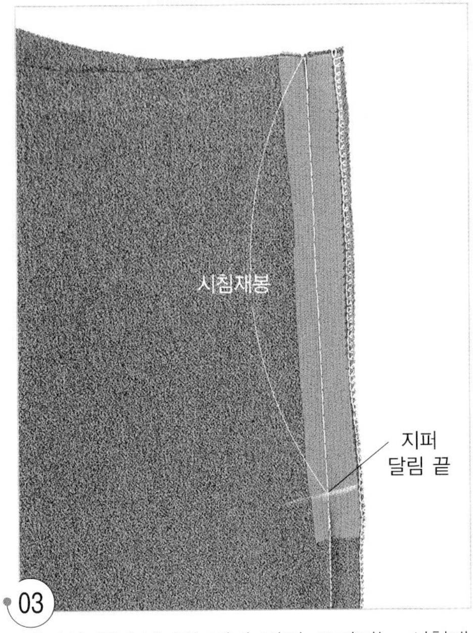

03
허리선 쪽에서부터 지퍼 달림 끝까지는 시침재봉을 한다.

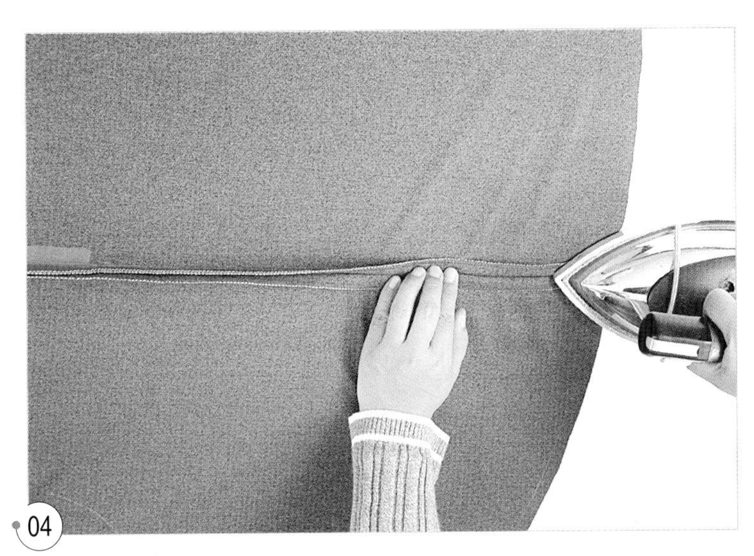

04
시접을 가른다.

5. 지퍼를 단다.

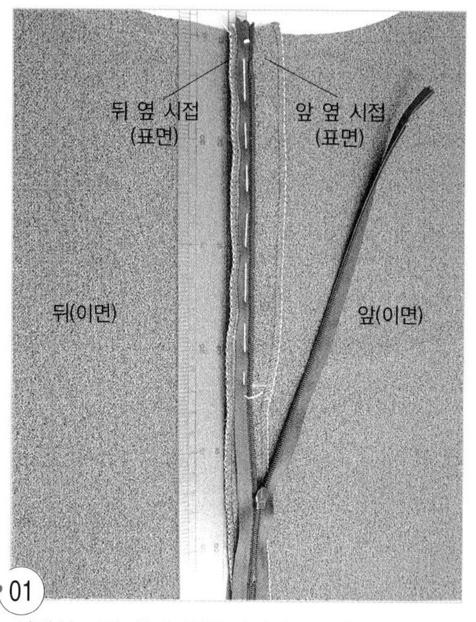

01 시접의 표면 위에 콘실 지퍼의 표면을 마주 대어 얹고 지퍼 끝을 허리선에서 0.5cm 내려 맞춘 다음 지퍼를 열고 뒤 스커트의 옆선 시접 밑에 방안자나 두꺼운 종이를 끼우고 시접에만 시침질로 고정시킨다.

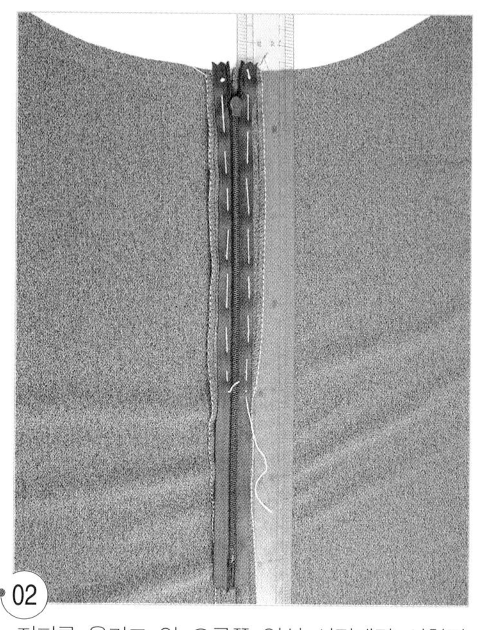

02 지퍼를 올리고 앞 오른쪽 옆선 시접에만 시침질로 고정시킨다.

03 옆선의 지퍼 다는 곳에 시침재봉한 실을 풀어낸다.

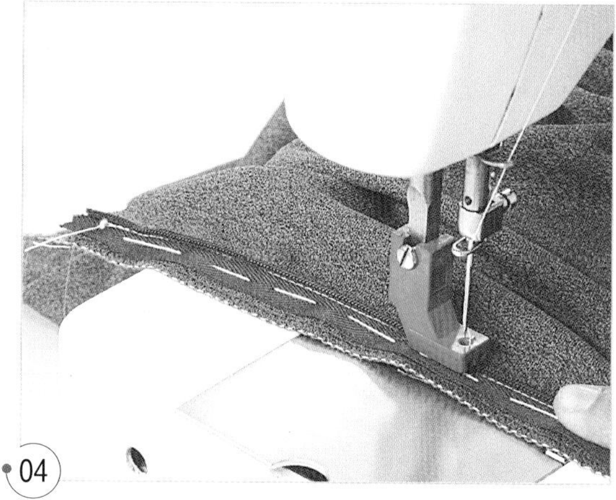

04 콘실 지퍼용 노루발의 홈에 지퍼가 물리는 부분을 끼우고 지퍼 달림 끝에서 0.5cm 내려온 곳까지 박는다.

05
지퍼 테이프 끝 단의 0.1cm 되는 곳을 박아 고정시킨다.

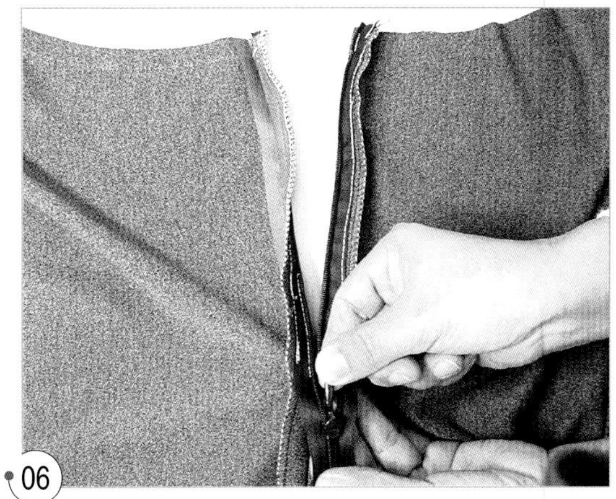

06
슬라이더를 빼내 올린다.

6. 오른쪽 옆선을 박는다.

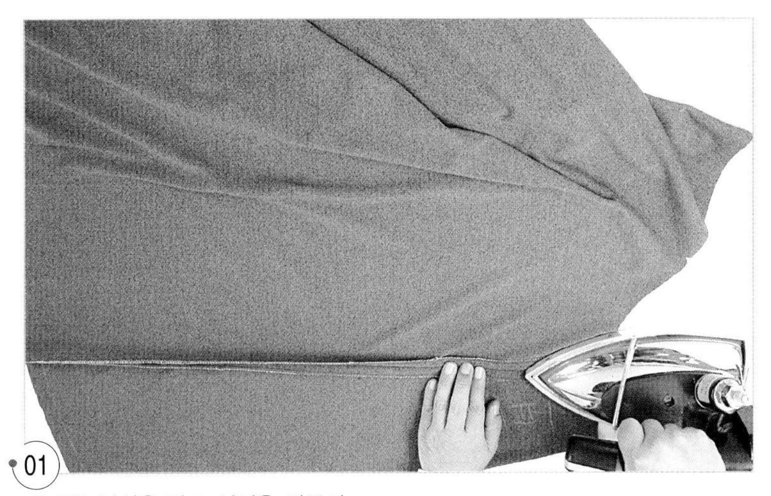

01
오른쪽 옆선을 박고 시접을 가른다.

7. 허리 벨트를 단다.

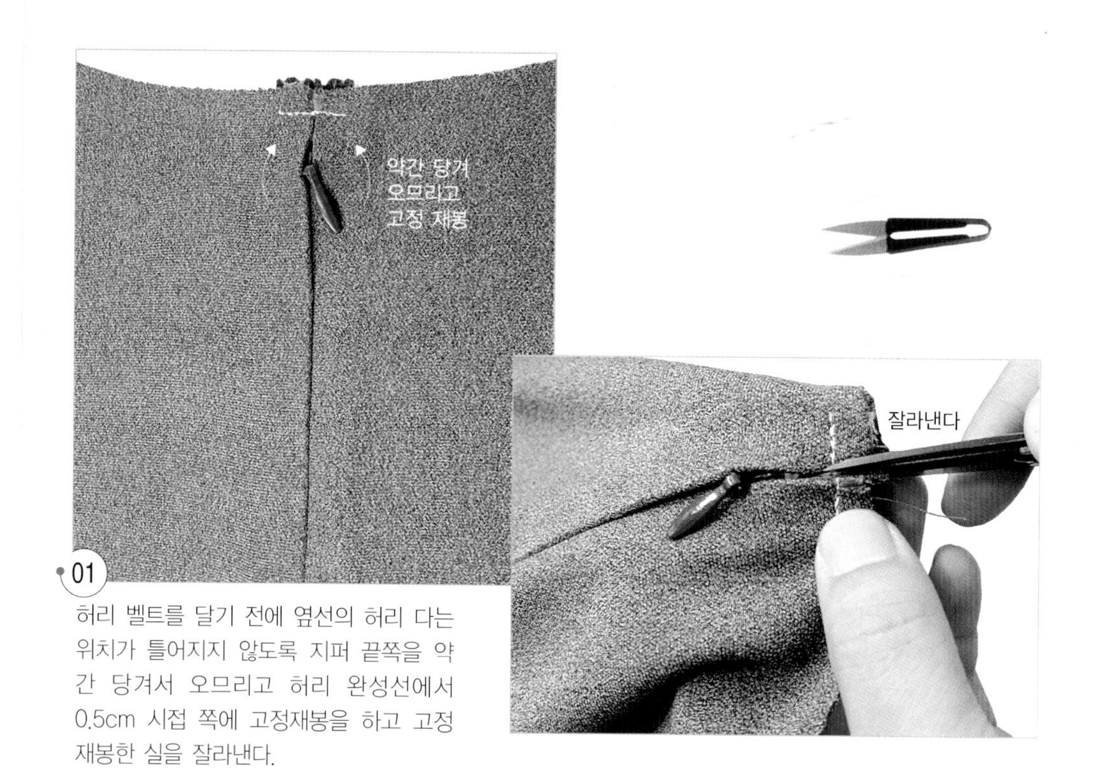

01
허리 벨트를 달기 전에 옆선의 허리 다는 위치가 틀어지지 않도록 지퍼 끝쪽을 약간 당겨서 오므리고 허리 완성선에서 0.5cm 시접 쪽에 고정재봉을 하고 고정재봉한 실을 잘라낸다.

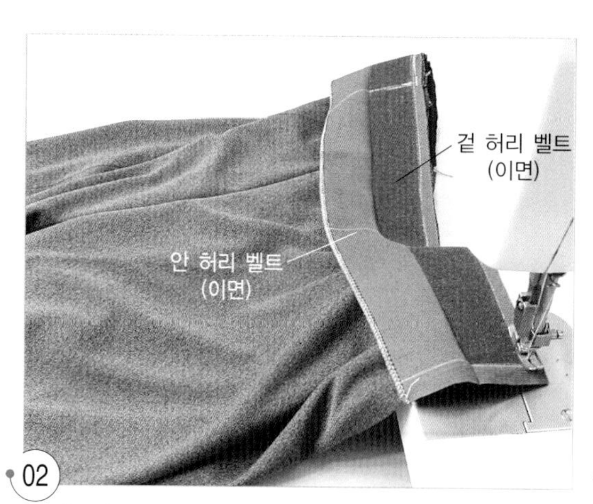

02
스커트와 겉 허리 벨트를 겉끼리 마주 대어 허리 완성선을 박는다.

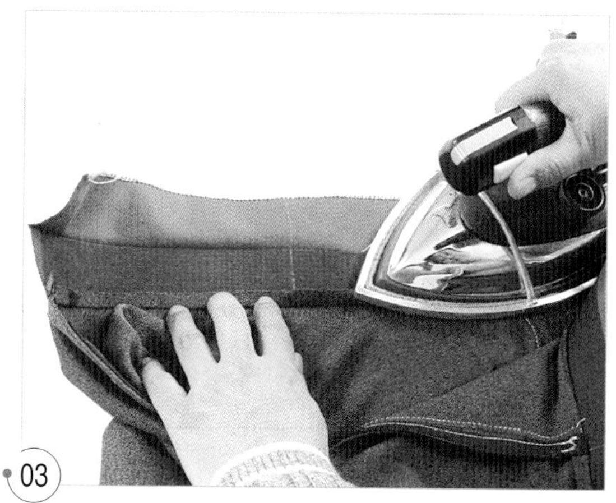

03
시접을 벨트 쪽으로 넘긴다.

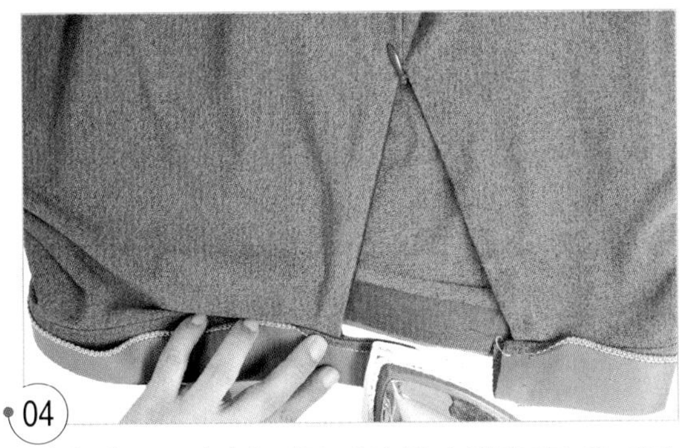

04
허리 벨트를 겉끼리 마주 대어 박기 편하도록 안 허리 벨트의 시접을 완성선에서 접어 다림질한다.

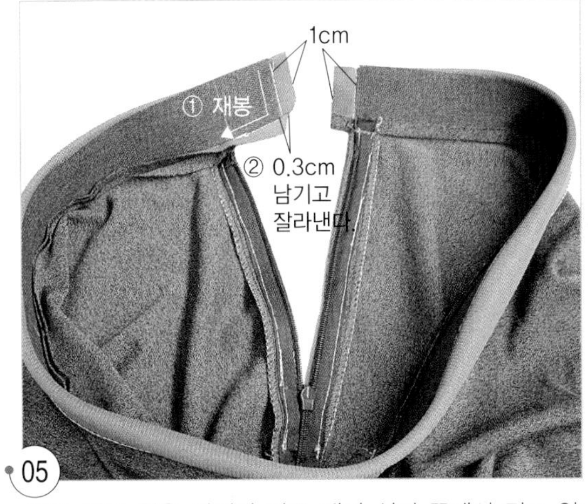

05
허리 벨트 천을 겉끼리 마주 대어 심지 끝에서 접고 앞 뒤 옆선 쪽 심지 끝을 박아 고정시킨다.

06
지퍼 테이프 부분까지만 안 허리 벨트 시접을 벨트 쪽으로 접어 넣고 겉 허리 벨트를 박은 바늘땀에 걸어 감침질한다.

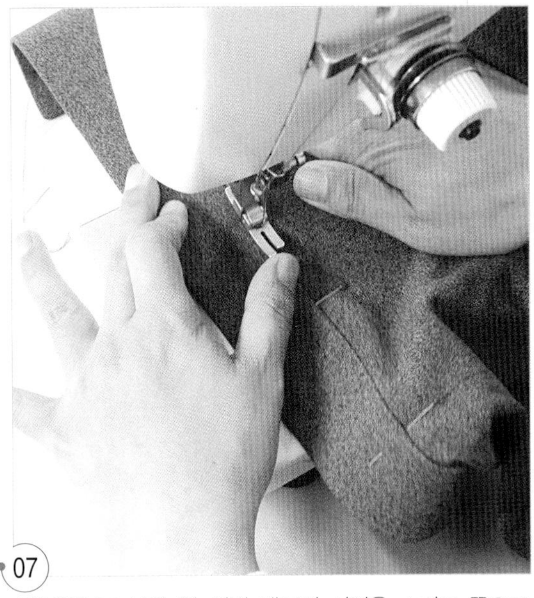

07
감침질하고 남은 안 허리 벨트의 시접을 스커트 쪽으로 내리고 맞춤표시가 틀어지지 않도록 핀으로 고정시켜 겉쪽에서 허리 벨트의 박은 선 홈에 스티치한다.

8. 스커트 단을 처리한다.

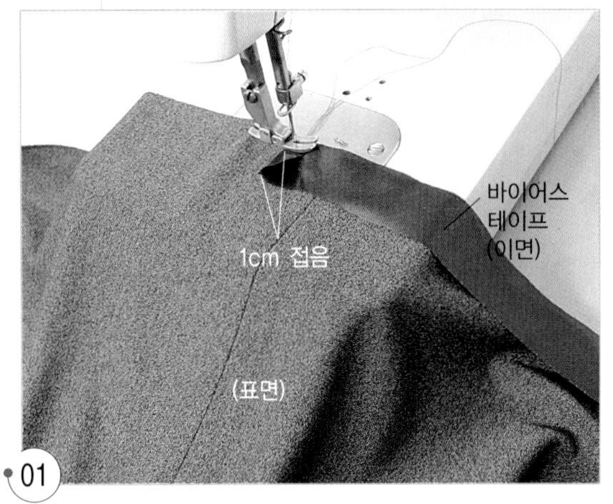

스커트 단의 표면 위에 바이어스 테이프 끝을 1cm 접은 상태로 표면을 마주 대어 얹고, 단 쪽의 바이어스 천을 약간 당기면서 0.5cm 폭으로 박기 시작한다.

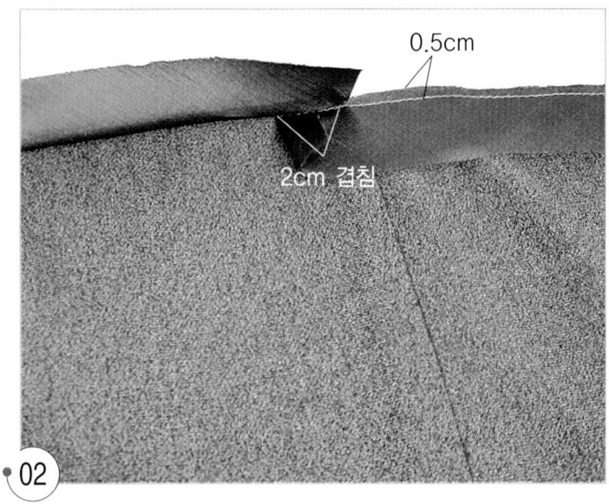

시작한 곳에서 바이어스 테이프 끝을 2cm 겹쳐 박고 시접을 고르게 정리한다.

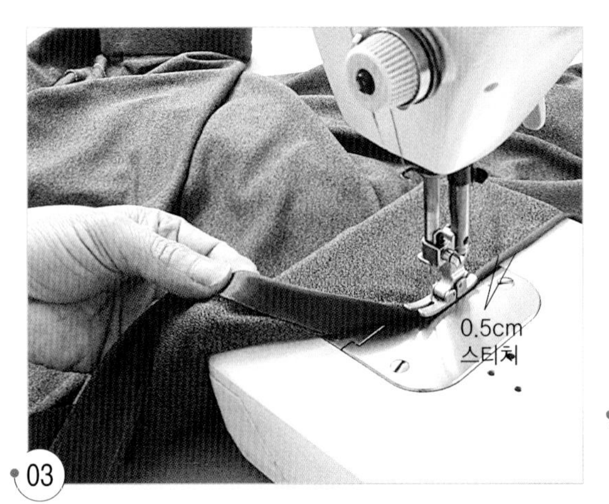

바이어스 테이프를 안쪽으로 접어 넘기고 겉쪽에서 박은 선의 홈에 스티치한다.

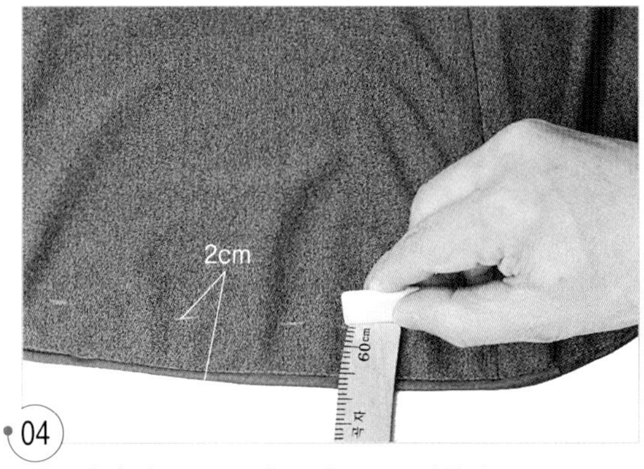

겉쪽에서 단 끝 2cm에 초자고로 표시한다.

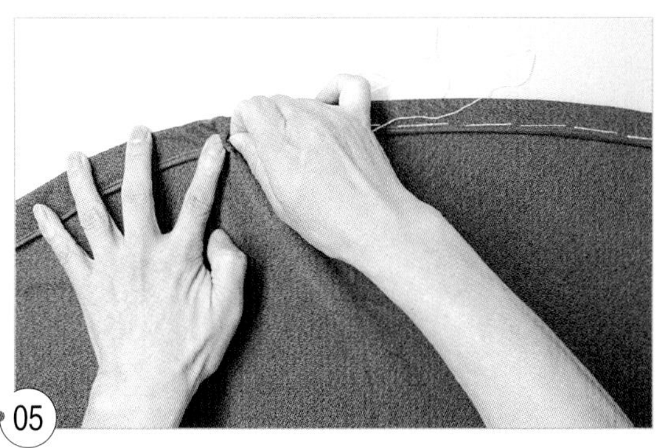

05 밑단을 완성선에서 접어 올려 바이어스 테이프 끝에 시침질로 고정시킨다.

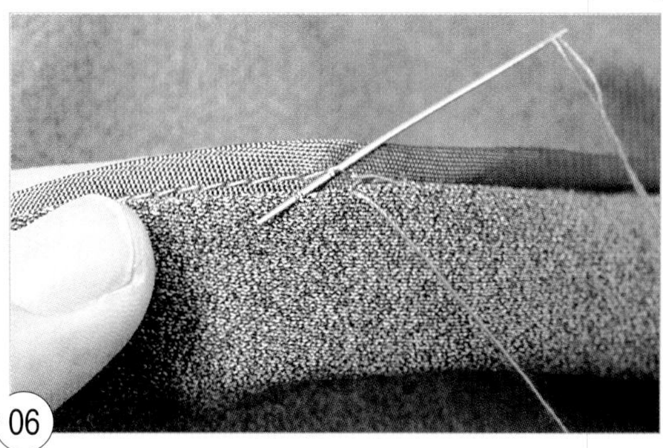

06 속감치기로 고정시킨다.

9. 스커트 단을 처리한다.

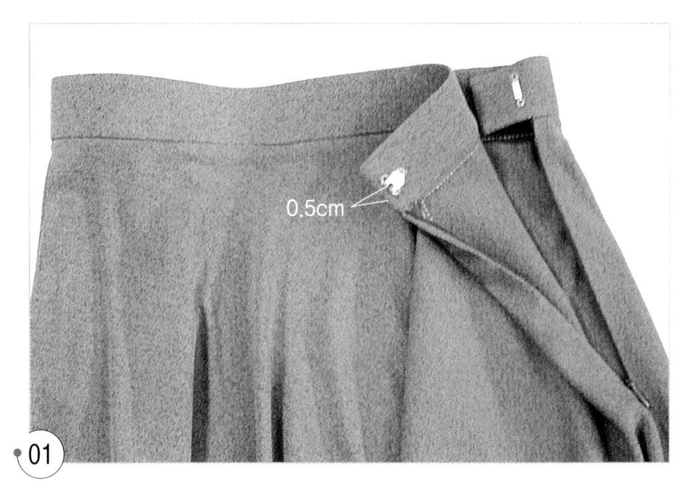

01 앞 스커트 쪽 안 허리 벨트의 단 끝에서 0.5cm 들어간 위치에 심지까지 떠서 훅을 달고 지퍼를 올려 아이 다는 위치를 표시한 다음 0.3cm 뒤 중심 쪽으로 이동한 위치에 심지까지 떠서 아이를 단다.

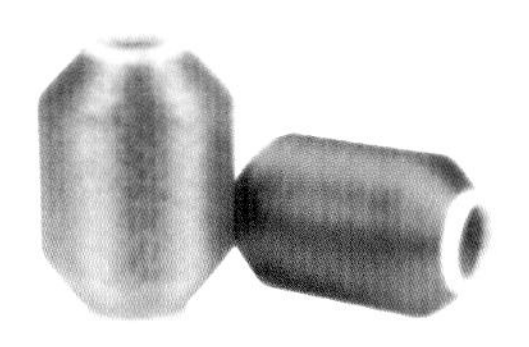

10. 마무리 다림질을 하여 완성한다.

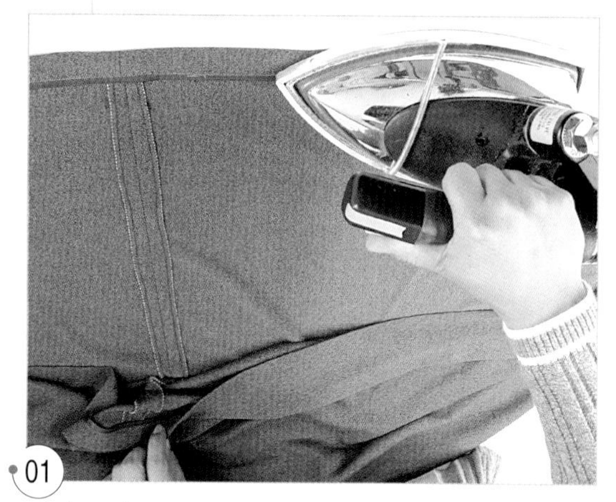

01
이면 쪽에서 스커트 단 쪽에 스팀 다림질한다.

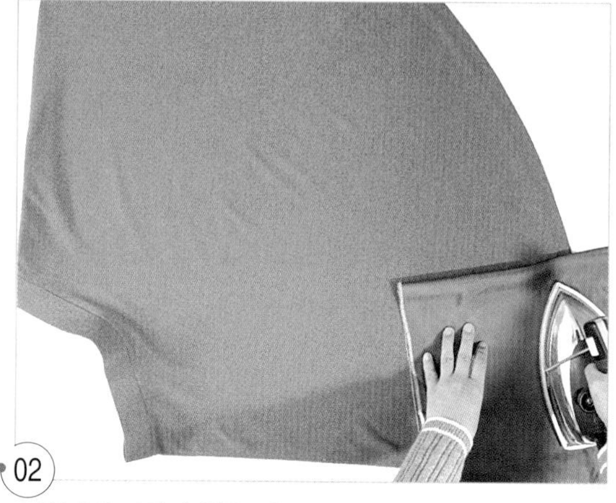

02
겉쪽에서 다림질 천을 얹고 스팀 다림질한다.

03
완성.

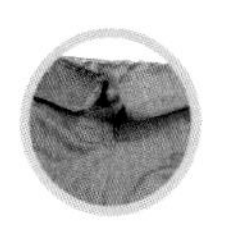

앞 주름 스커트 Front Pleat Skirt...

S.K.I.R.T 08

스타일 ●●● 세미타이트 스커트 실루엣을 변형시켜 앞면에만 3개의 주름을 넣은 A라인 스커트이다. 소재나 주름 잡는 법, 주름 폭, 스커트 길이에 따라서 정장의 느낌으로 착용할 수 있고, 코디하기에 따라서는 캐주얼하게도 착용할 수 있는 스타일이다.

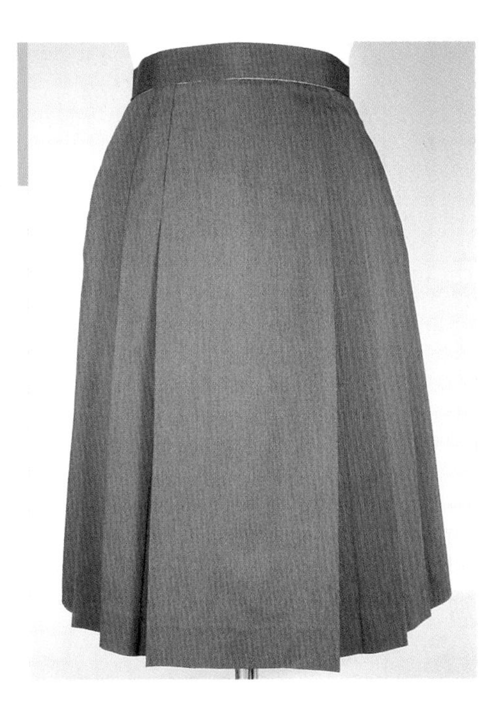

소 재 ●●● 주름을 잡은 곳은 천이 겹쳐지기 때문에 얇거나 중간 두께의 가벼우면서 주름이 잘 풀리지 않는 열가소성이 있는 폴리에스테르 혼방의 것이 좋다.

포인트 ●●●

① 히프 위쪽의 겹쳐지는 두께를 줄이기 위해 잘라내는 것이 중요하다.
② 주름이 틀어지지 않도록 시침질로 고정시키고 주름을 잡으면 초보자도 쉽게 봉제할 수 있다.
③ 안감의 뒤 중심선을 완성선에서 박고 지퍼를 단 곳에 실 루프로 고정시켜 여유분을 넣는다.

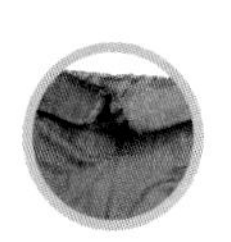

제도법

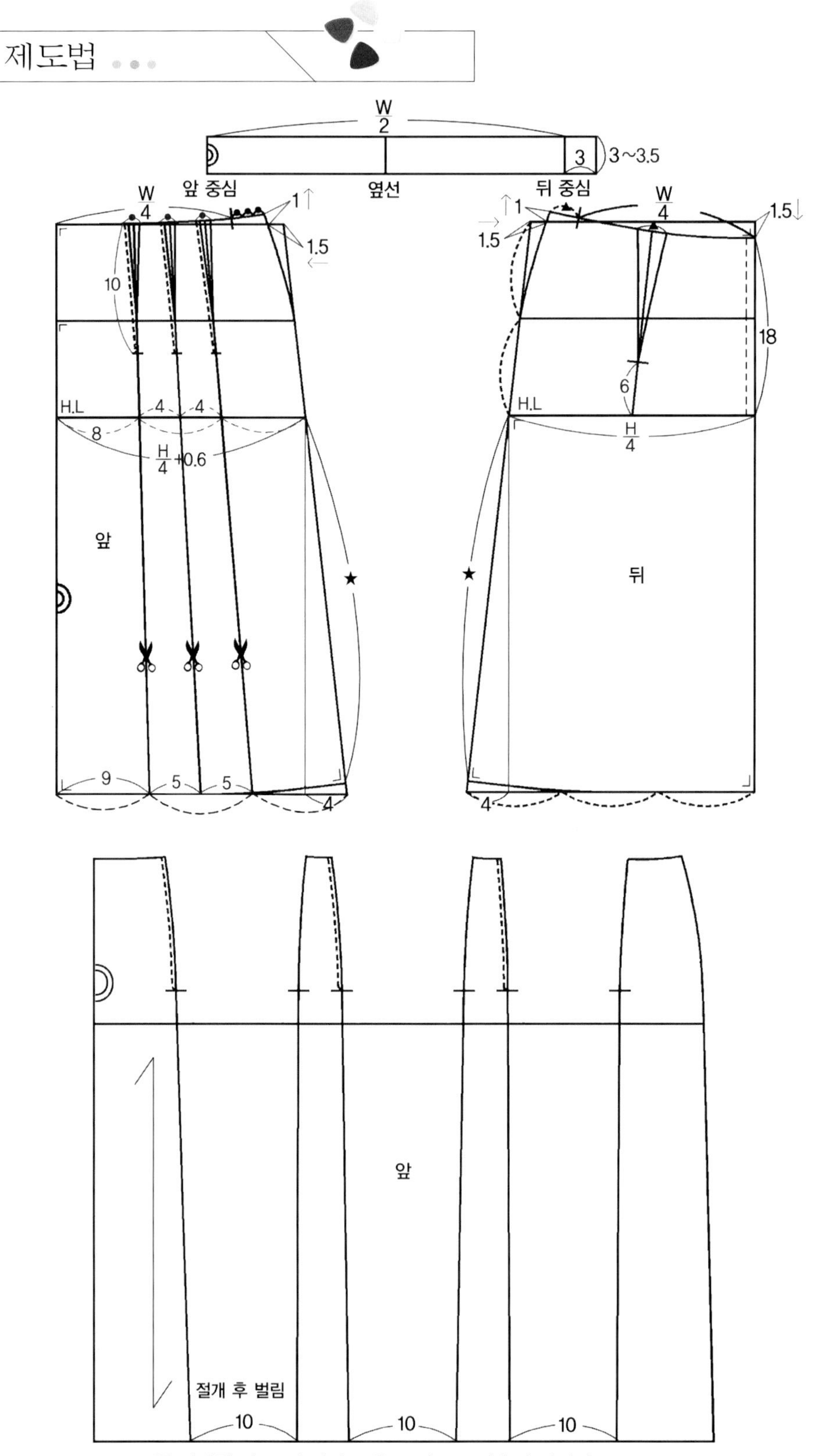

주 절개한 각 쪽의 밑단 쪽을 수평으로 맞추어 벌린다.

재단법

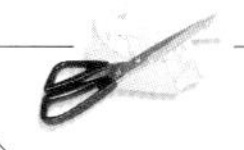

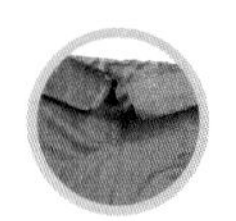

재 료

- 겉감 120cm 폭 130cm
- 안감 110cm 폭 60cm
- 접착 심지 6cm×20cm
- 허리 벨트 심지 허리 둘레 치수+3cm
- 지퍼 18cm 1개
- 훅과 아이 1set

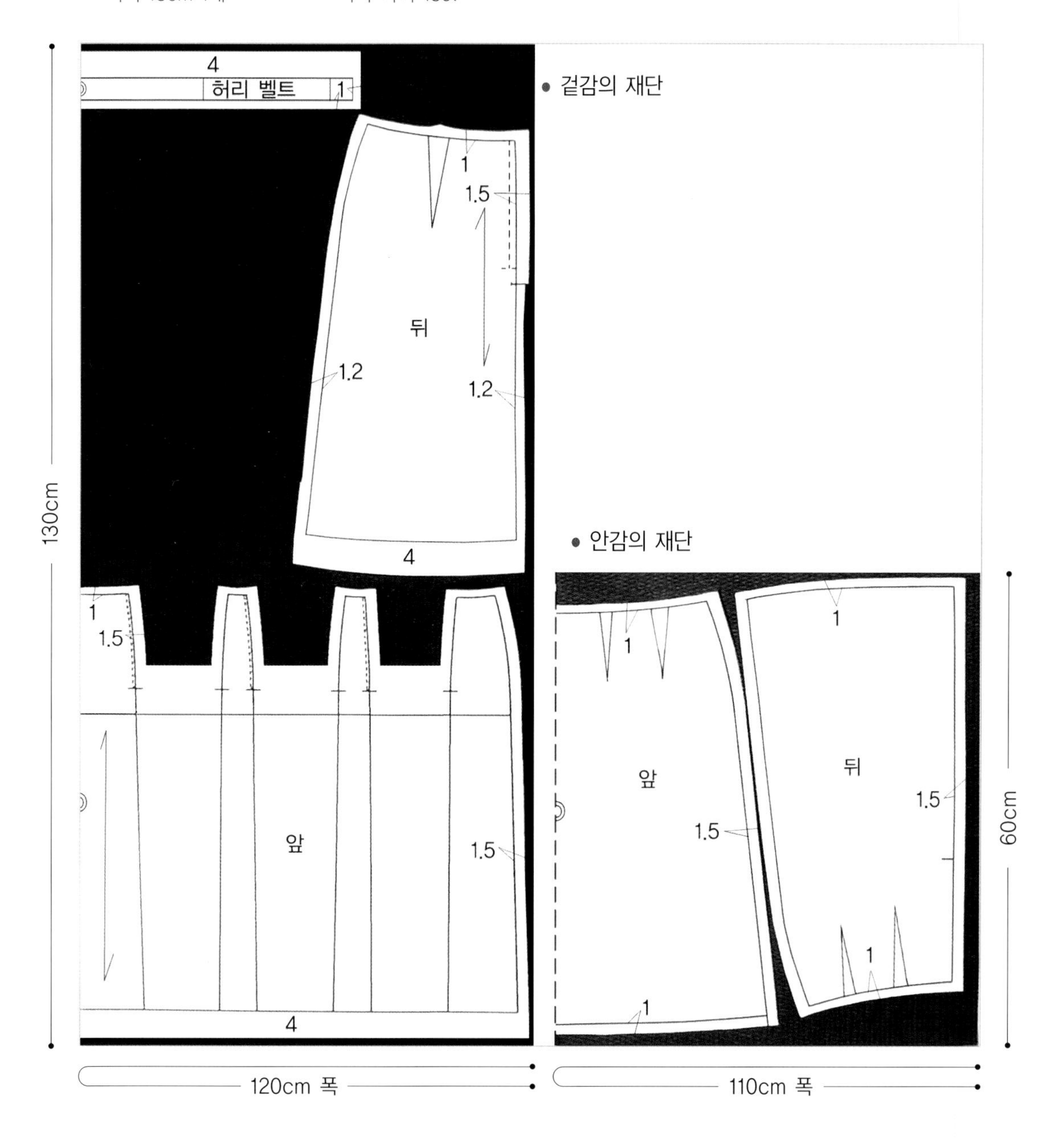

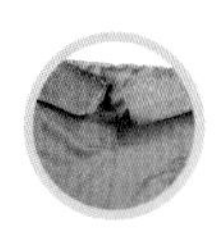

봉제법

1. 표시를 한다.

01 앞 스커트의 완성선과 주름선에 실표뜨기로 표시를 한다.

02 뒤 스커트의 완성선에 실표뜨기로 표시를 한다.

2. 접착 테이프와 허리 벨트 심지를 붙인다.

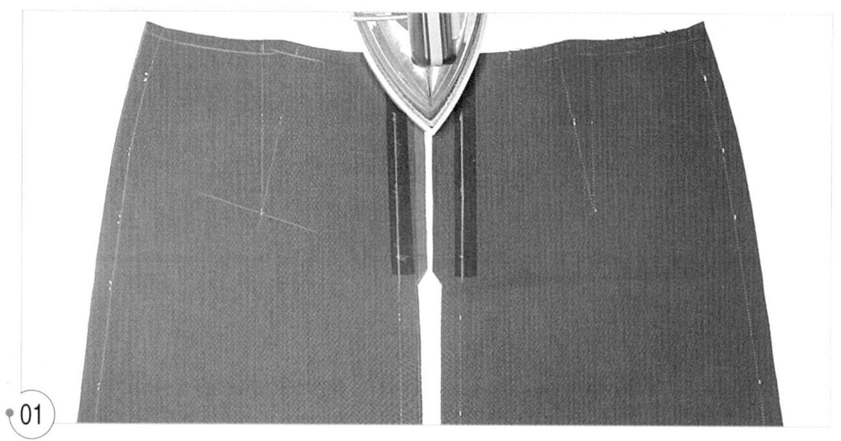

01 뒤 중심선의 지퍼 다는 곳에 1.5cm 폭의 접착 테이프를 지퍼 달림 끝에서 1cm 길게 붙인다.

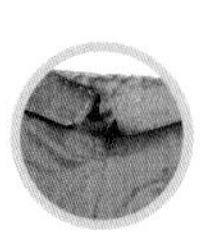

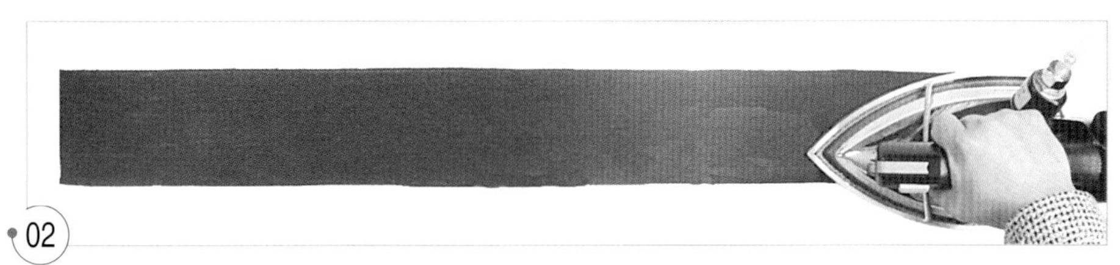

02

허리 벨트 천을 수축 방지를 겸해 스팀 다림질하여 구김을 편다.

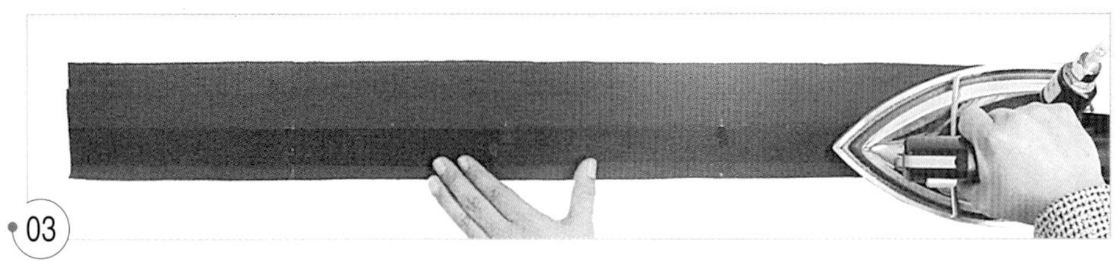

03

겉 허리 벨트에 허리 벨트 심지를 붙인다.

3. 허리 벨트를 만든다.

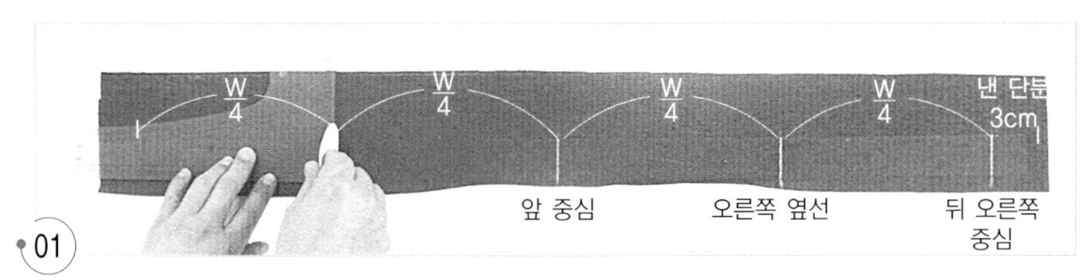

01

뒤 중심, 옆선, 앞 중심의 표시를 한다.

02

겉 허리 벨트의 시접을 심지 끝에서 접는다.

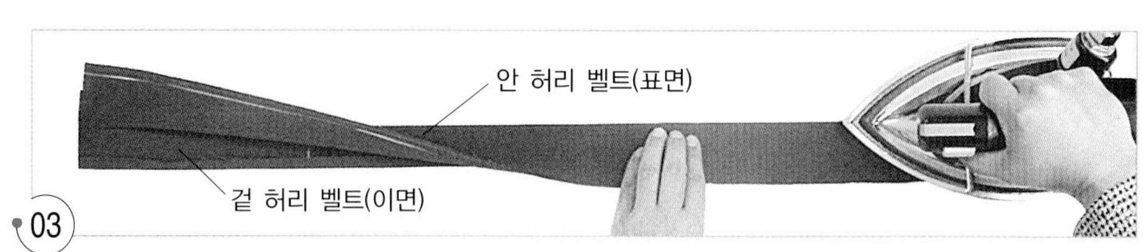

03
안 허리 벨트를 심지 끝에서 접는다.

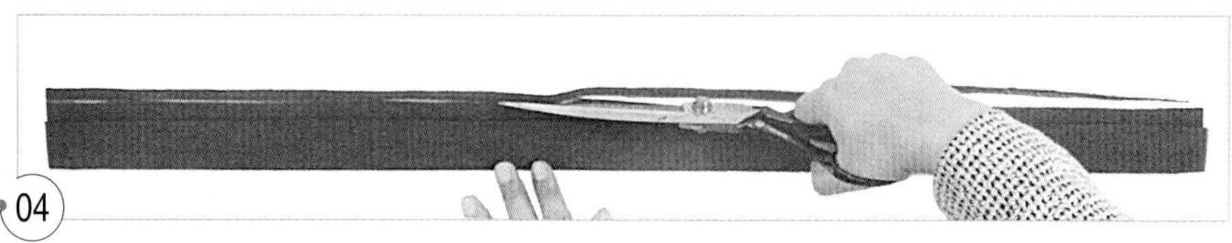

04
안 허리 벨트의 시접을 1cm 남기고 잘라낸다.

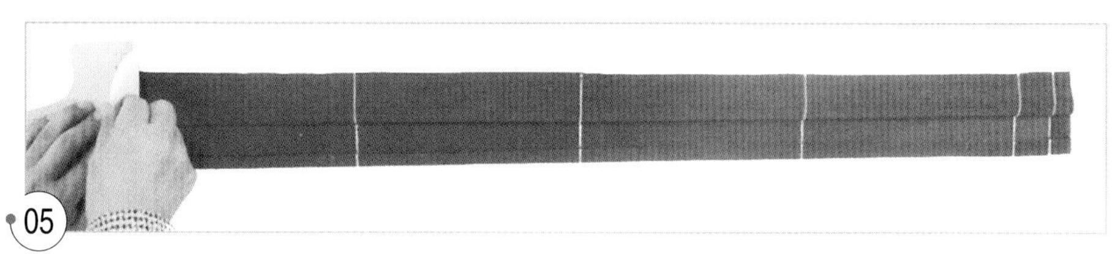

05
허리 벨트 심지의 표시를 안 허리 벨트까지 연장해 표시를 한다.

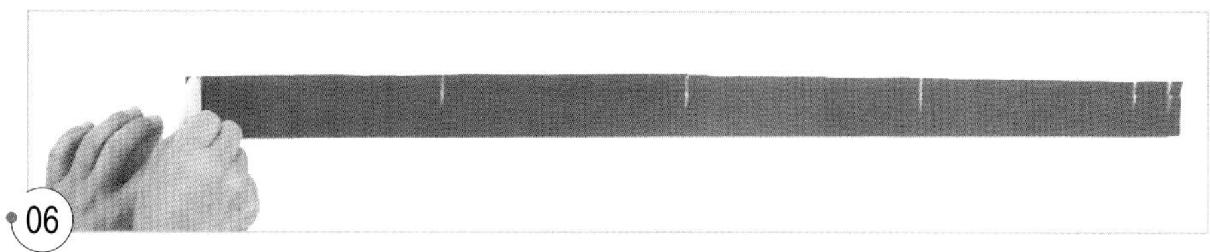

06
겉 허리 벨트를 접어 올려 안 허리 벨트의 표시를 맞추어 겉 허리 벨트의 표면에 표시를 한다.

4. 오버록 재봉을 한다.

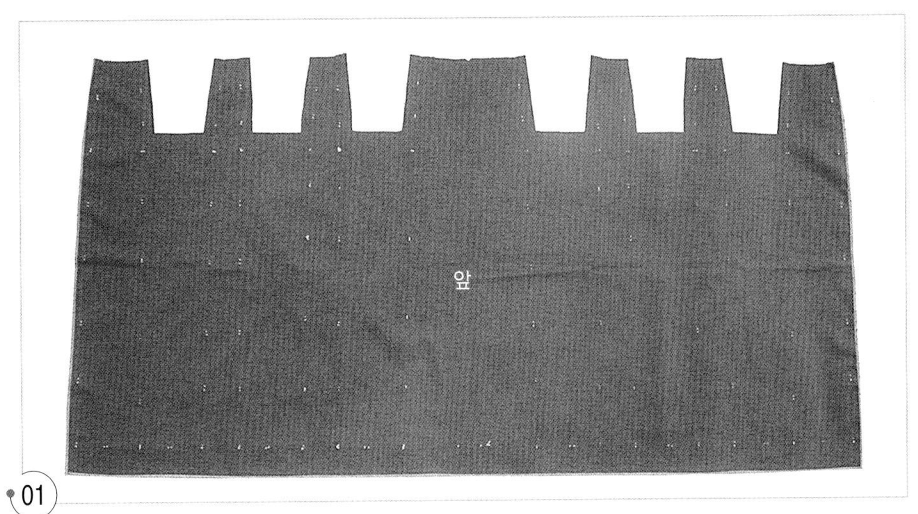

01
앞 스커트의 옆선과 밑단 선에 오버록 재봉을 한다.

02
뒤 중심선과 옆선, 밑단 선에 오버록 재봉을 한다.

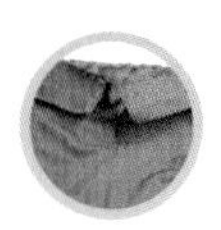

5. 뒤 중심선을 박는다.

01
뒤 중심선을 지퍼 달림 끝에서 단 끝까지 박는다.

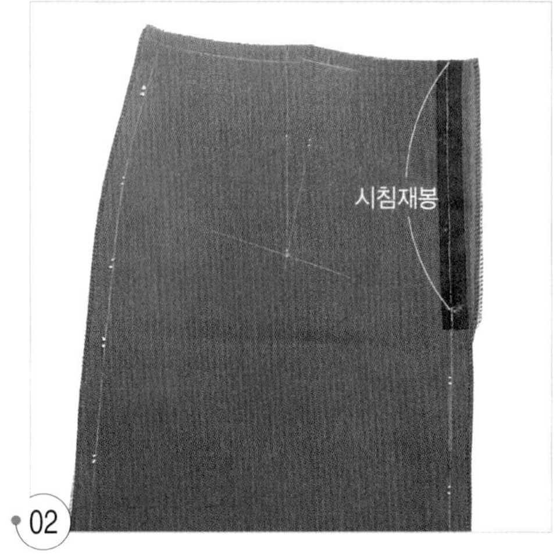

02
지퍼 다는 곳에는 시침재봉을 한다.

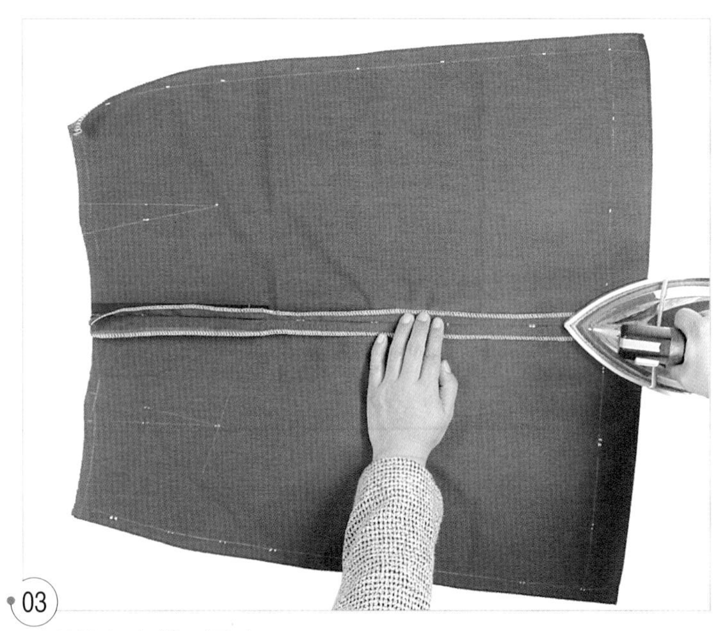

03
뒤 중심의 시접을 가른다.

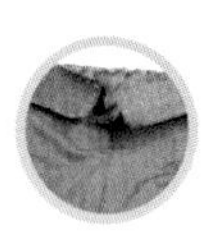

6. 지퍼를 단다.

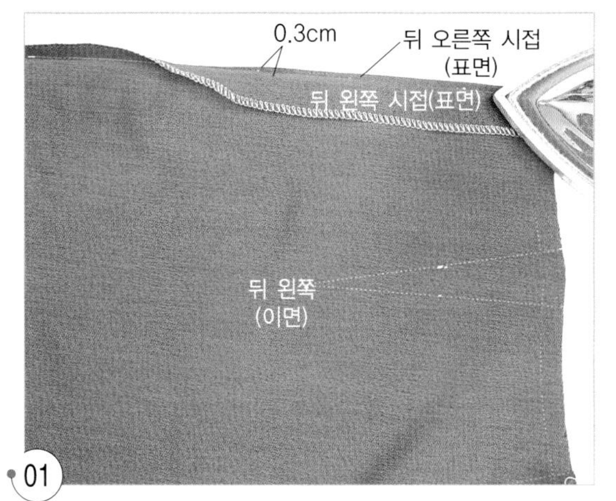

오른쪽 지퍼 다는 곳의 시접을 0.3cm 내어 다림질한다.

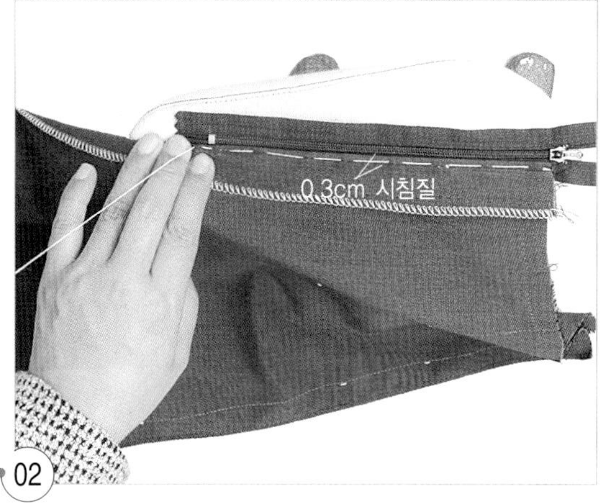

지퍼 표면의 이가 물리는 테이프 끝에 맞추어 얹고 완성선에 지퍼까지 통하게 시침질로 고정시킨다.

시침질한 곳에서 0.2cm 지퍼 쪽을 박아 고정시킨다.

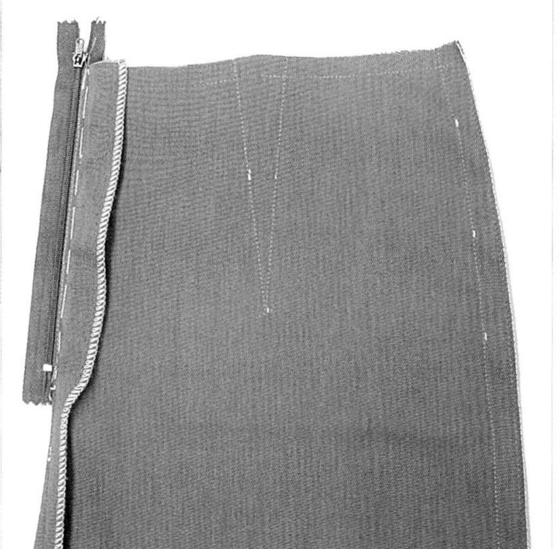

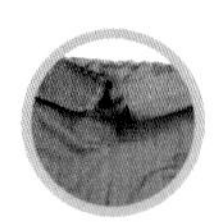

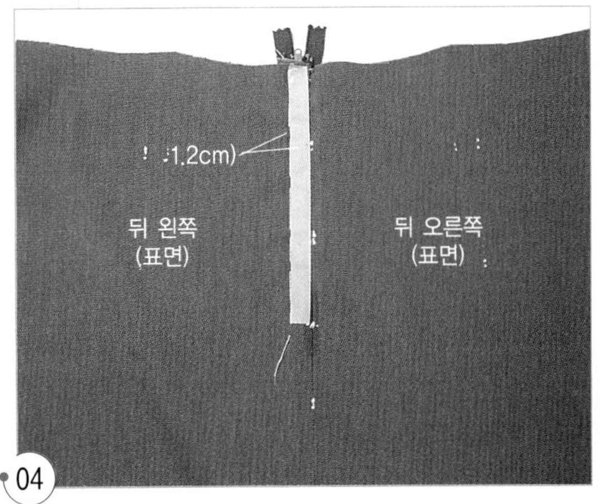

04

뒤 왼쪽의 뒤 중심선을 뒤 오른쪽 중심선에 맞추어 겹쳐 얹고 지퍼까지 통하게 시침질로 고정시킨 다음 1.2cm 폭의 멘딩 테이프를 붙인다.

05

테이프 폭을 맞추어 겉쪽에서 스티치한다.

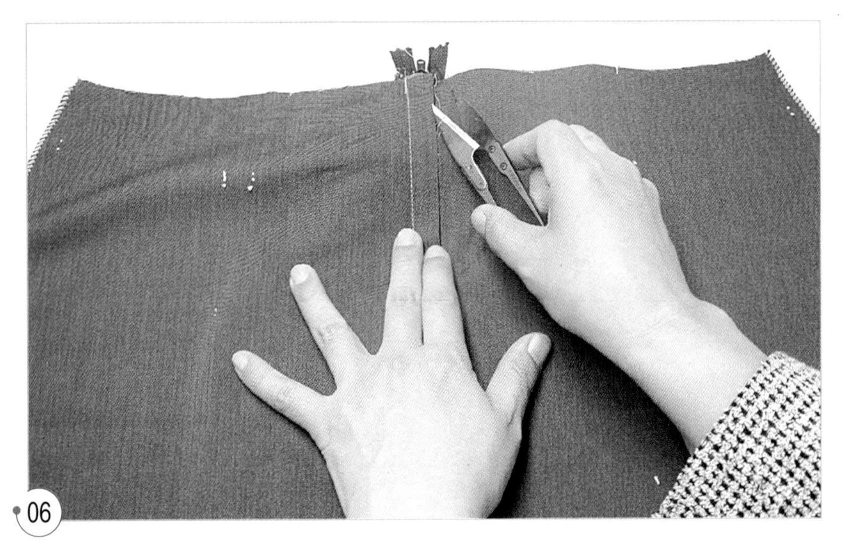

06

멘딩 테이프를 떼어내고 시침재봉한 실을 풀어낸다.

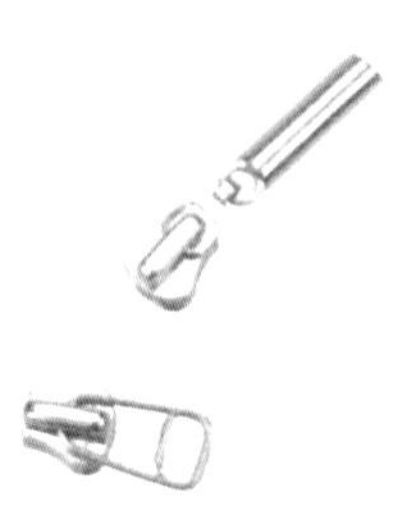

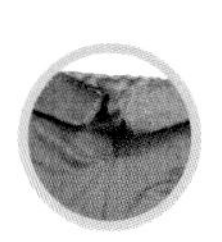

7. 다트를 박는다.

01

뒤 다트를 박는다.

02

다트 끝의 실 두 올을 함께 다트 끝에서 묶고, 실을 1cm 정도 남기고 잘라낸다.

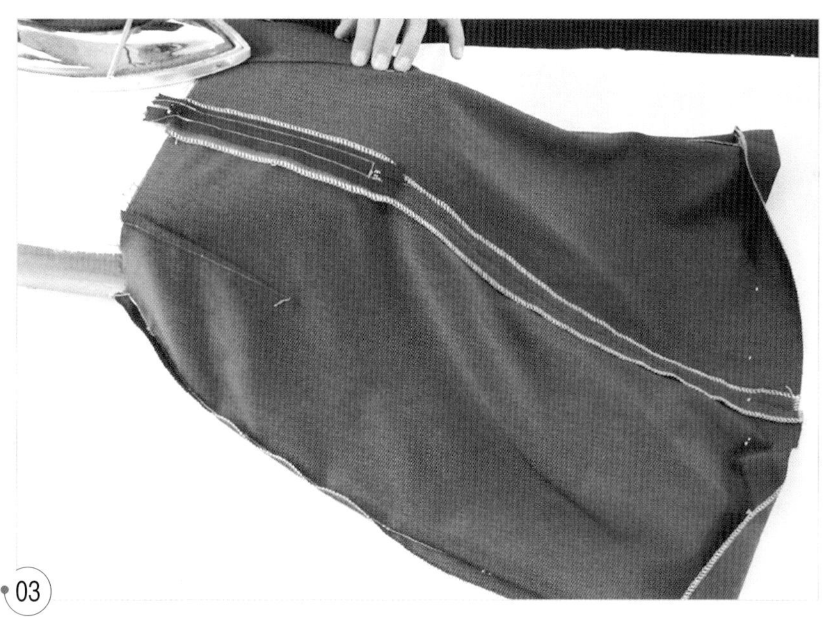

03

다트 시접을 중심 쪽으로 넘긴다.

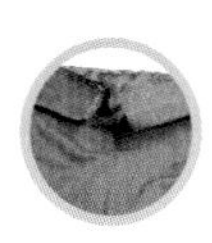

8. 앞 스커트의 주름을 잡는다.

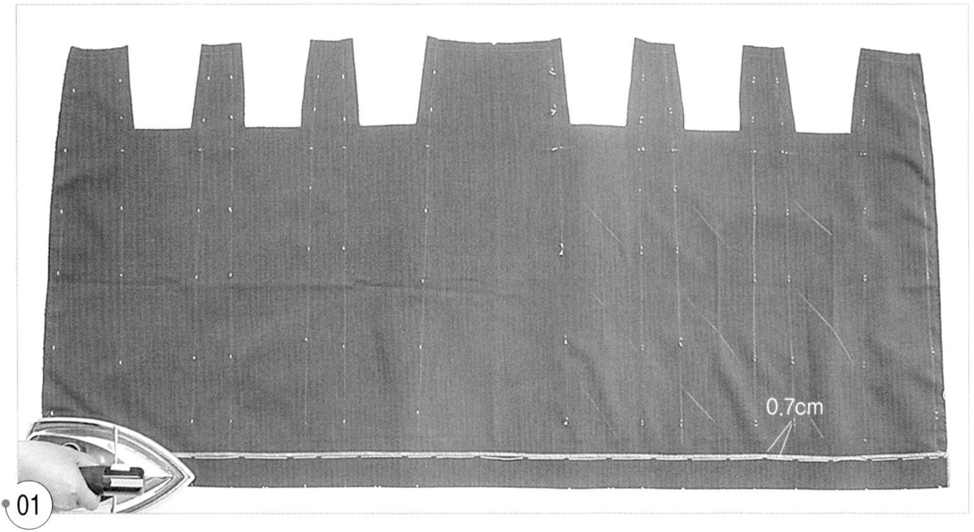

앞 스커트의 밑단을 완성선에서 접어 올린 다음 오버록 재봉한 끝에서 0.7cm 내려 시침질로 고정시킨다.

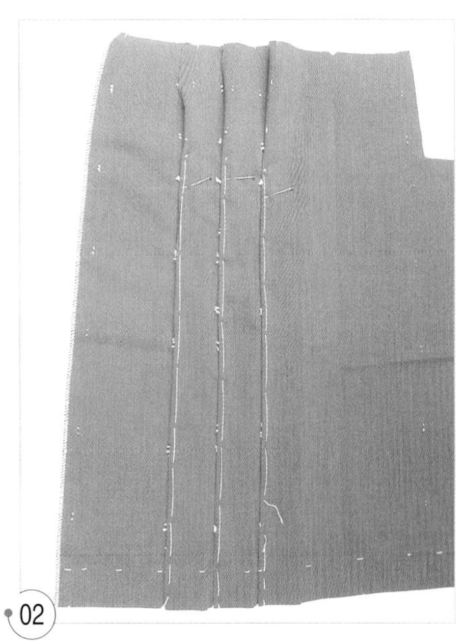

주름을 잡아 시침질로 고정시킨다.

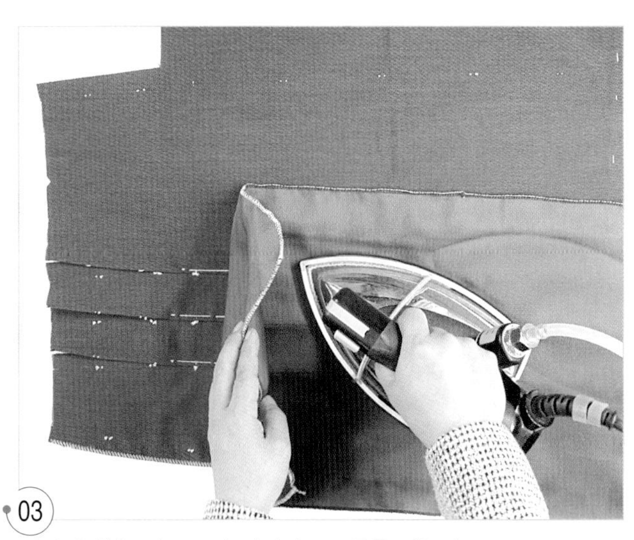

다림질 친을 얹고 스팀 다림질로 주름을 잡는다.

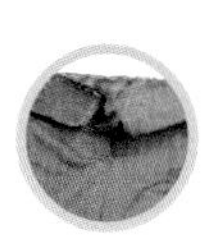

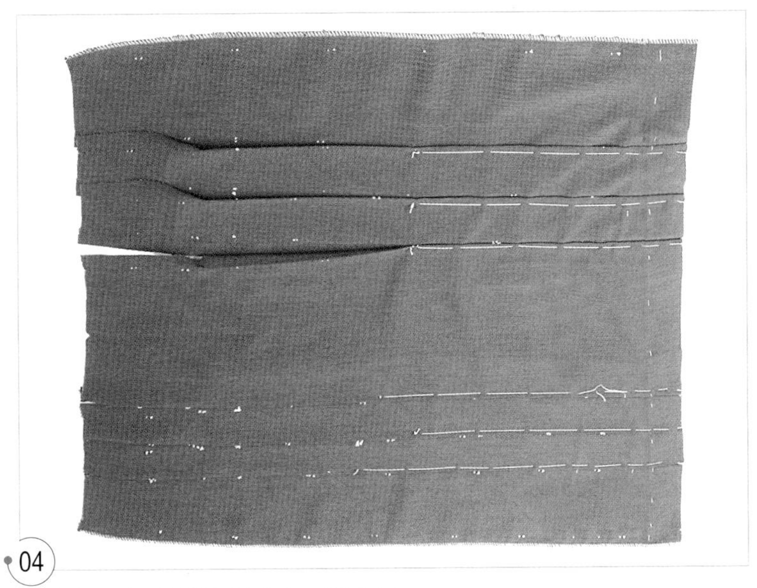

04

허리선 쪽의 시침실을 중간까지 풀어낸다.

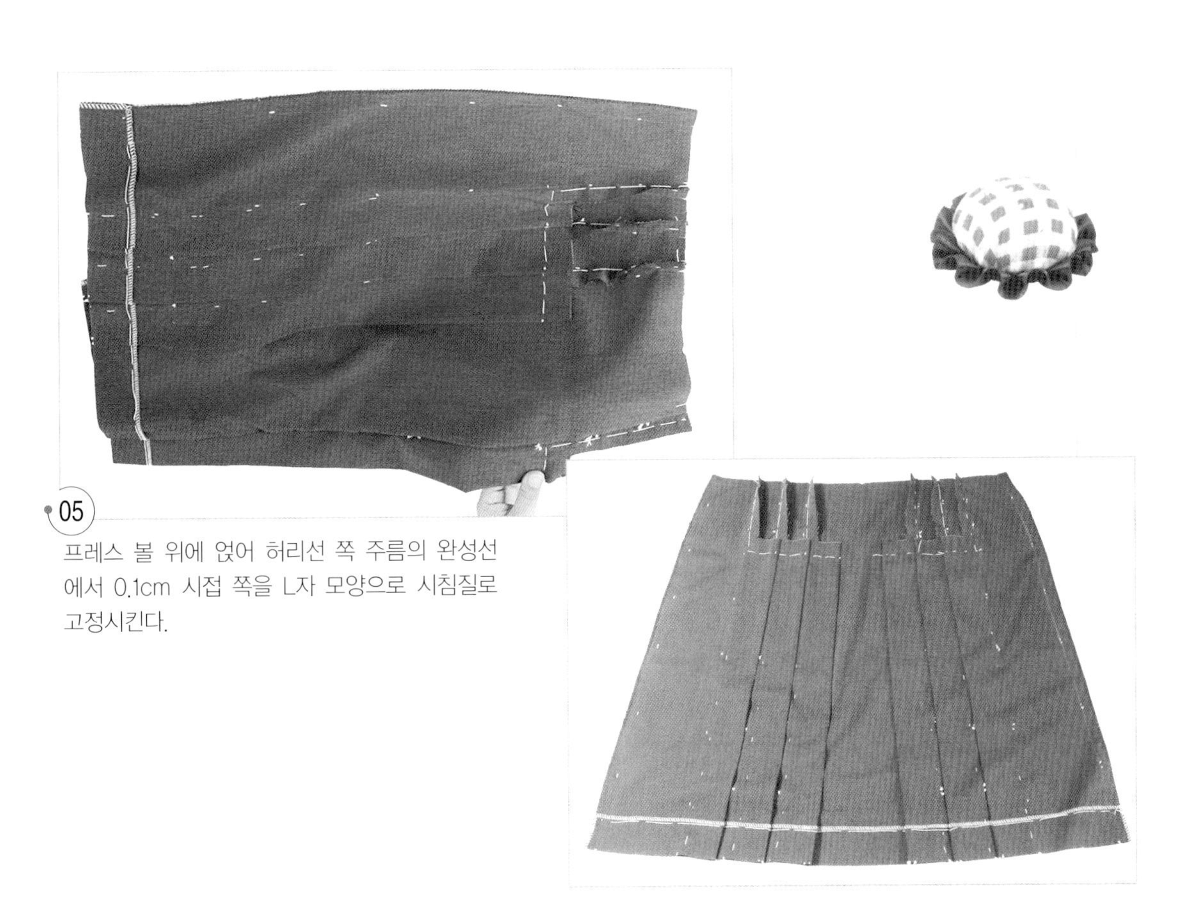

05

프레스 볼 위에 얹어 허리선 쪽 주름의 완성선에서 0.1cm 시접 쪽을 L자 모양으로 시침질로 고정시킨다.

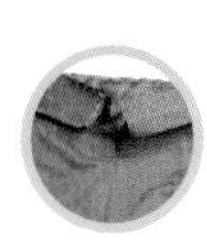

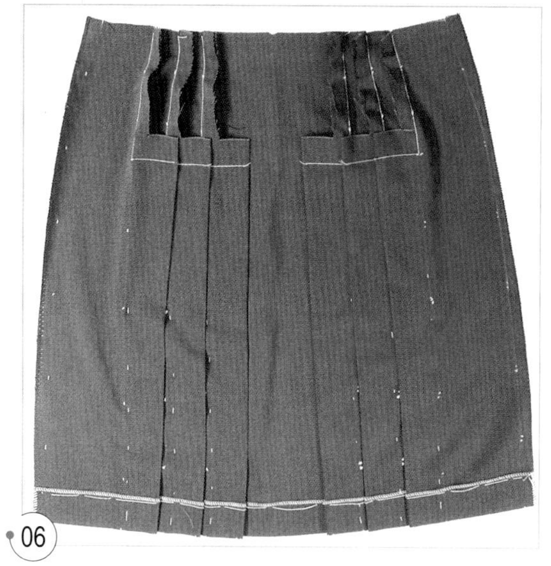

06
완성선을 L자 모양으로 박는다.

07
시접을 두 장 함께 오버록 재봉한다.

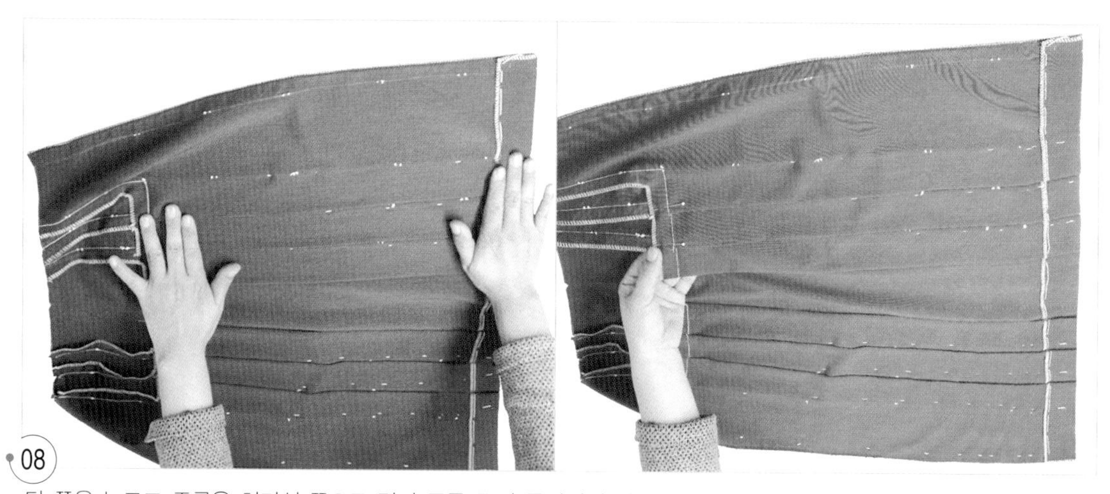

08
단 쪽은 누르고 주름을 허리선 쪽으로 밀어 주름 끝이 틀어지지 않도록 핀으로 고정시긴다.

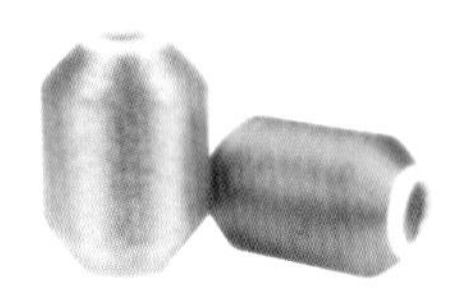

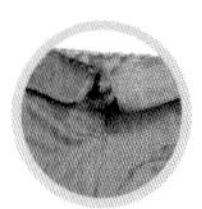

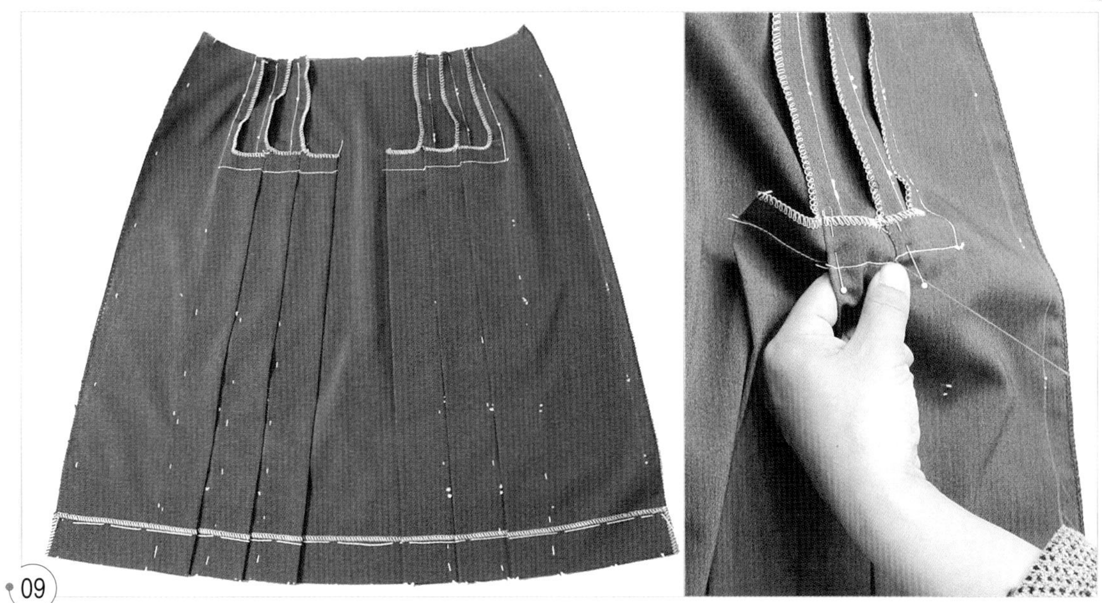

09
움직이지 않도록 L자 부분 시접에 감침질로 고정시킨다.

9. 옆선을 박는다.

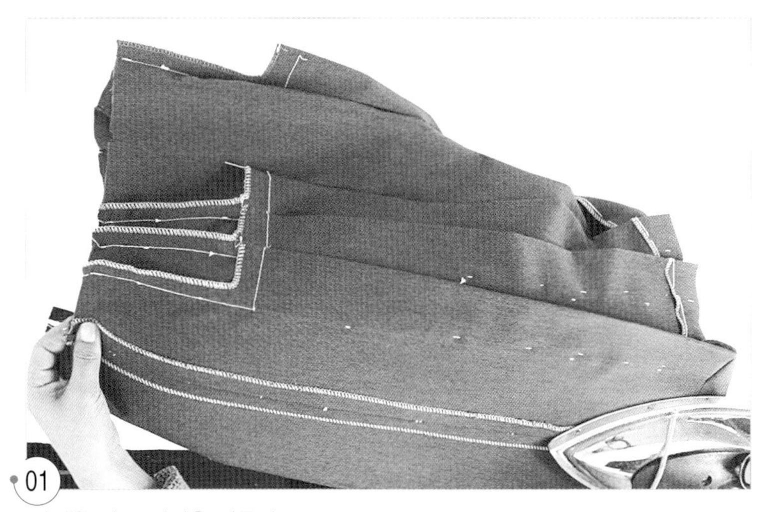

01
옆선을 박고 시접을 가른다.

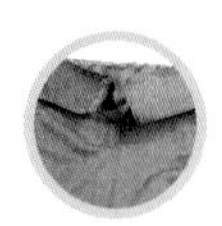

10. 안 스커트를 만든다.

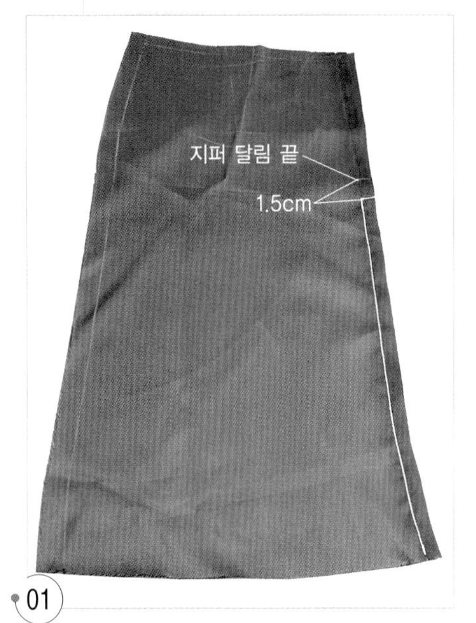

01
뒤 중심선의 지퍼 달림 끝에서 1.5cm 내려온 곳에서 단까지 박는다.

02
옆선을 완성선에서 0.2cm 시접 쪽을 박는다.

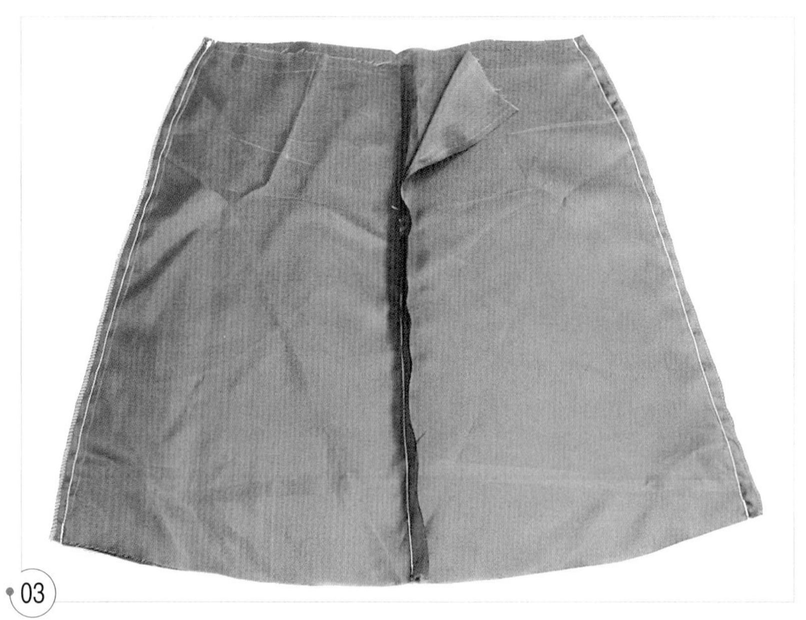

03
옆선의 시접을 두 장 함께 오버록 재봉한다.

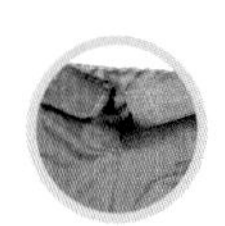

04
다트는 박지 않은 상태로 완성선에서 접어 옆선 쪽으로 넘긴다.

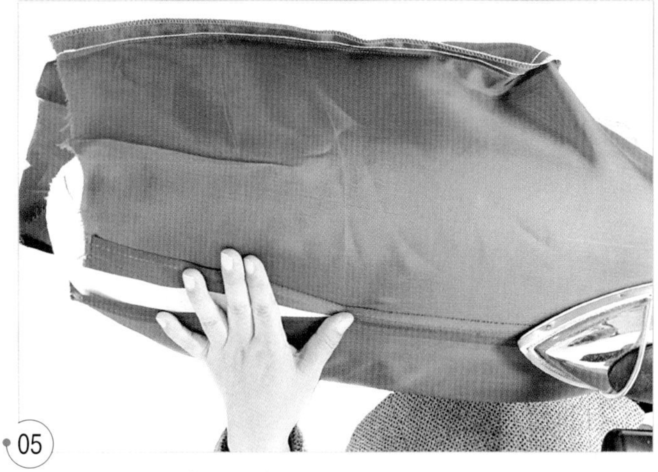

05
뒤 중심선의 시접을 가른다.

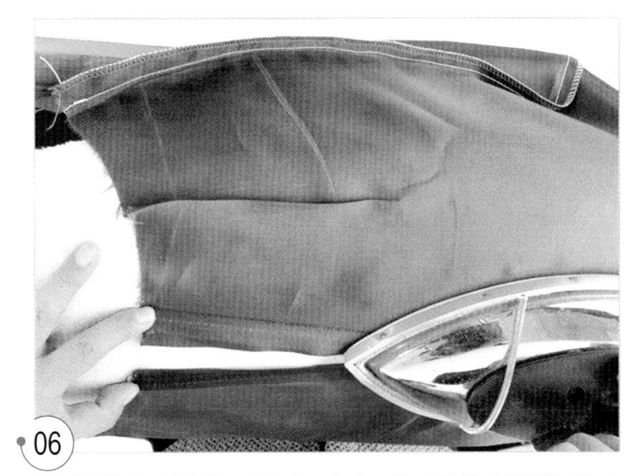

06
뒤 중심의 시접을 가른다. 지퍼 다는 곳의 시접을 허리선 쪽에서 0.5cm 완성선을 들여 접는다.

07
옆선의 시접을 완성선에서 접어 뒤쪽으로 넘긴다.

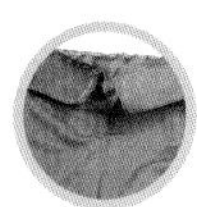

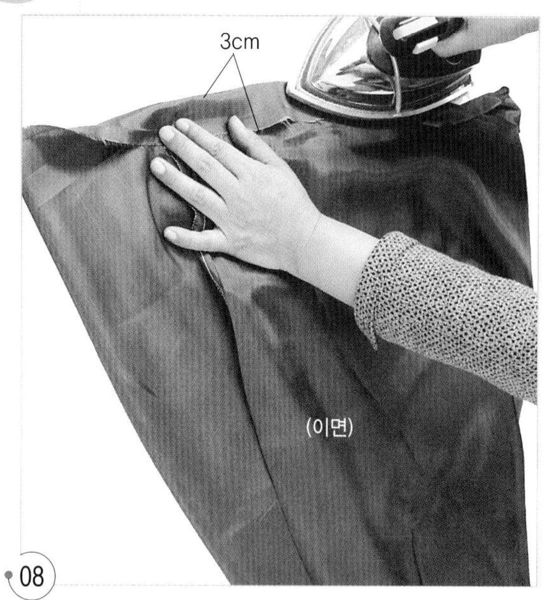

08
스커트 단의 시접을 3cm 이면 쪽으로 접어 올려 다림질한다.

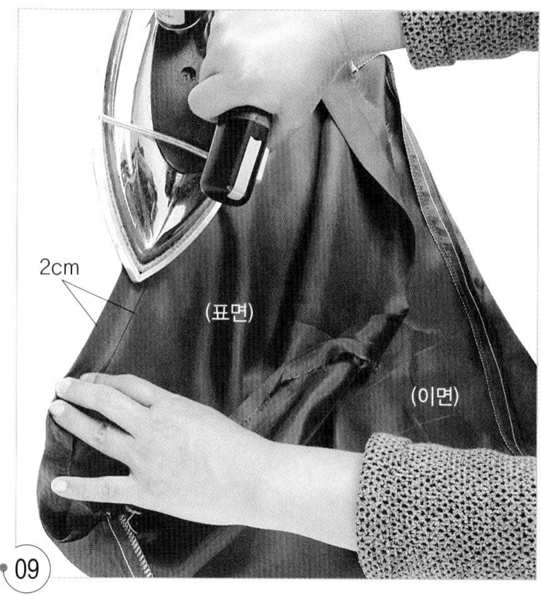

09
겉쪽으로 2cm를 접어 올리고 2cm 접은 밑에 앞에서 3cm를 접었으므로, 1cm 남은 것은 2cm 접은 밑으로 접어 넣고 다림질한다.

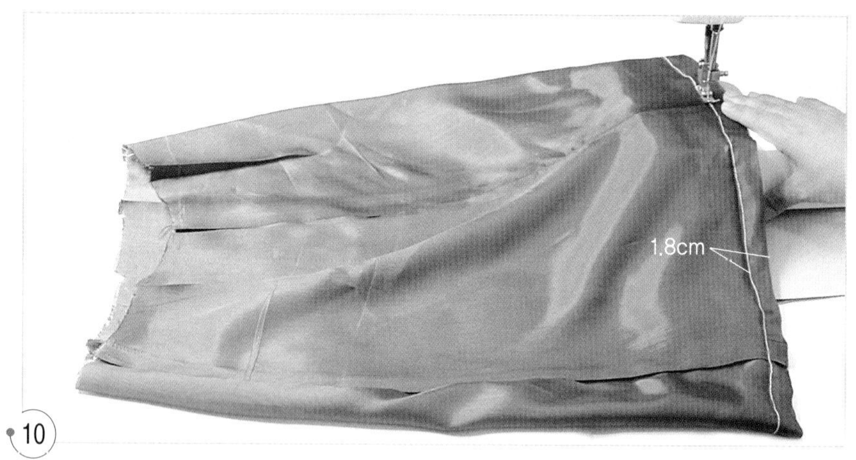

10
2cm 접어 올린 것을 밑으로 내려 2cm 접어 올렸을 때 생긴 주름선을 보아 가면서 밑단 쪽에서 1.8cm 되는 곳에 겉쪽에서 스티치한다.

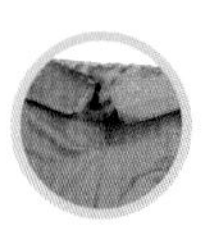

11

지퍼 다는 곳의 시접을 접은 상태로 주위에 스티치한다.

11. 허리 벨트를 단다.

01

안 스커트를 겉으로 뒤집어서 단 쪽으로 손을 넣고 겉 스커트를 끄집어낸다.

02

허리선의 각 표시를 맞추어 핀으로 고정시킨다.

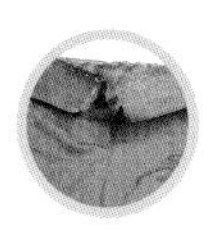

03

허리 완성선에서 0.2cm 시접 쪽에 겉감과 안감을 두 장 함께 겹쳐서 시침재봉을 한다.

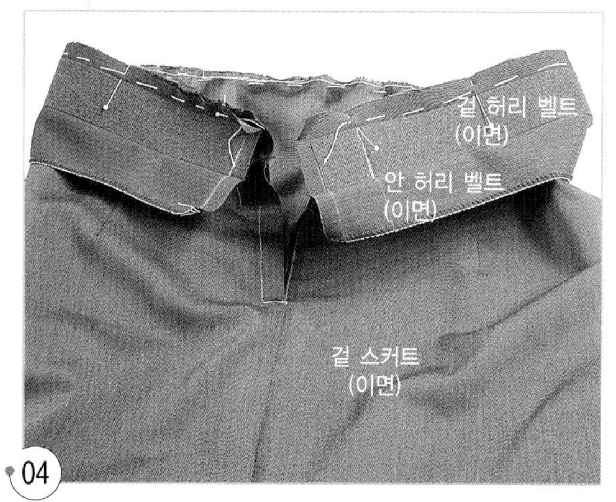

04

겉 허리 벨트와 겉끼리 마주 대어 각 표시에 맞추어 핀으로 고정시키고, 벨트 심지 끝에서 0.2cm 시접 쪽에 시침질로 고정시킨다.

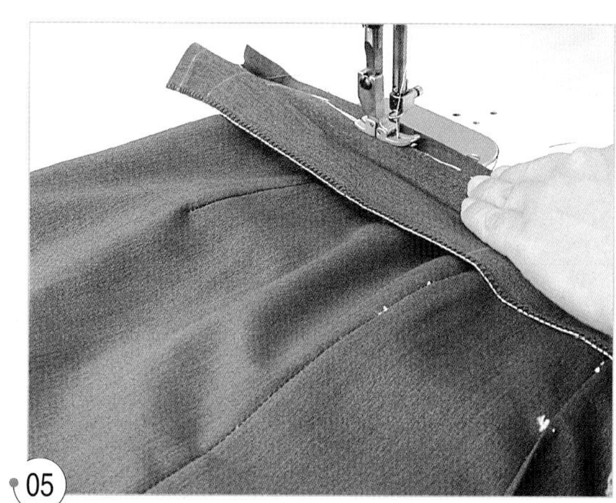

05

벨트 심지 끝에서 0.1cm 시접 쪽을 박는다.

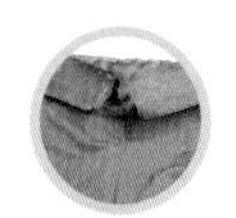

06
허리 벨트를 겉끼리 마주 대어 심지 끝에서 접고 좌우 뒤 중심 쪽을 벨트 심지 끝에서 0.1cm 시접 쪽을 박는다.

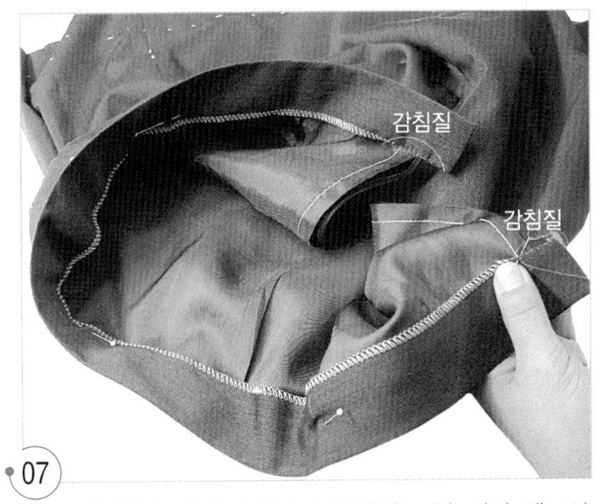

07
뒤 중심 쪽의 지퍼 테이프 부분까지는 안 허리 벨트의 시접을 벨트 쪽으로 접어 넣고 겉 허리 벨트를 박은 바늘땀에 걸어 감침질로 고정시킨다.

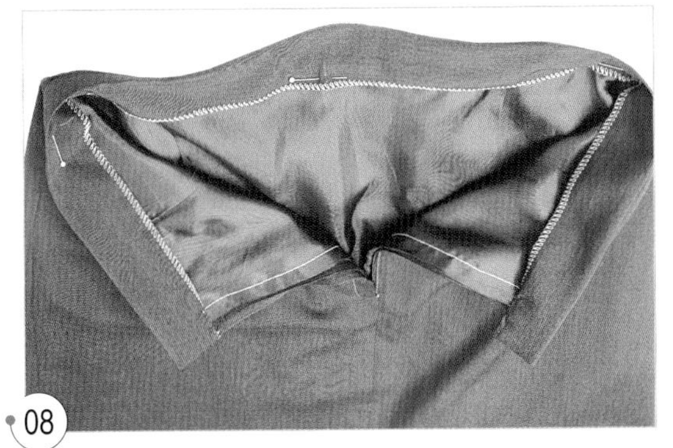

08
안 허리 벨트가 꼬이지 않도록 앞 중심, 옆선의 표시를 맞추어 핀으로 고정시킨다.

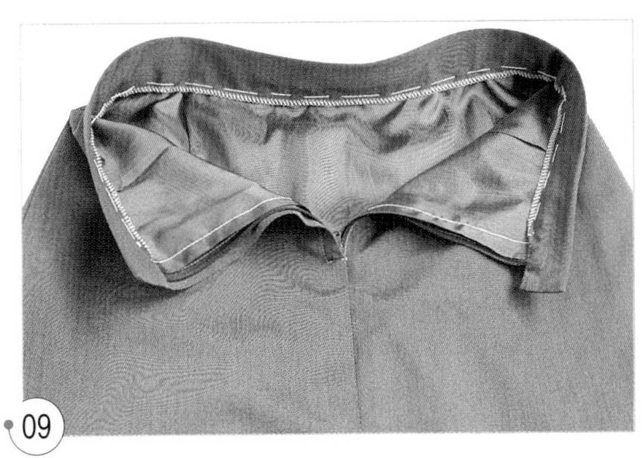

09
시침질로 고정시킨다.

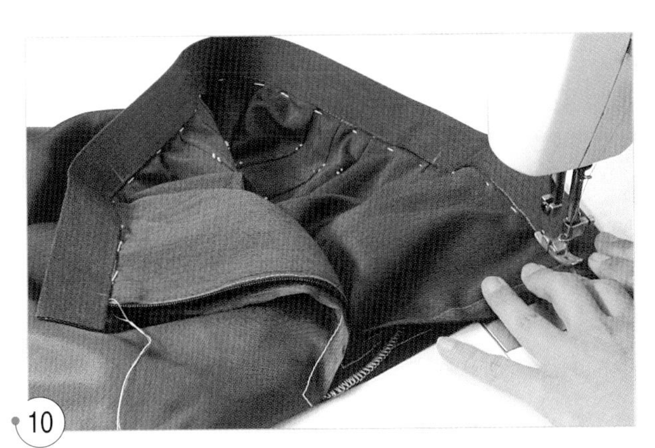

10
겉쪽에서 겉 허리 벨트의 박은 선 홈에 스티치한다.

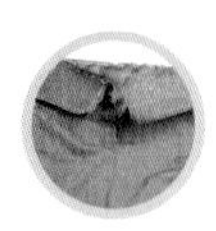

12. 훅과 아이를 단다.

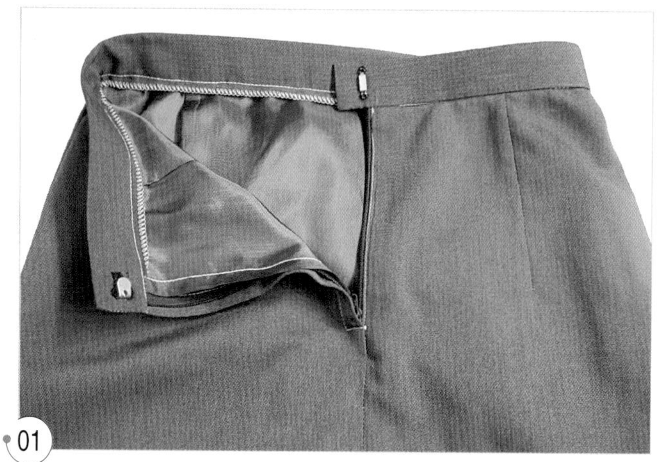

01
뒤 왼쪽 안 허리 벨트 끝에서 0.5cm 안쪽에 심지까지 떠서 버튼홀 스티치로 훅을 달고 지퍼를 올려 아이 다는 위치를 표시한 다음 0.3cm 옆선 쪽으로 이동한 위치에 심지까지 떠서 아이를 단다.

13. 단 처리를 한다.

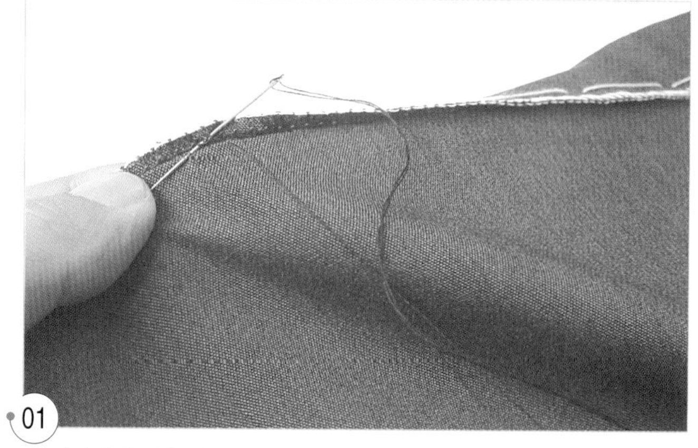

01

완성선에서 단을 올려 시침질로 고정키고 속감치기를 한다.

14. 실 루프를 만든다.

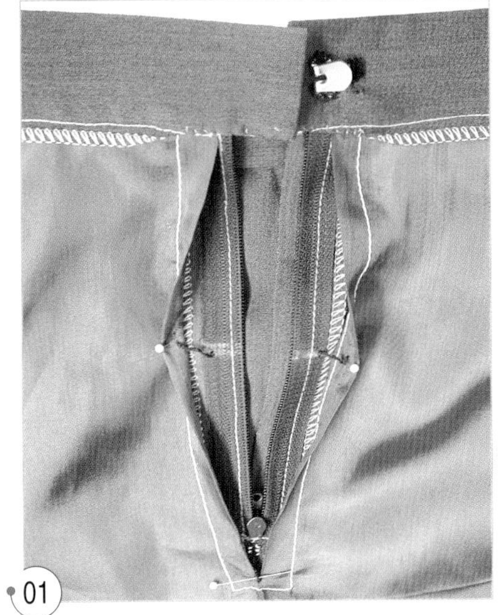

01
지퍼의 1/2 위치에 1cm 길이의 실 푸프를 만들어 고정시키고 지퍼 달림 끝에는 1.5cm 길이의 실 루프를 만들어 고정시킨다.

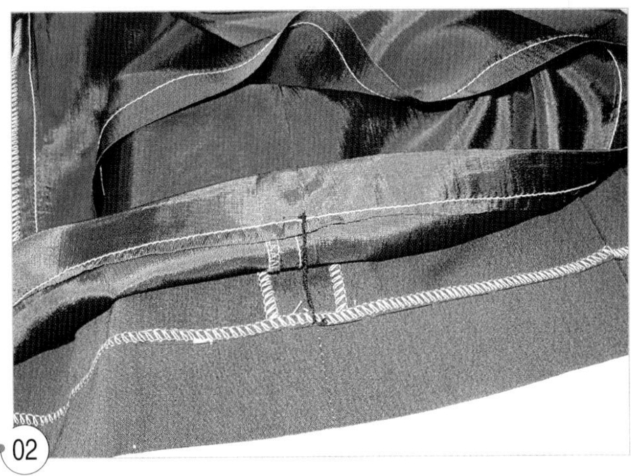

02
옆선의 시접에 4~5cm 정도의 실 루프를 만들어 안감의 옆선 시접에 고정시킨다.

15. 마무리 다림질을 하여 완성한다.

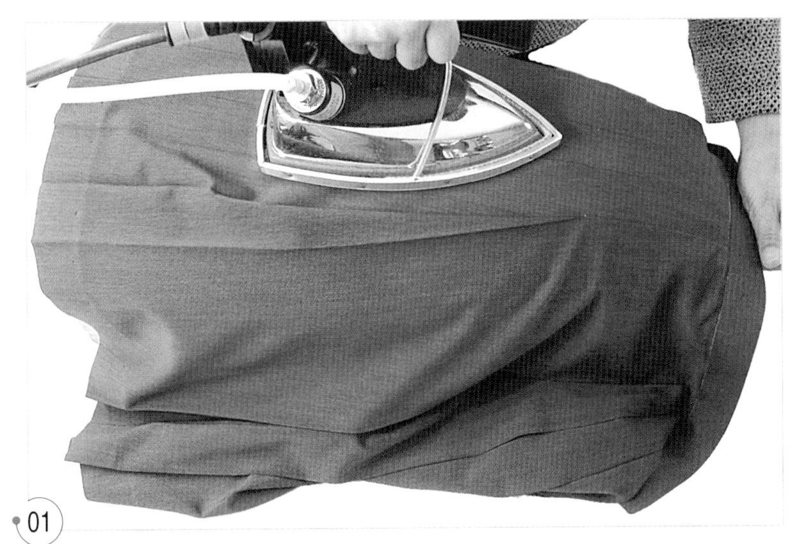

01
프레스 볼에 끼워 마무리 다림질을 한다.

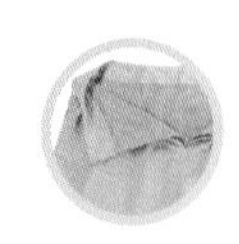

개더 스커트 Gather Skirt...

S.K.I.R.T

스타일 요크 절개로 하여 개더를 넣은 스커트로, 스커트 길이나 개더 분량, 소재 등으로 여러 가지 분위기를 표현할 수 있는 스타일이다.

소 재 전체의 분량이 많아지므로 가볍고 탄력이 있는 얇은 것이 적합하다. 울 소재라면 조젯, 면 소재라면 면 새틴, 깅엄, 브로드 등이 좋고, 세련된 느낌을 표현하려면 실크나 화섬 등이 적합하다.

포인트 개더가 움직이지 않도록 샌드페이퍼를 대고 박아 개더를 고정시키면 초보자도 쉽게 개더 스커트를 만들 수 있다.

제도법

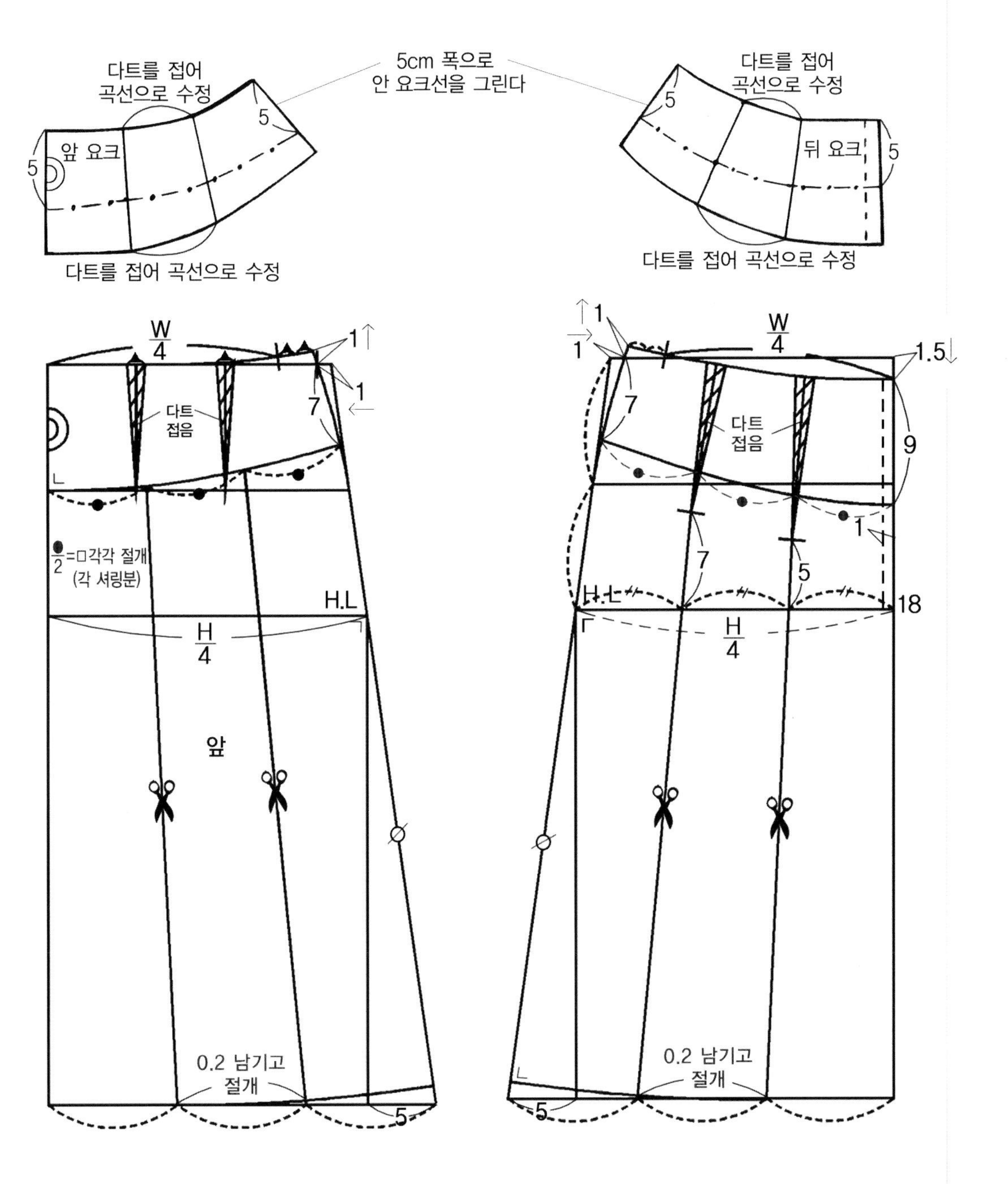

* 요크 선에서 잘라내고 밑단 쪽에서 0.2cm 남기고 절개하여
요크 선의 $\frac{1}{3}$(● 표시) 치수의 $\frac{1}{2}$ 분량씩을 각 절개선에서 벌려 준다.

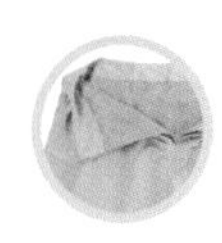

재단법

재 료

- 겉감 110cm 폭 110cm
- 안감 110cm 폭 60cm
- 접착 심지 110cm×40cm
- 지퍼 18cm 1개
- 스프링 훅과 아이 1set

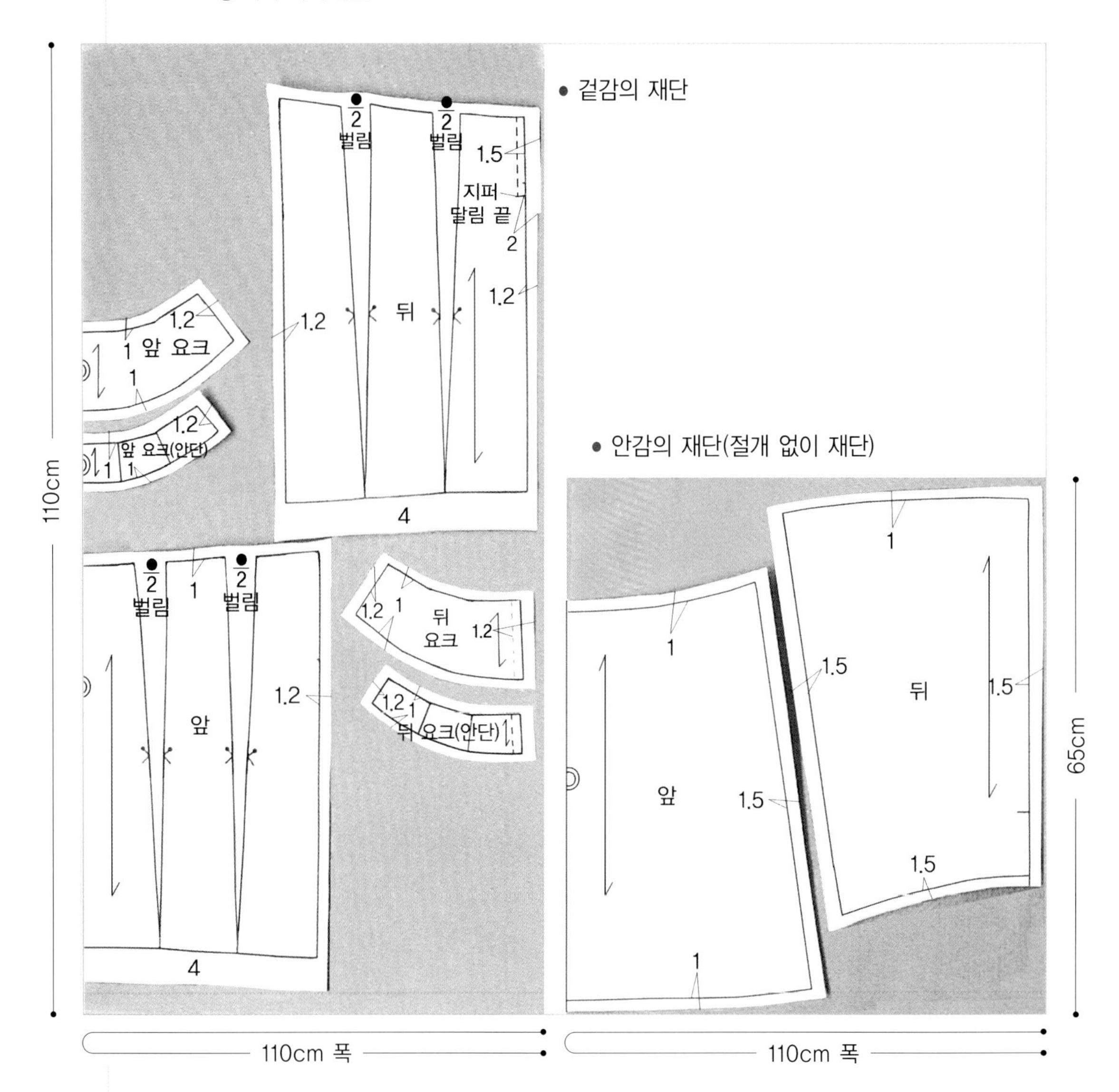

봉제법 ...

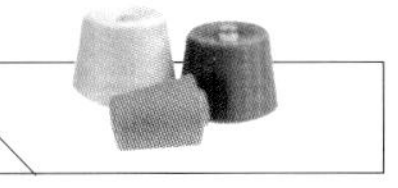

1. 겉 요크와 안단을 만들 준비를 한다.

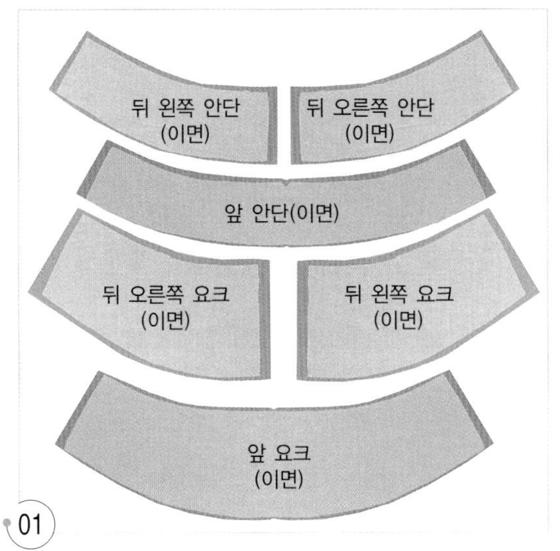

01
앞뒤 겉 요크와 안단에 접착 심지를 붙인다.

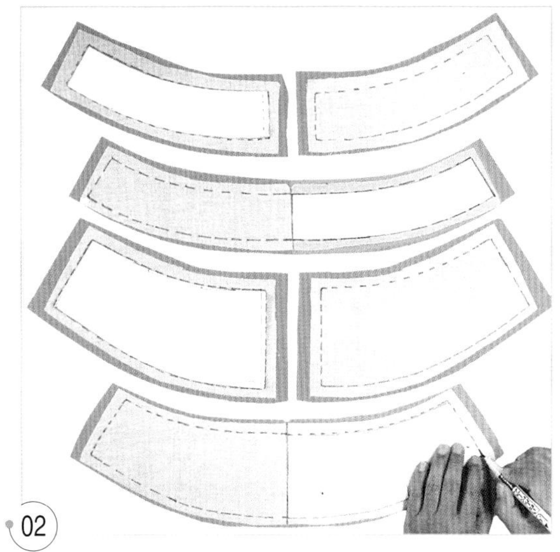

02
패턴을 얹어 완성선의 표시를 한다.

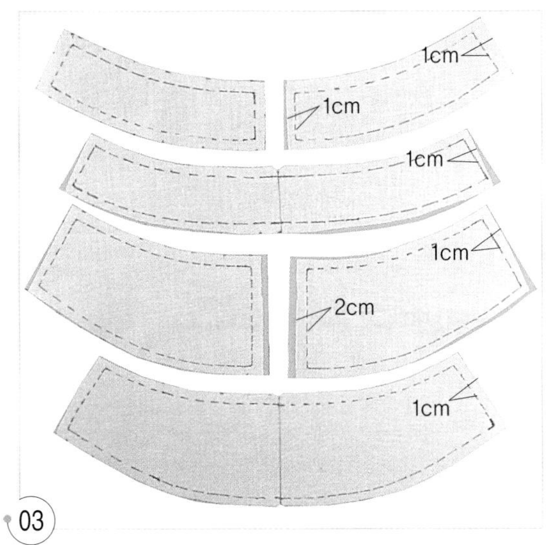

03
뒤 요크의 뒤 중심선 시접만 2cm로 남기고, 앞 요크, 앞뒤 안단의 시접을 1cm로 정리한다.

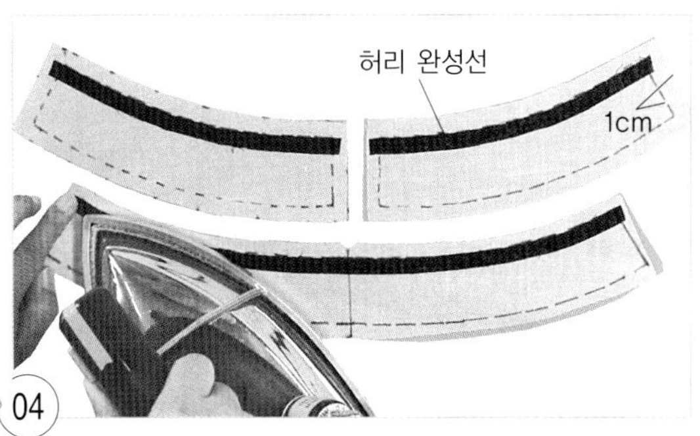

04
앞뒤 안단의 허리선 쪽에 1cm 폭의 늘림 방지용 세로 접착 테이프를 붙인다.

2. 겉 스커트 만들 준비를 한다.

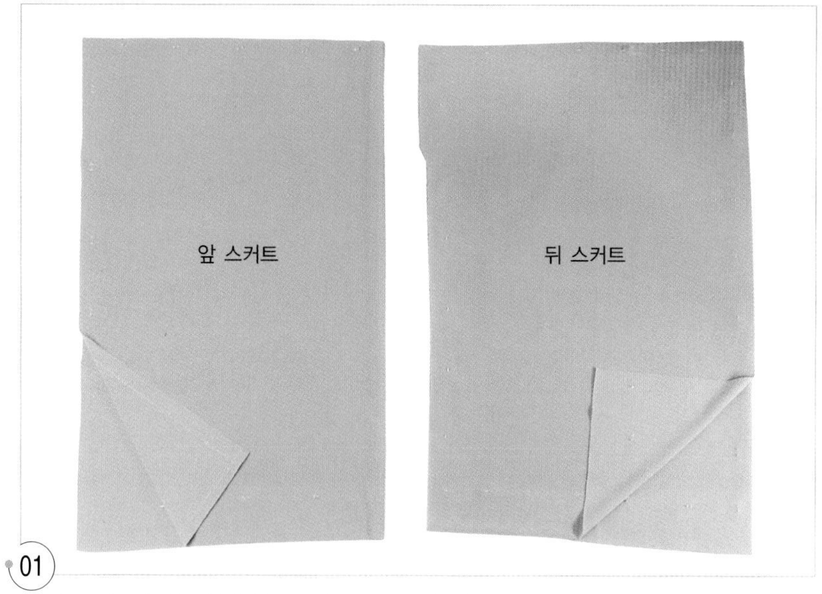

01

앞뒤 스커트의 완성선에 실표뜨기로 표시를 한다.

02

뒤 몸판의 지퍼 다는 곳에 접착 심지를 붙인다.

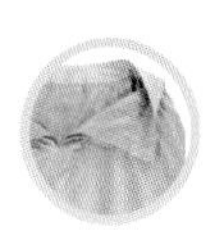

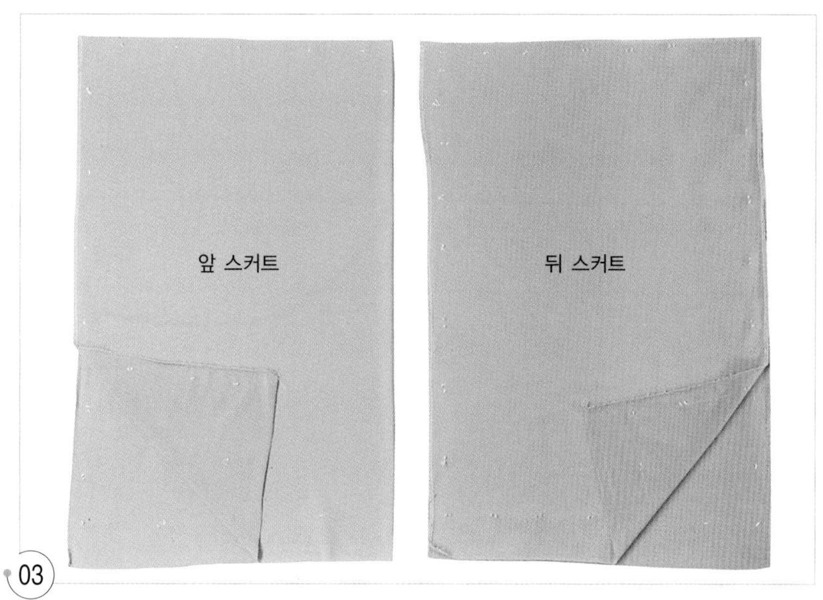

03

앞뒤 스커트의 옆선과 뒤 스커트의 뒤 중심선에 오버록 재봉을 한다.

3. 겉 요크와 안단의 옆선을 박는다.

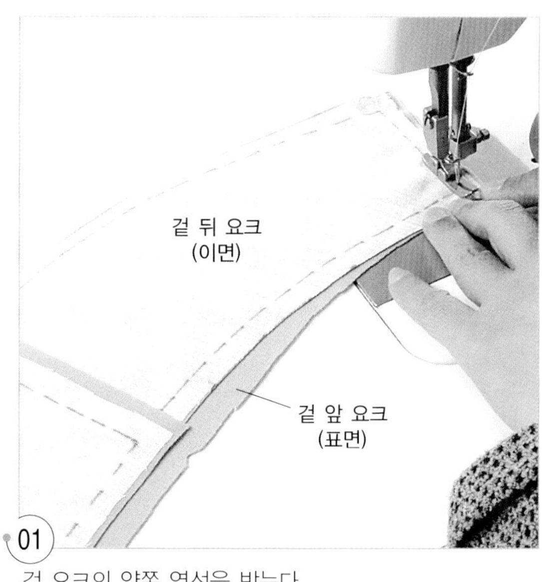

01

겉 요크의 양쪽 옆선을 박는다.

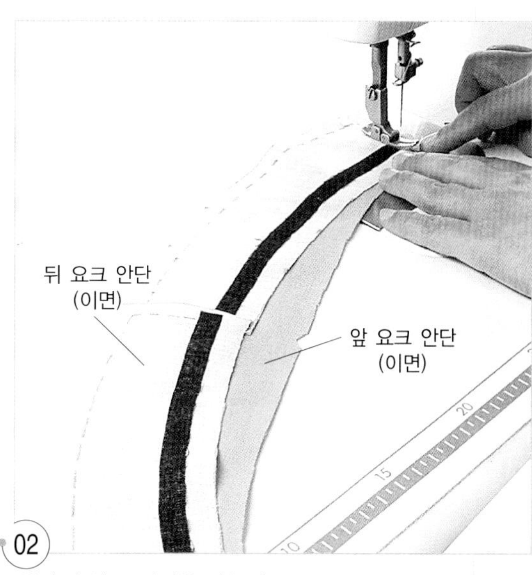

02

안단의 양쪽 옆선을 박는다.

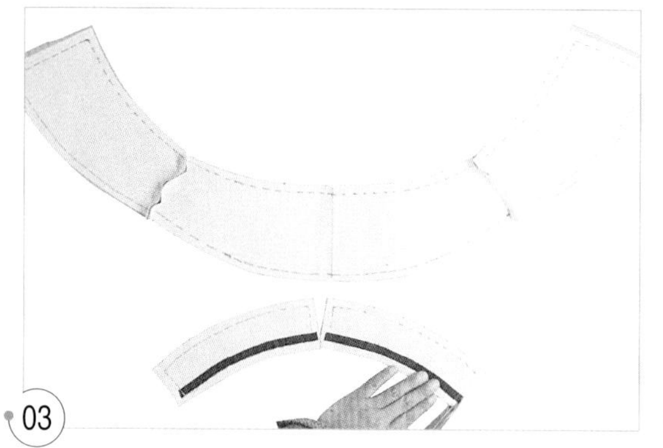

안단의 옆선 시접을 0.5cm 남기고 잘라낸다.

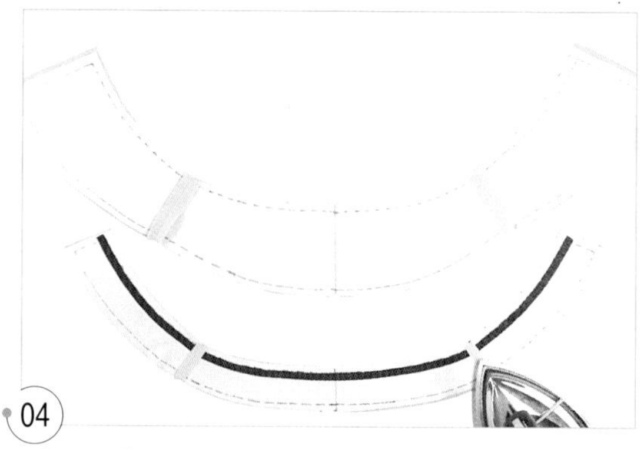

겉 요크와 안단의 옆선 시접을 가른다.

4. 개더를 잡는다.

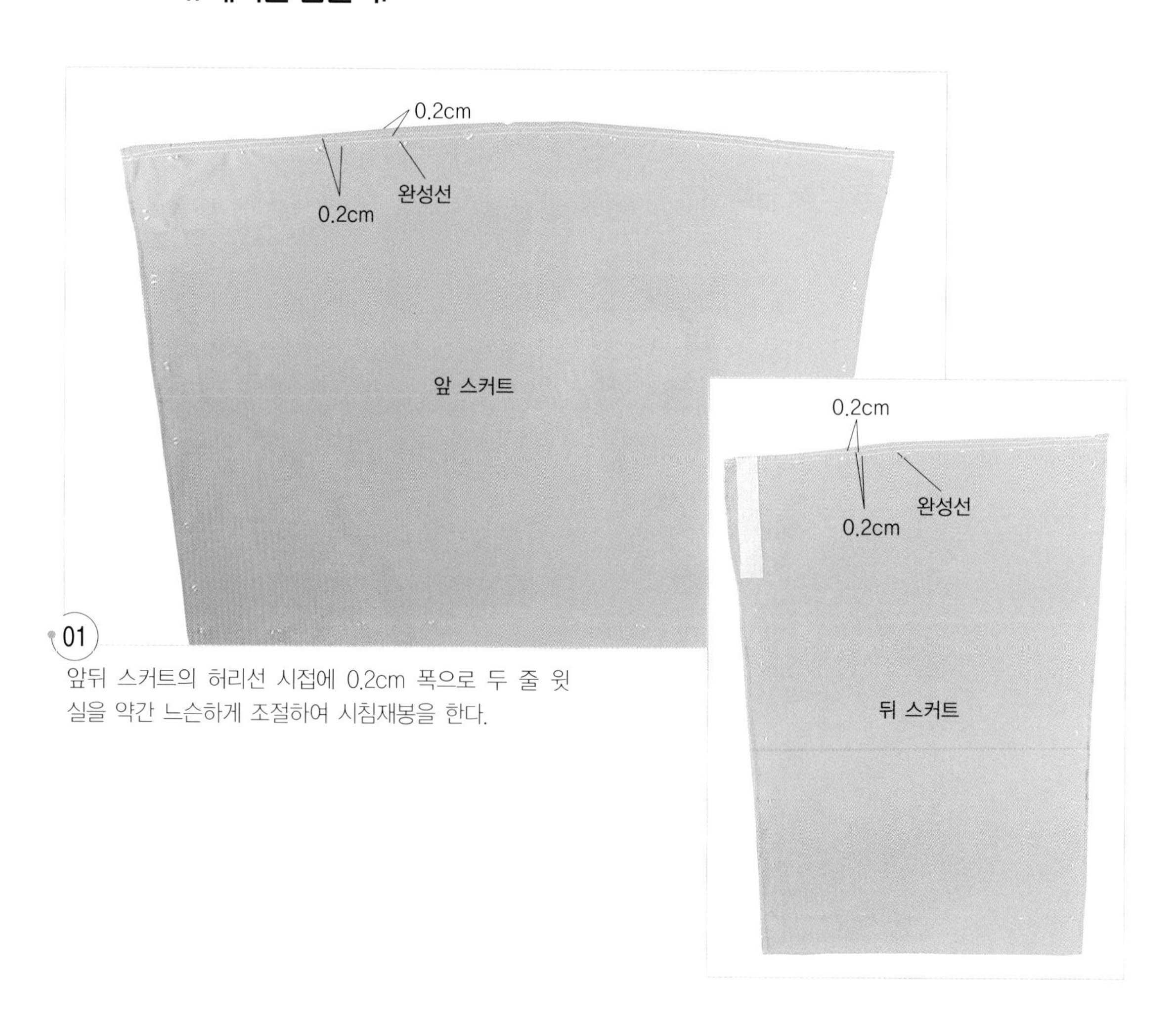

앞뒤 스커트의 허리선 시접에 0.2cm 폭으로 두 줄 윗실을 약간 느슨하게 조절하여 시침재봉을 한다.

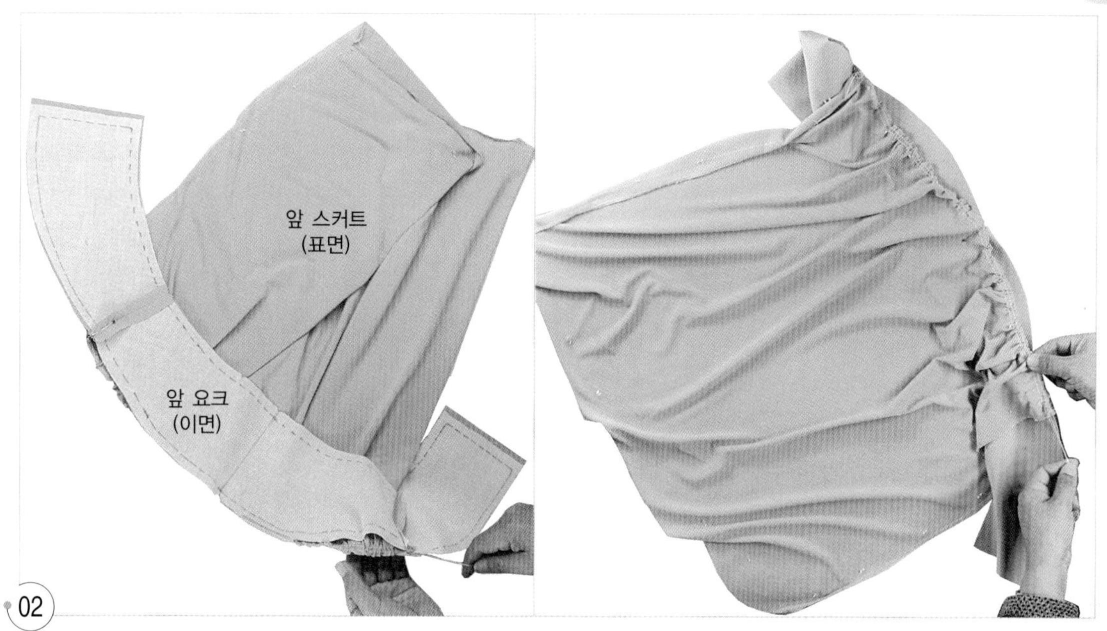

02

앞 요크를 앞 스커트의 앞 중심과 옆선을 맞추어 핀으로 고정시키고, 밑실 두 올을 당겨 겉 요크의 치수만큼 오그려 개더를 잡는다(뒤 스커트도 같은 방법으로 개더를 잡는다).

03

개더 위치까지 고르게 개더를 잡았으면 시접 쪽에만 다리미로 눌러 준다.

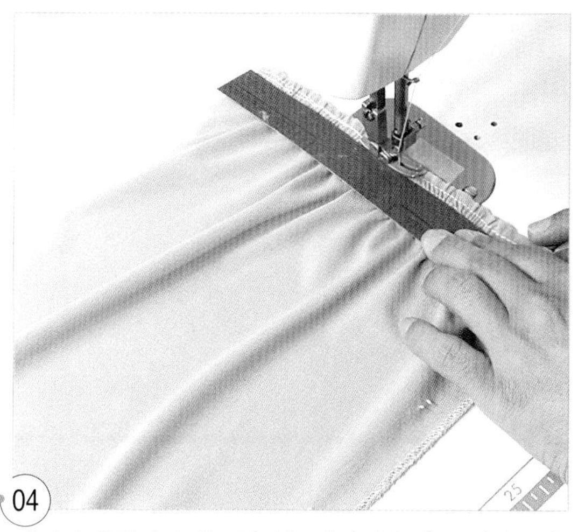

04

개더가 움직이지 않도록 샌드페이퍼를 대고 시접 쪽을 박아 개더를 고정시킨다.

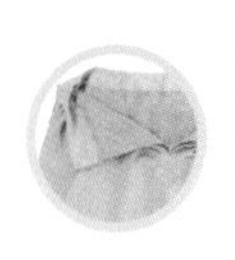

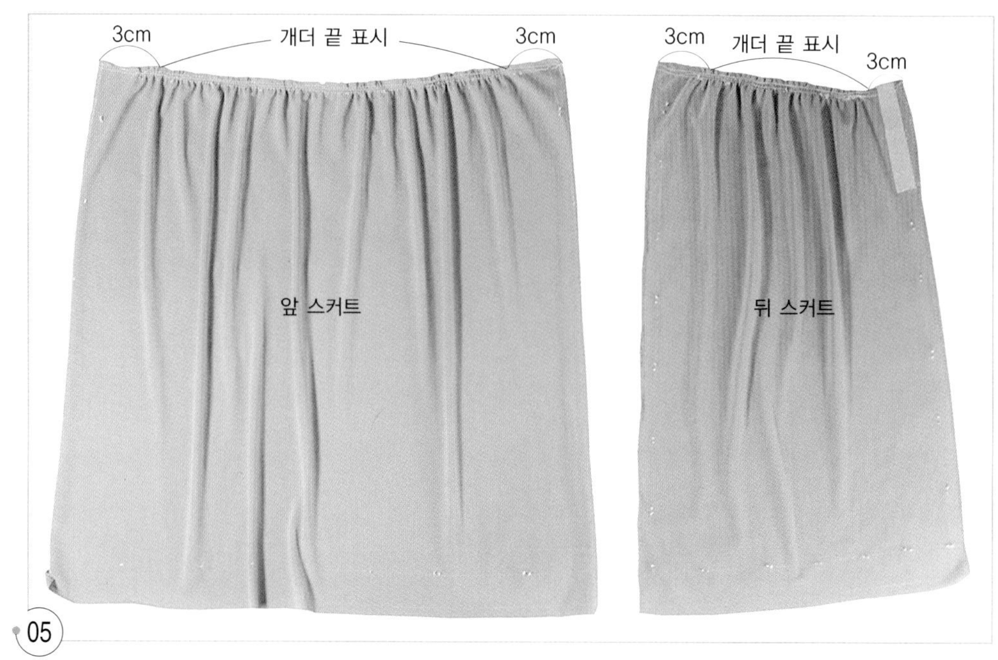

05
앞뒤 스커트의 개더 잡기 완성.

5. 겉 스커트의 옆선을 박는다.

01
앞판과 뒤판을 겉끼리 마주 대어 맞추고 옆선의 완성선을 박는다.

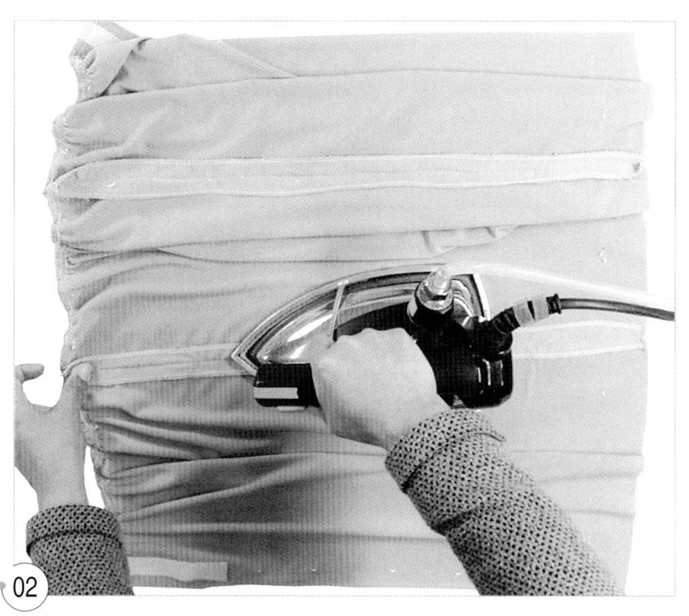

옆선의 시접을 가른다.

6. 겉 요크와 겉 스커트를 연결한다.

겉 요크와 겉 스커트를 겉끼리 마주 대어 앞 중심, 옆선, 뒤 중심의 표시를 맞추고 시침질로 고정시킨다.

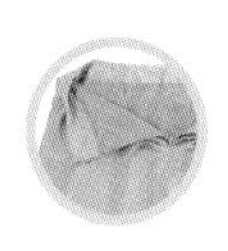

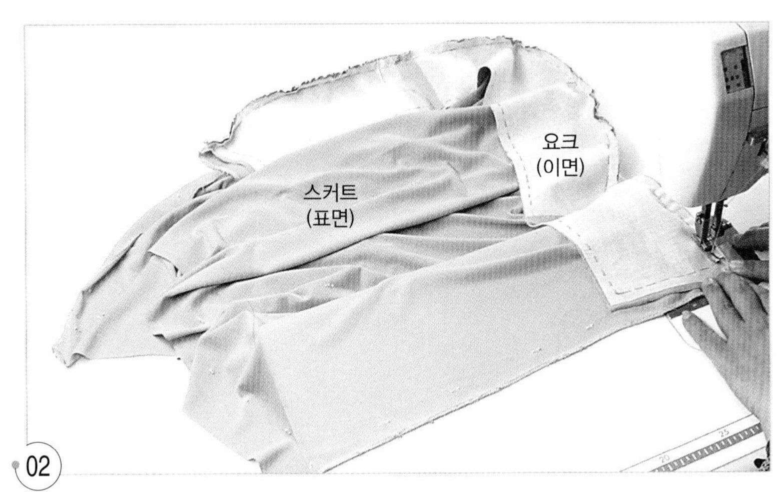

02

완성선을 박는다(개더가 똑바로 박히도록 신경 써야 한다).

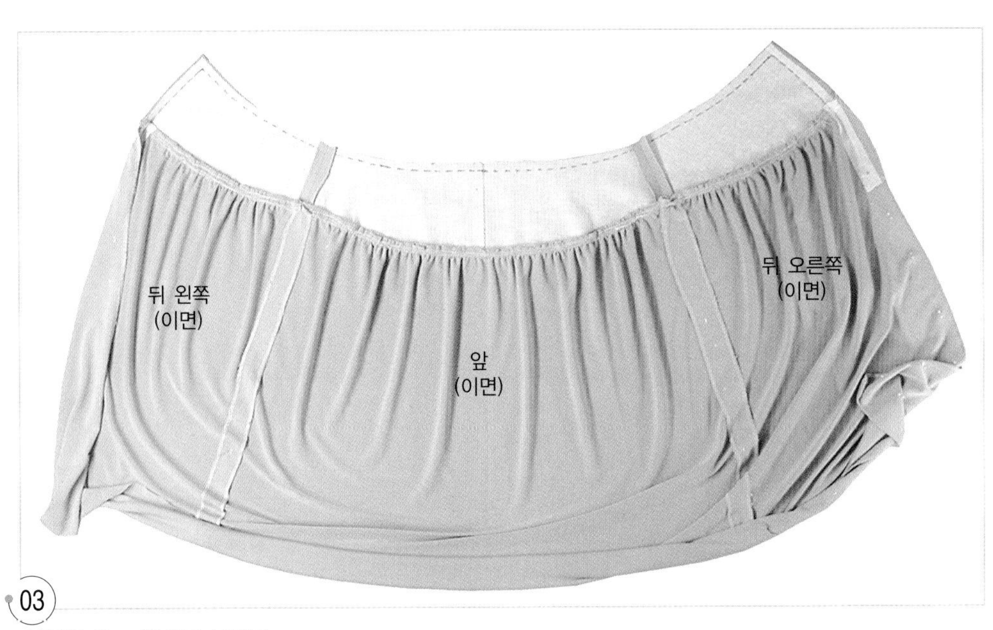

03

시접을 요크 쪽으로 넘긴다.

7. 뒤 중심선을 박는다.

01
허리선에서 지퍼 달림 끝까지는 시침재봉을 하고, 지퍼 달림 끝에서 밑단까지는 보통 박음질로 박는다.

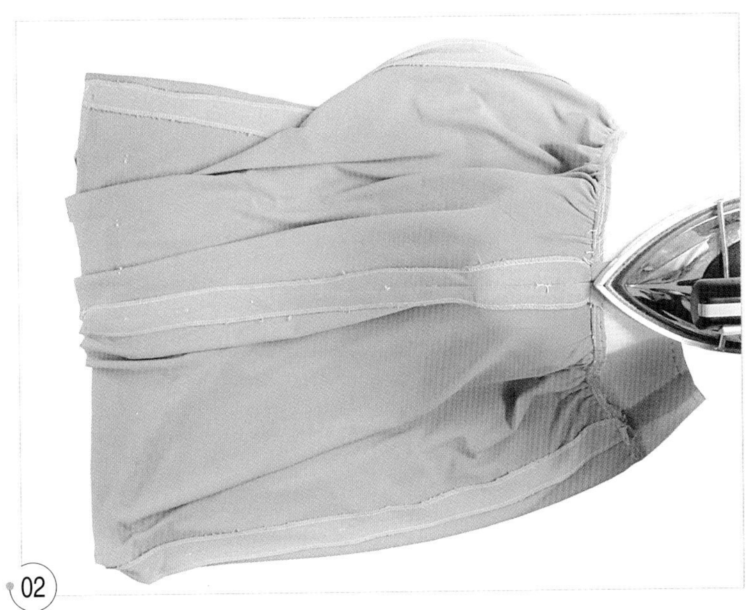

02
뒤 중심의 시접을 가른다.

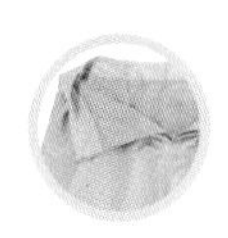

8. 콘실 지퍼를 단다.

지퍼를 열고 뒤 중심선에 지퍼를 맞추어 얹고 시접에만 시침질로 고정시킨다.

지퍼를 올리고 다른 한쪽에도 시접에만 시침질로 고정시킨다.

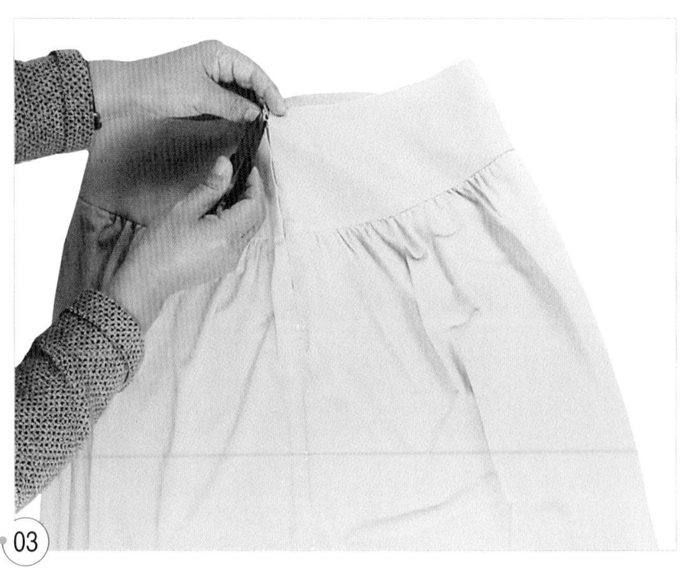

뒤 중심의 시침재봉한 실을 풀어낸다.

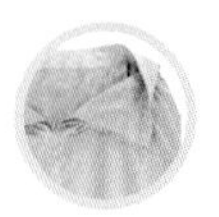

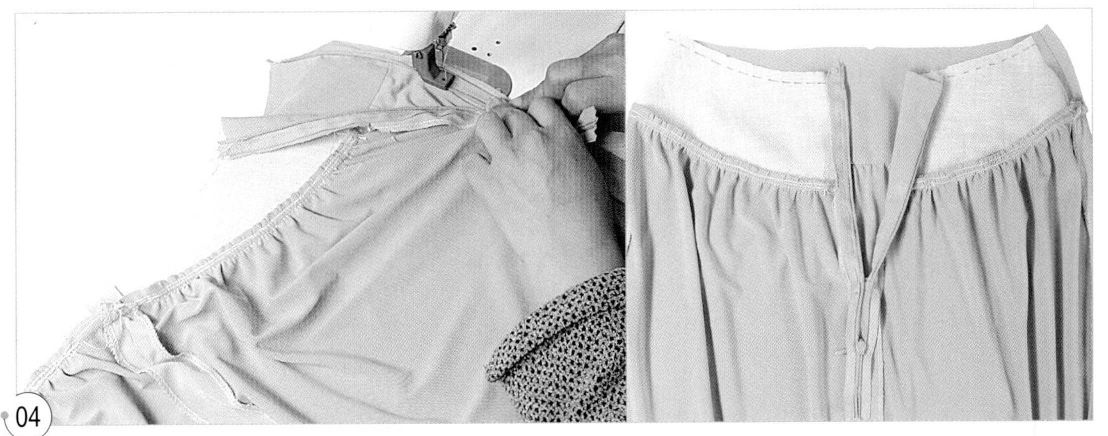

04

콘실 지퍼용 노루발을 끼우고 지퍼 달림 끝에서 0.5cm 내려온 곳까지 박는다.

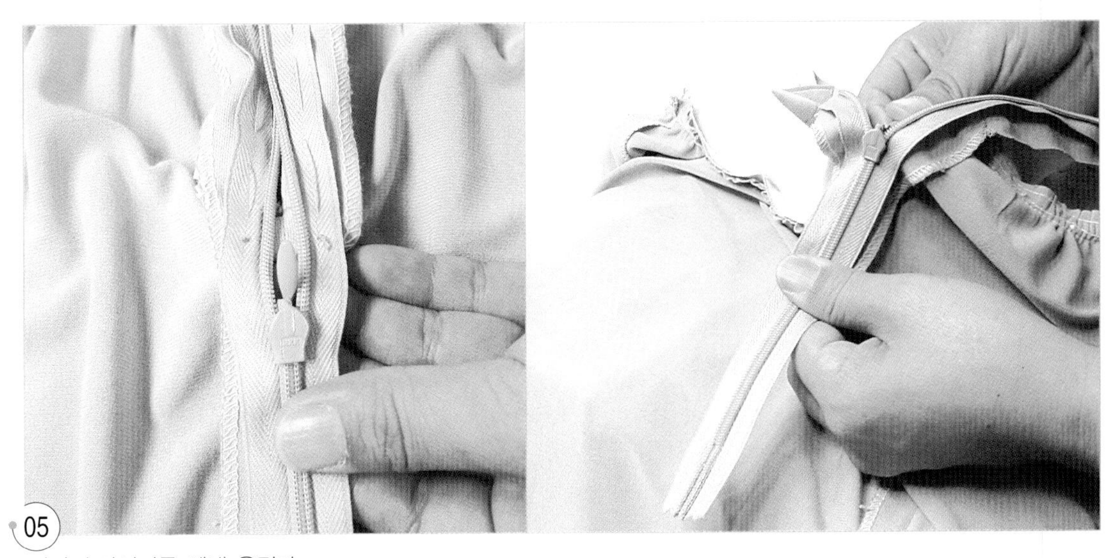

05

지퍼 슬라이더를 빼내 올린다.

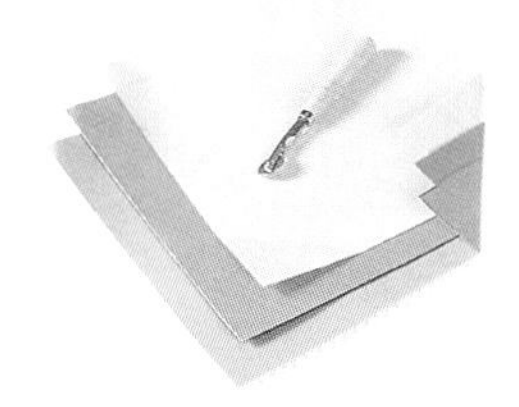

06
지퍼 달기 완성.

9. 안 스커트를 만든다.

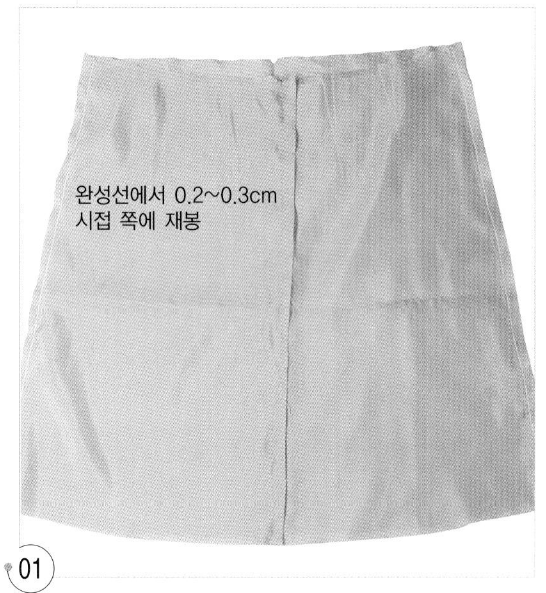

01
안 스커트의 양쪽 옆선을 완성선에서 0.2~0.3cm 시접 쪽을 박는다.

02
옆선의 시접에 두 장 함께 오버록 재봉을 한다.

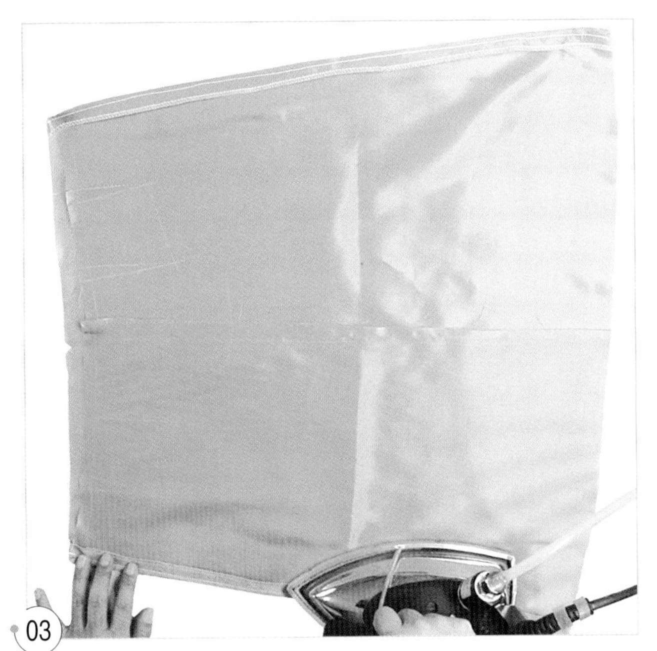

03

시접을 완성선에서 뒤 스커트 쪽으로 접어 넘긴다.

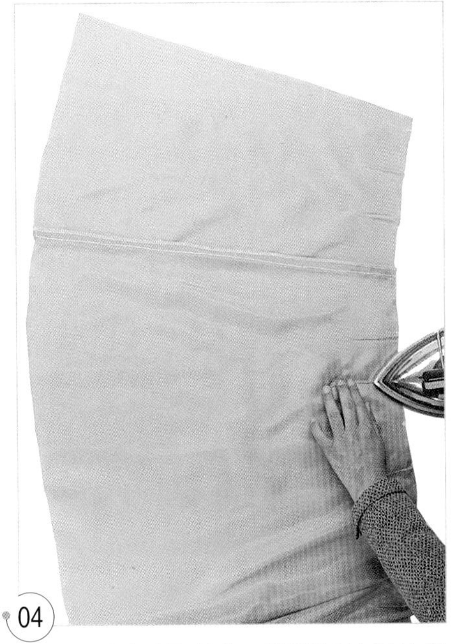

04

다트를 박지 않은 상태로 완성선에서 옆선 쪽으로 접어 넘긴다.

05

안단과 겉끼리 마주 대어 앞 중심, 옆선, 뒤 중심의 표시를 맞추어 핀으로 고정시킨다.

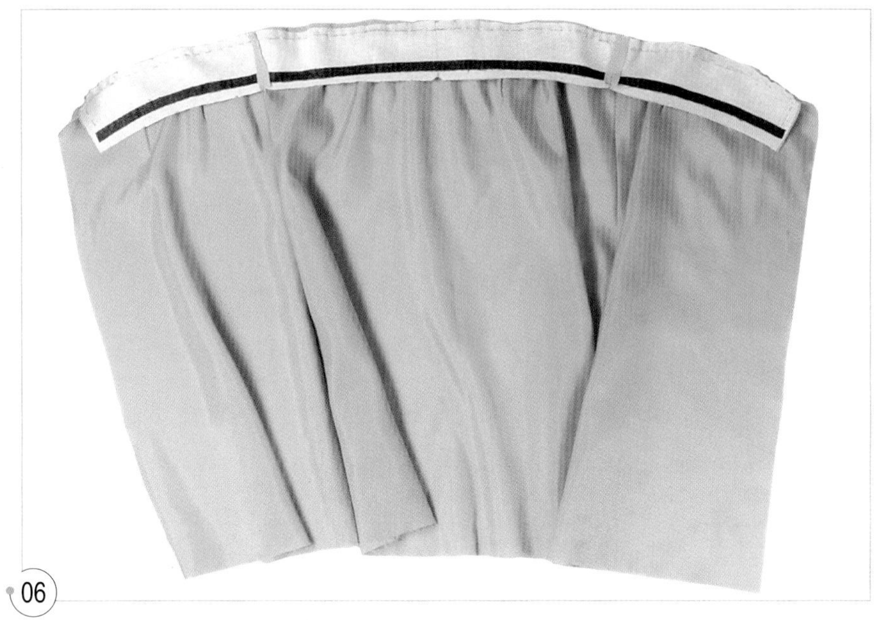

06
시접 쪽에 시침질로 고정시킨다.

07
완성선을 박는다.

08
뒤 중심의 지퍼 달림 끝에서 1.5cm 내린 위치에서 밑단 끝까지 박는다.

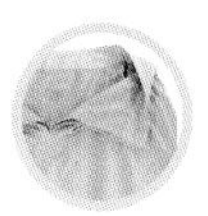

뒤 중심의 시접을 가른다.

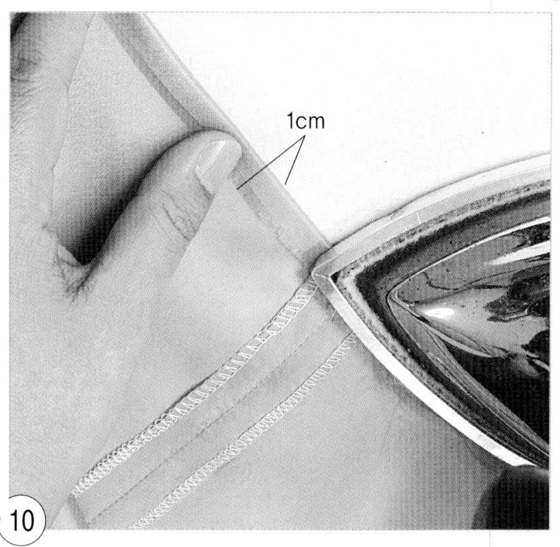

밑단의 시접 1cm를 접는다.

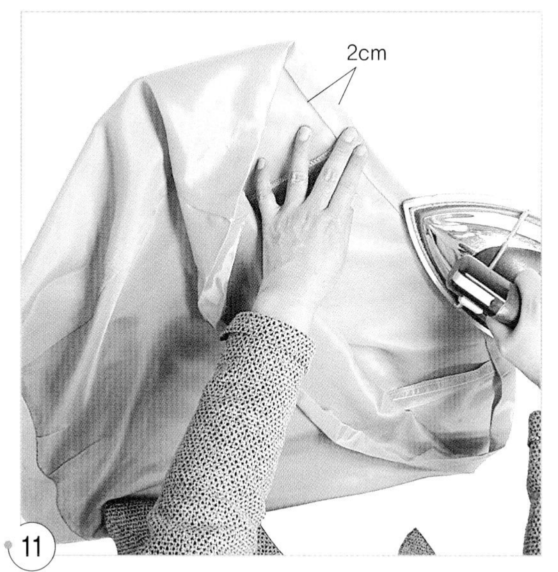

밑단의 시접을 완성선에서 2cm 다시 한 번 접는다.

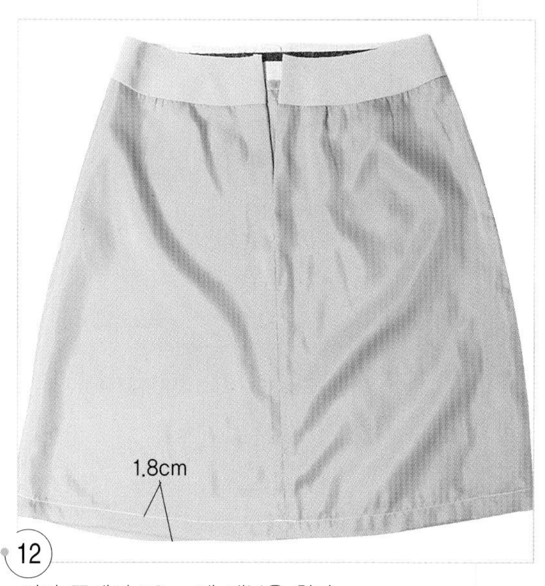

밑단 끝에서 1.8cm에 재봉을 한다.

10. 겉 스커트의 단 처리를 한다.

시접 1cm를 접어 올려 단 끝쪽 0.1cm를 박는다(끝 박음).

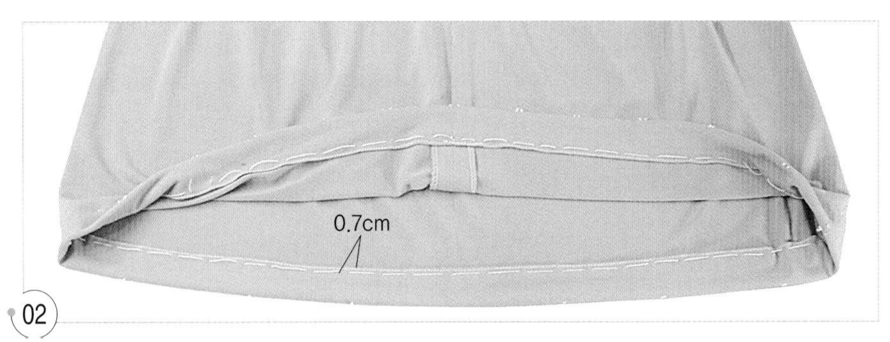

완성선에서 접어 올려 0.7cm에 시침질로 고정시킨다.

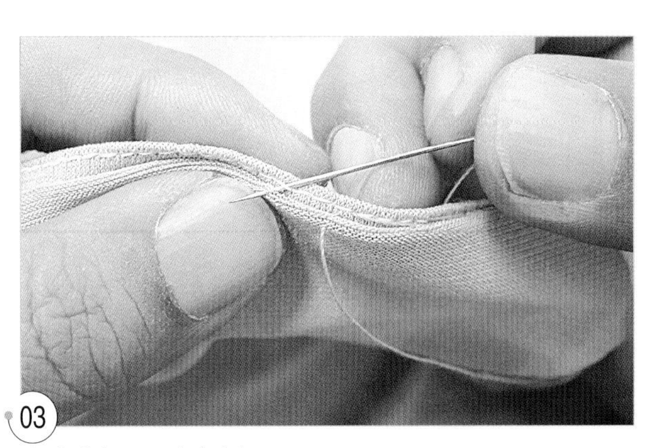

속감치기로 고정시킨다.

11. 허리선을 박는다.

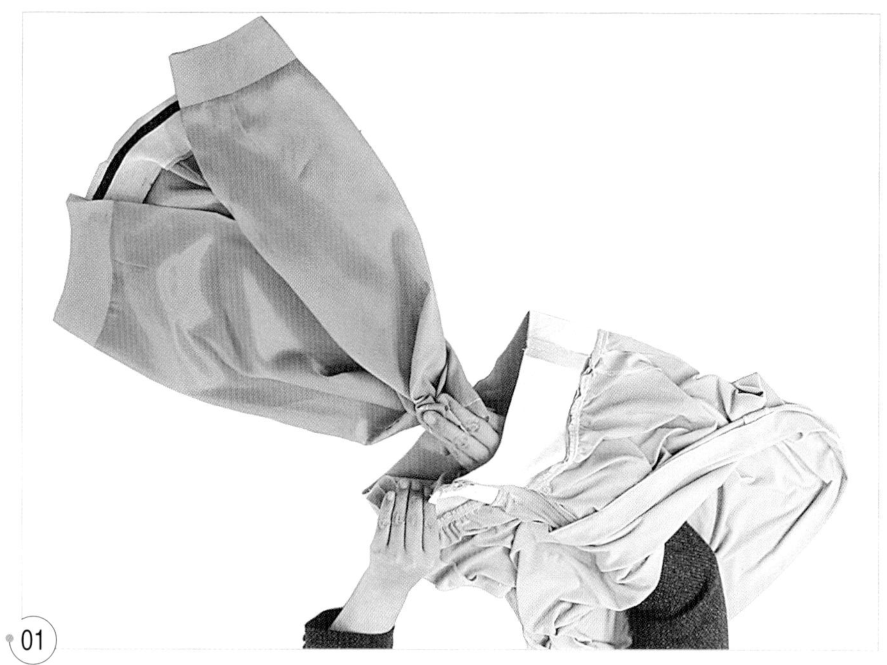

01
안 스커트를 겉으로 뒤집어 뒤집지 않은 겉 스커트 속으로 빼낸다.

02
앞 중심, 옆선, 뒤 중심의 표시를 맞추어 핀으로 고정시킨다.

03
시접 쪽에 촘촘한 시침질로 고정시킨다.

04

허리선의 완성선을 박는다.

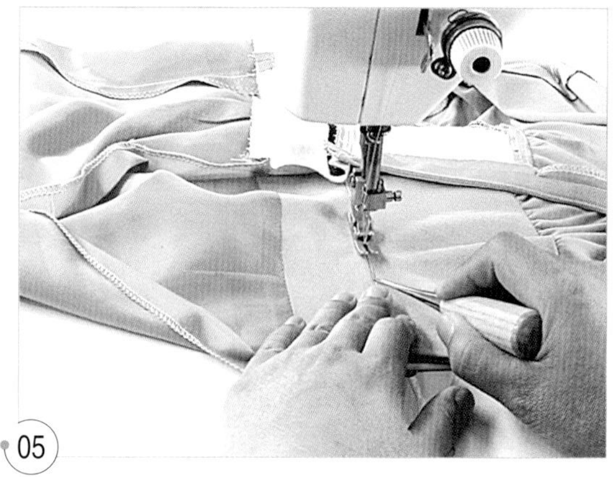

05

시접을 안단 쪽으로 넘기고 겉쪽에서 안단의 0.2cm에 상침재봉을 한다.

12. 안단을 정리한다.

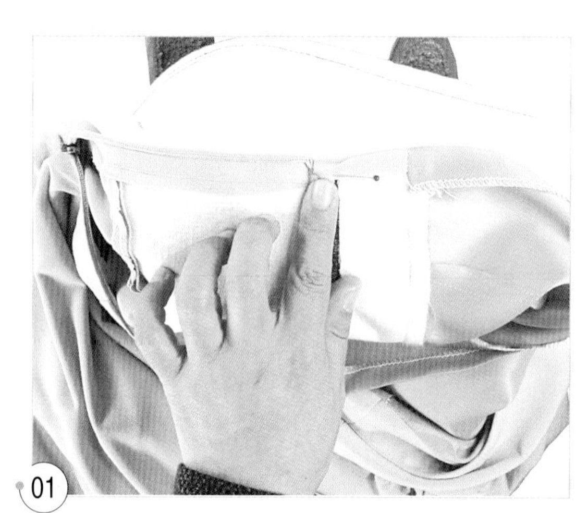

01

지퍼 끝을 안단의 시접 쪽으로 접어 넣는다.

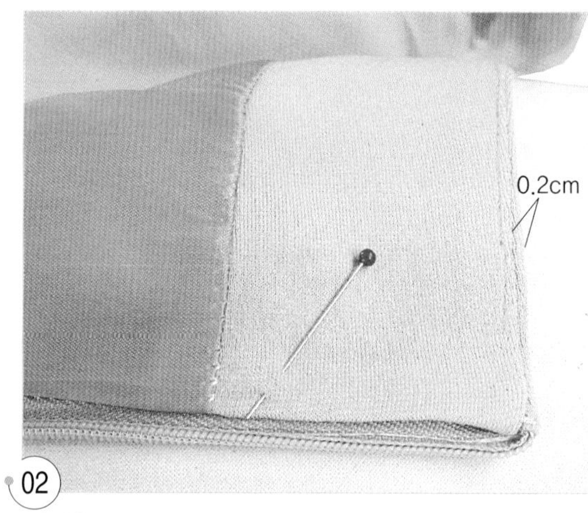

02

안단을 접어 내리고 핀으로 고정시킨다(안단에 상침재봉을 하였기 때문에 저절로 천의 두께분만큼 차이나게 된다).

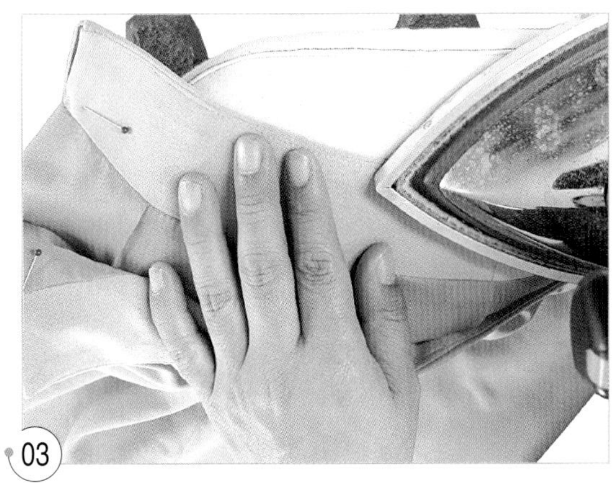

03

허리선을 다리미로 정리한다.

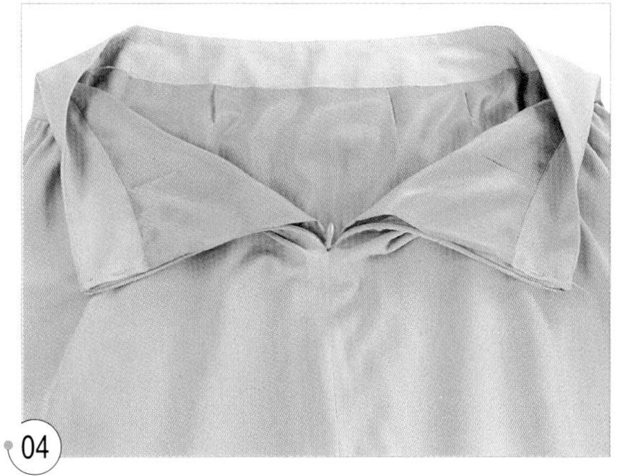

04

안단의 완성선에 겉까지 통하게 시침질로 고정시킨다.

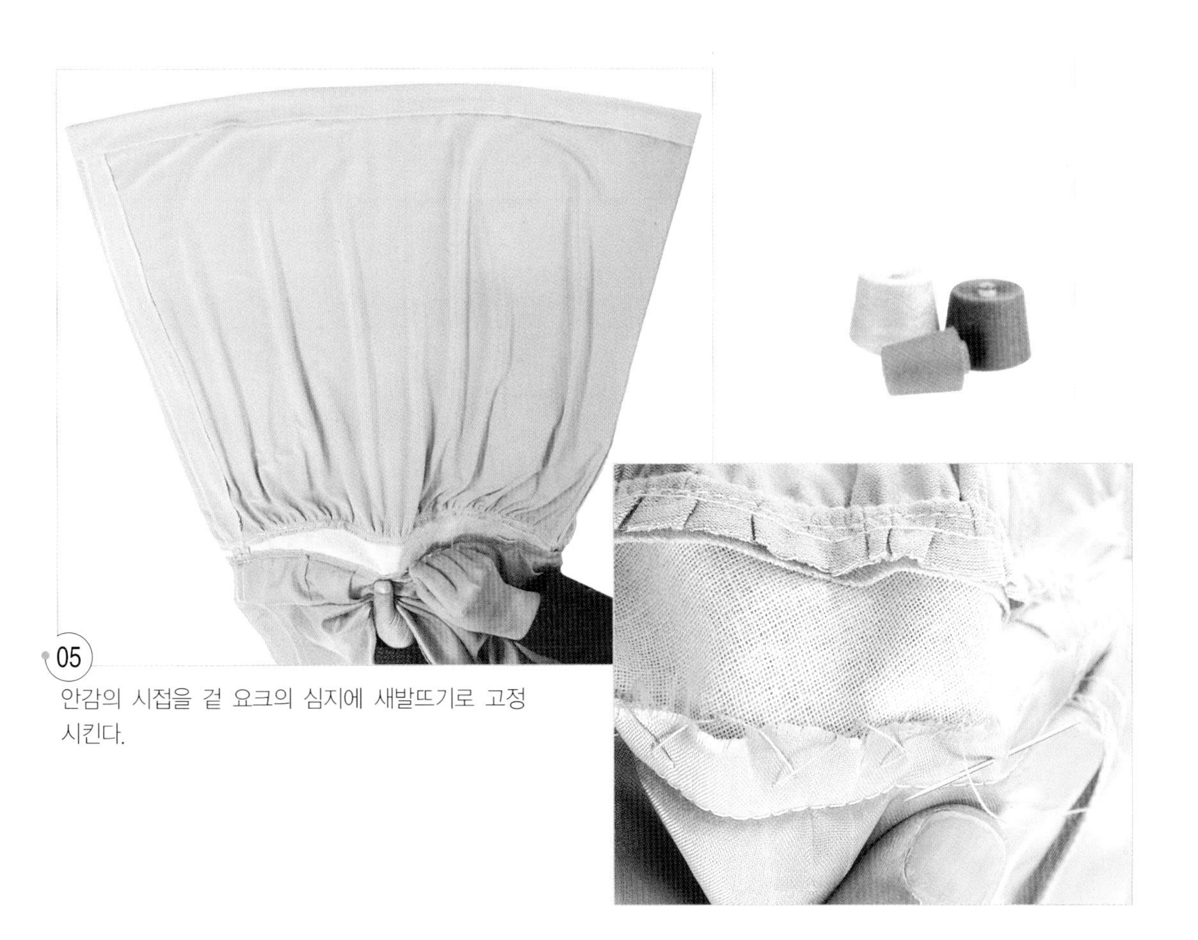

05

안감의 시접을 겉 요크의 심지에 새발뜨기로 고정시킨다.

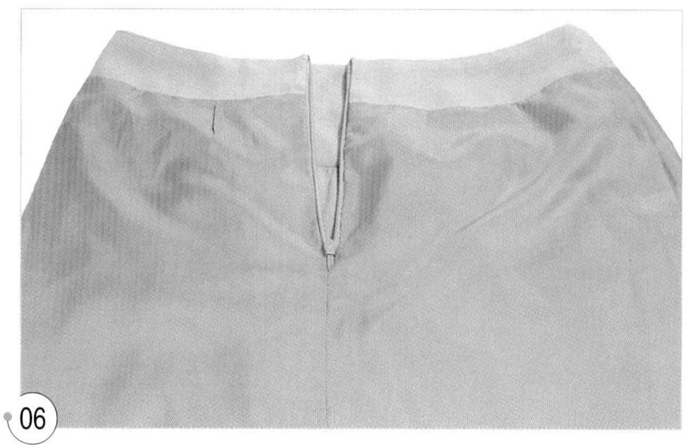

06
지퍼 주위의 안감을 감침질로 고정시킨다.

13. 마무리 다림질을 하여 완성한다.

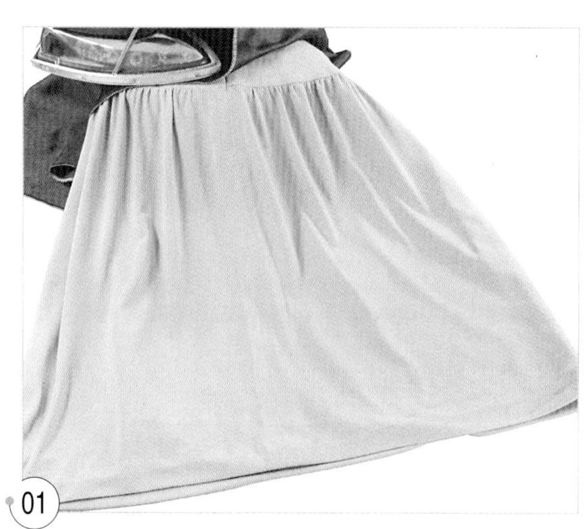

01
다림질 천을 얹고 개더가 눌리지 않도록 겉 요크에 스팀 다림질을 한다.

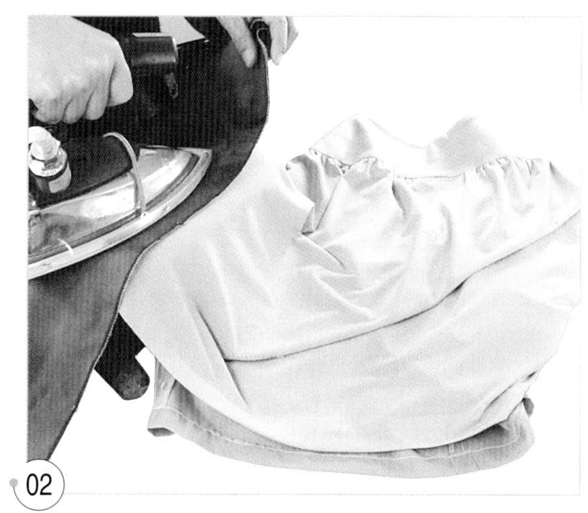

02
안 스커트에는 개더를 넣지 않았으므로 겉감과의 폭에 차이가 있다. 겉감만을 프레스 볼에 끼워 다림질 천을 얹고 개더 끝 부분을 피해 스팀 다림질한다.

랩 스커트 Wrap Skirt...

S.K.I.R.T 10

스타일 세미타이트 스커트의 변형된 형태이다. 착용을 할 때 앞 스커트 한 장을 겹쳐 감싸 입는 스타일로, 앞 왼쪽 다트 위치에서 밑단까지 트여 있으므로 보행 폭이 넓어 편하고 착용하기도 편한 스커트이다.

소 재 울이나 면, 화섬 등 어떤 소재를 선택해도 좋으나 랩으로 겹쳐지기 때문에 중간 두께나 얇은 것을 선택하는 것이 좋다.

포인트 오른쪽에서 왼쪽으로 겹쳐지는 랩의 끝을 안단으로 처리하는 것이 중요하다.

제도법

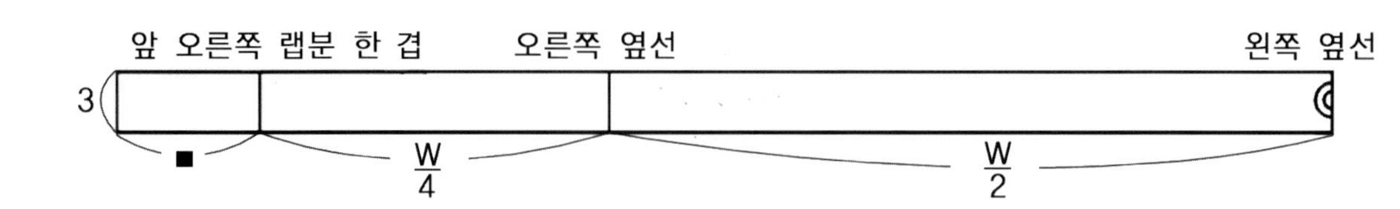

앞 오른쪽 랩분 한 겹
오른쪽 옆선
왼쪽 옆선
3
W/4
W/2

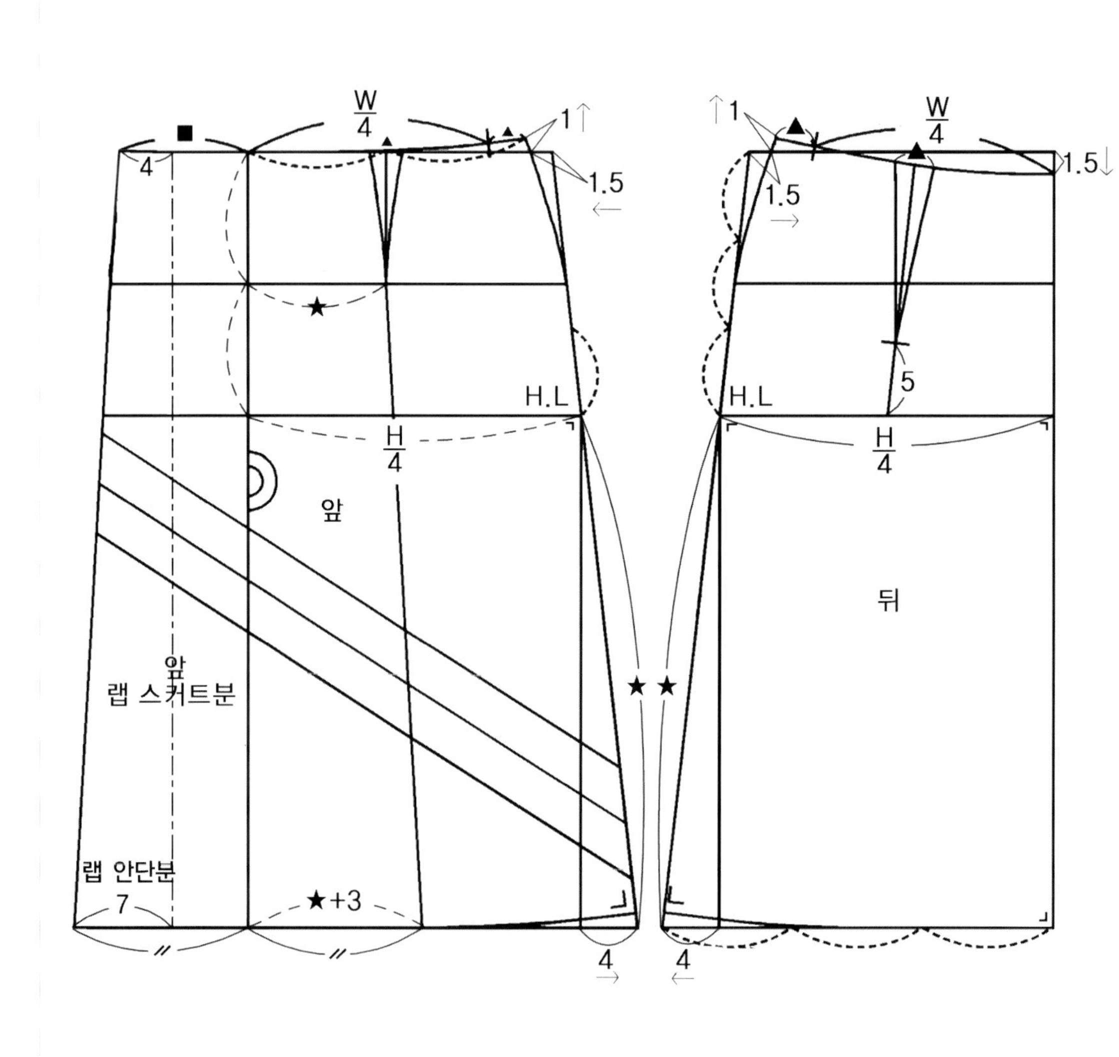

W/4
1↑
1.5
4
H.L
H/4
앞
앞 랩 스커트분
랩 안단분
7
★+3
★★
4
↑1
1.5
W/4
1.5↓
5
H.L
H/4
뒤
4

재단법

재 료

- 겉감 152cm 폭 120cm
- 안감 110cm 폭 110cm
- 접착 심지 110cm 폭 70cm
- 허리 벨트 심지 허리 둘레 치수+랩 허리 둘레 치수
- 훅과 아이 1set
- 스냅 단추(大) 1set

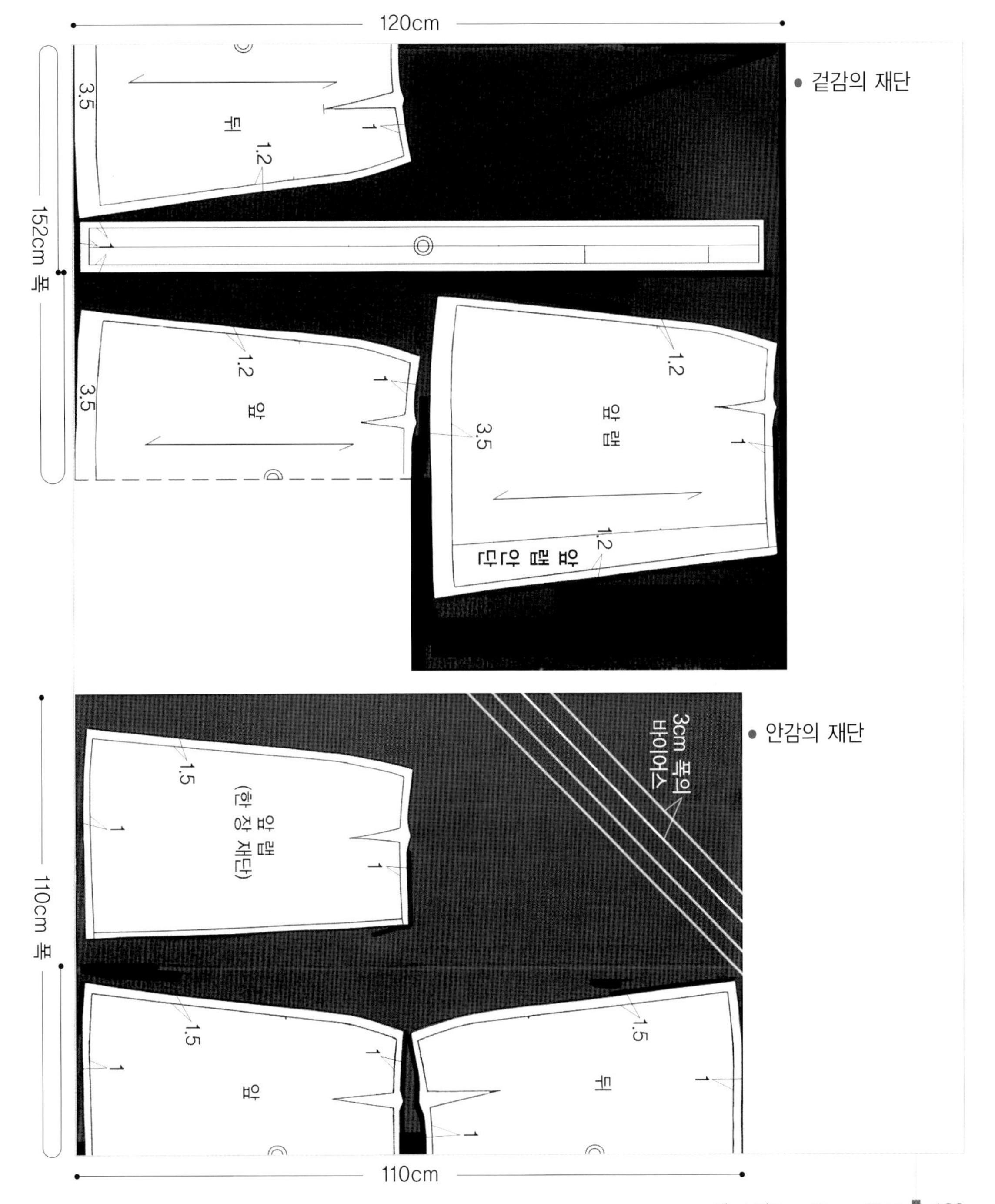

봉제법

1. 접착 심지와 허리 벨트 심지를 붙인다.

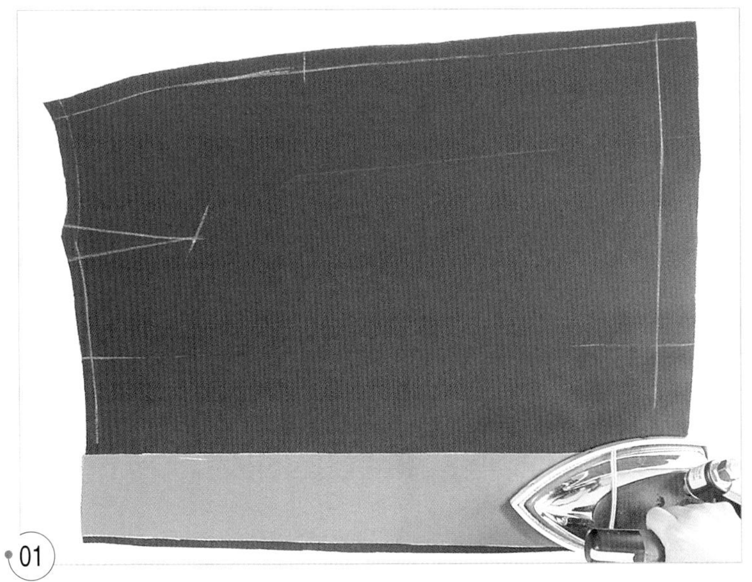

01
앞 랩 스커트 안단의 이면에 접착 심지를 붙인다.

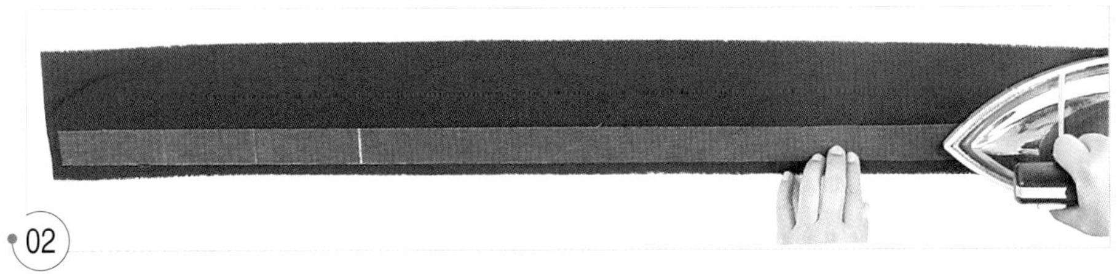

02
허리 벨트 천의 겉 허리 벨트 쪽 이면에 허리 벨트 심지를 붙인다.

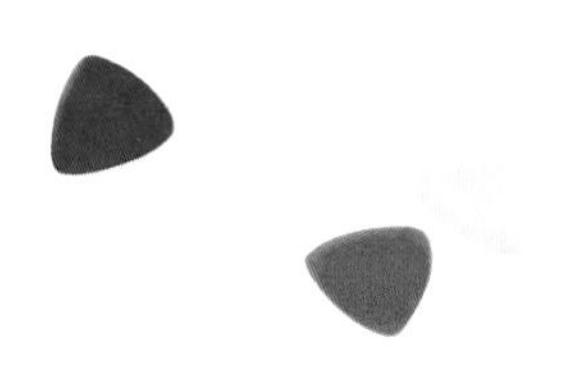

2. 허리 벨트를 단다.

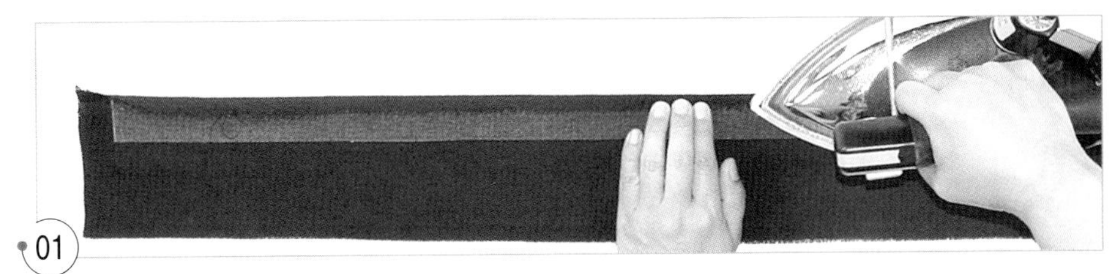

01
겉 허리 벨트의 시접을 심지 끝에서 접는다.

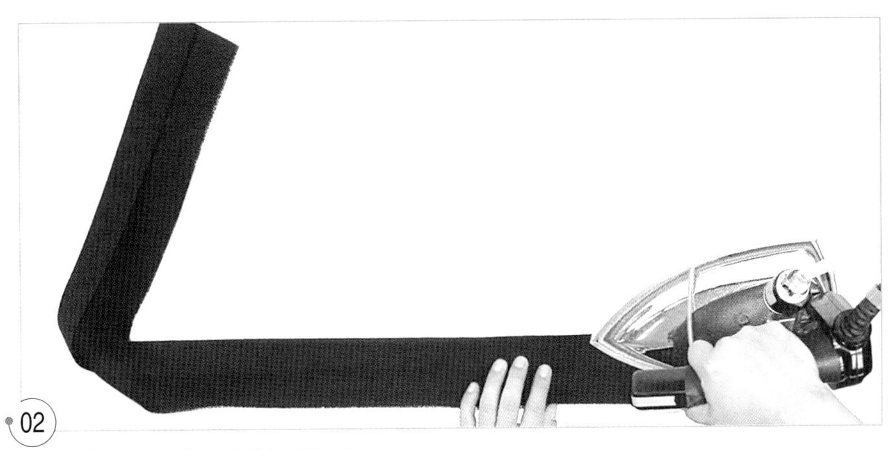

02
안 허리 벨트를 심지 끝에서 접는다.

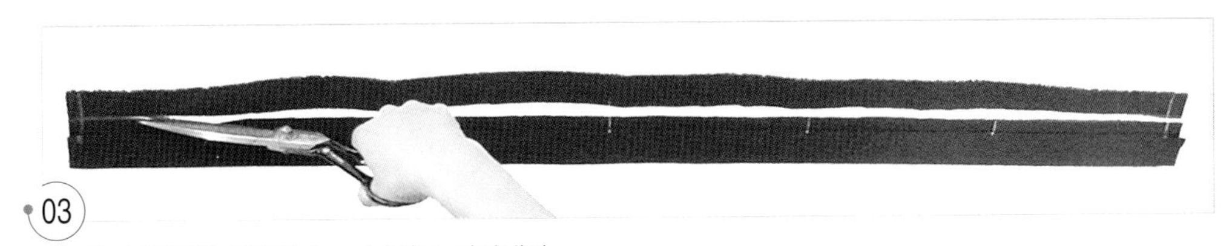

03
안 허리 벨트의 시접을 1cm 남기고 잘라낸다.

3. 오버록 재봉을 한다.

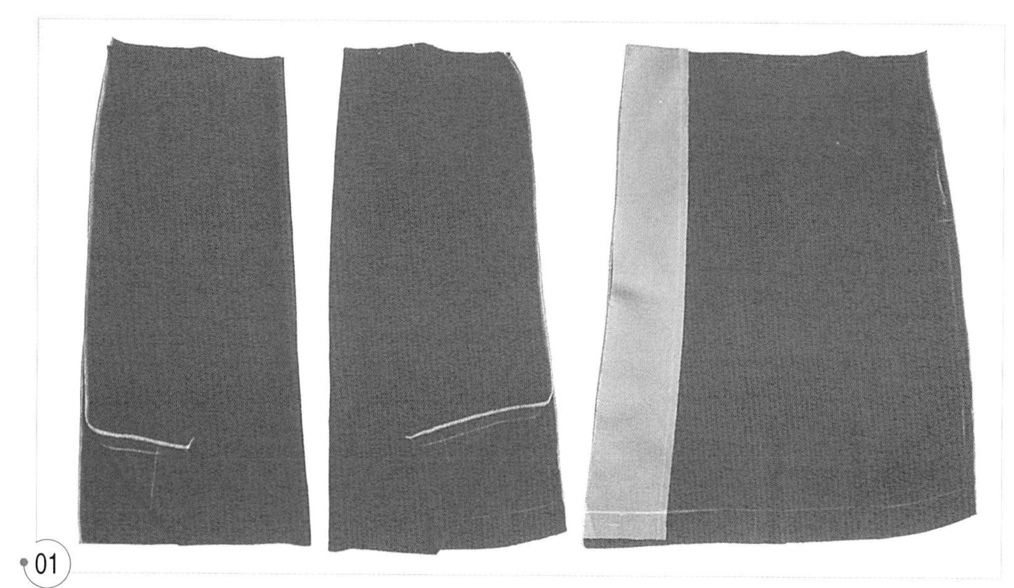

01
앞뒤 스커트와 랩 스커트의 옆선에 오버록 재봉을 한다.

4. 다트를 박는다.

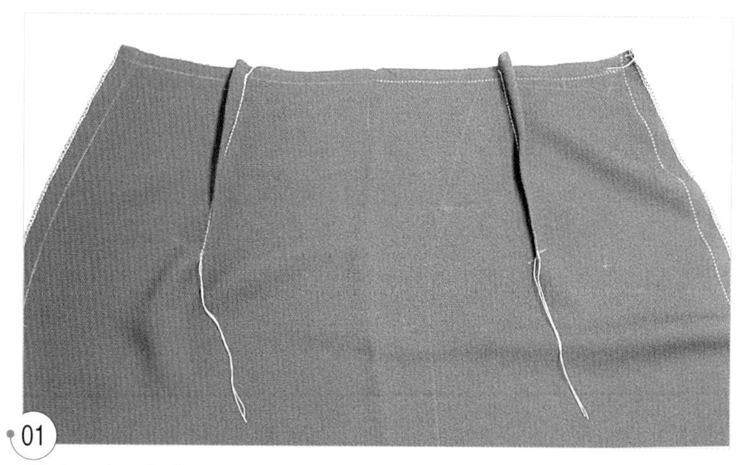

01
앞뒤 스커트와 랩 스커트의 다트를 박는다.

02
다트 끝의 실 두 올을 함께 다트 끝에서 묶고 실을 1cm 정도 남기고 잘라낸다.

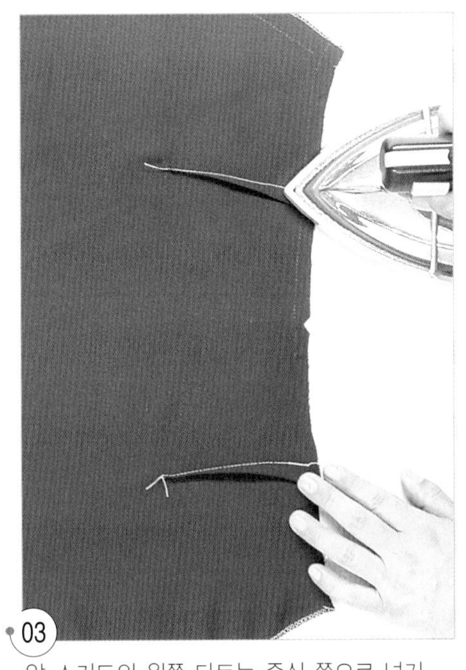

03
앞 스커트의 왼쪽 다트는 중심 쪽으로 넘기고 오른쪽 다트는 옆선 쪽으로 넘긴다.

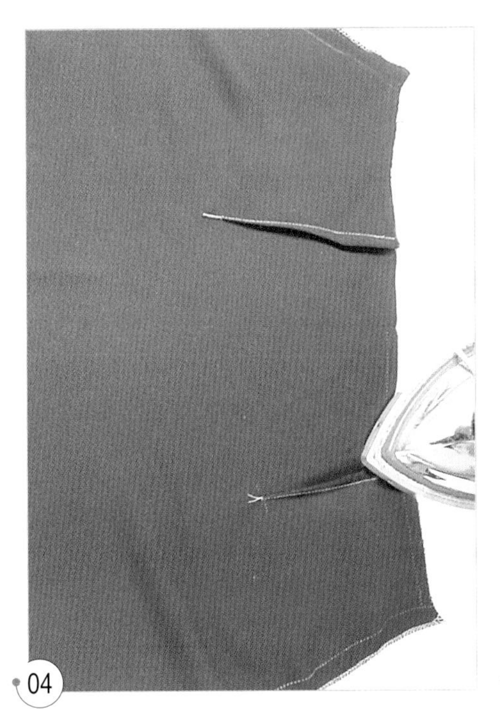

04
뒤 스커트의 다트를 중심 쪽으로 넘긴다.

05
랩 스커트의 다트를 중심 쪽으로 넘긴다.

5. 옆선을 박는다.

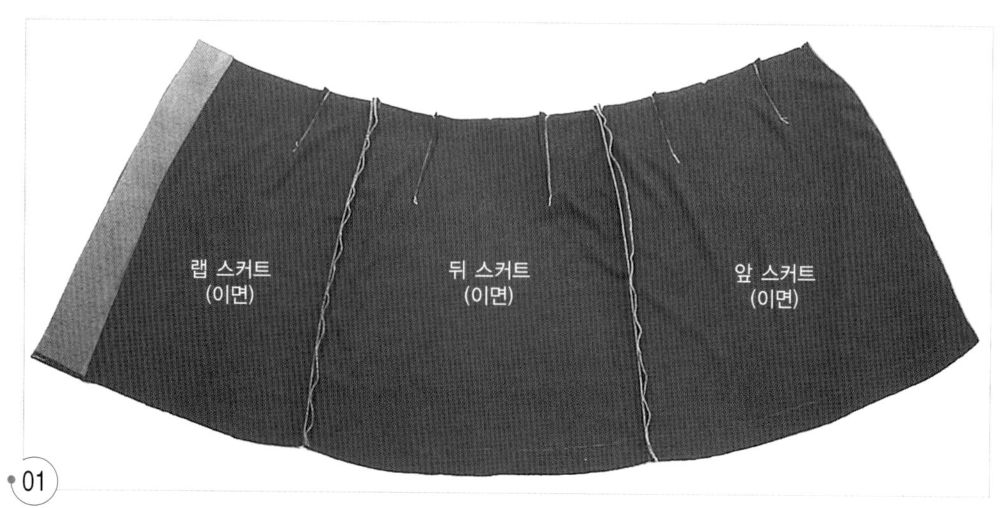

01
뒤 스커트의 오른쪽 옆선과 랩 스커트의 오른쪽 옆선, 뒤 스커트의 왼쪽 옆선과 앞 스커트의 왼쪽 옆선을 겉끼리 마주 대어 맞추고 박는다.

02
시접을 가른다.

6. 안단을 정리한다.

01
랩 스커트의 안단을 정리한다.

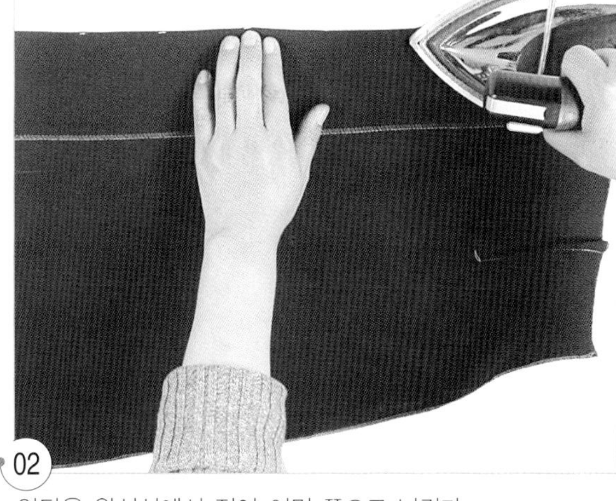

02
안단을 완성선에서 접어 이면 쪽으로 넘긴다.

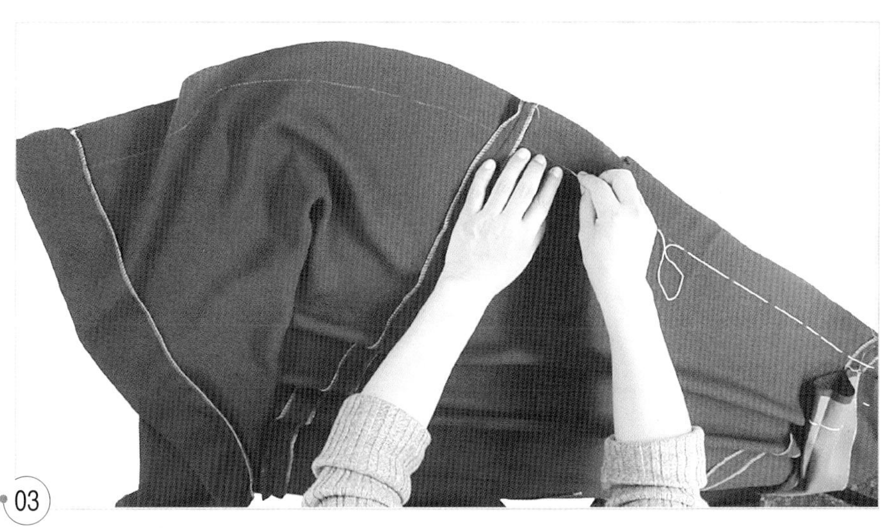

03
밑단의 완성선을 시침질로 표시한다.

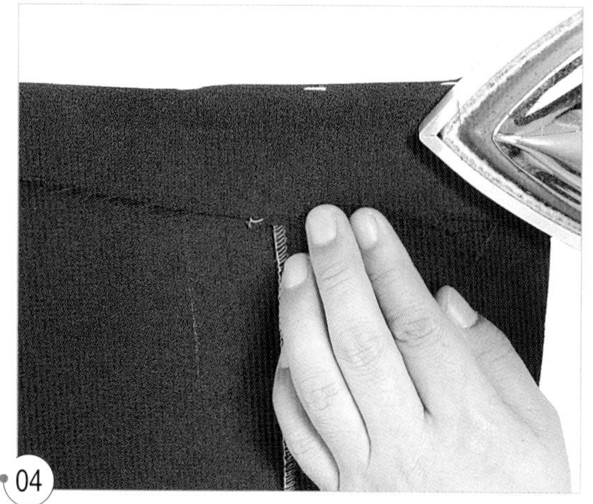

04

밑단의 완성선을 접는다.

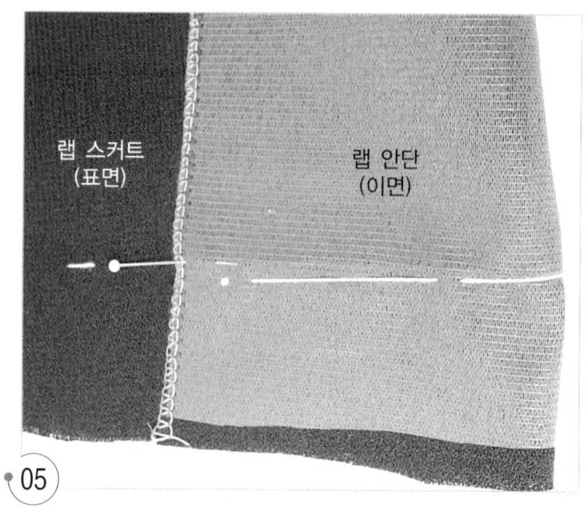

05

랩 스커트의 안단을 겉끼리 마주 대어 다리미로 접은 선을 맞추어 핀으로 고정시킨다.

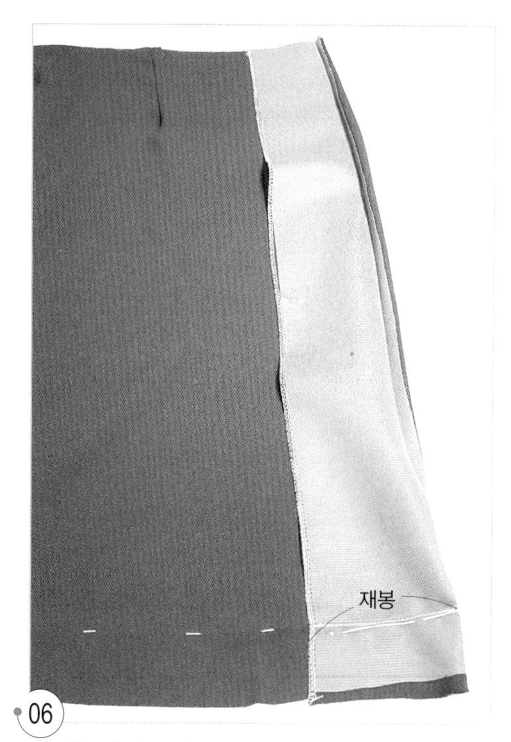

06

안단을 박아 고정시킨다.

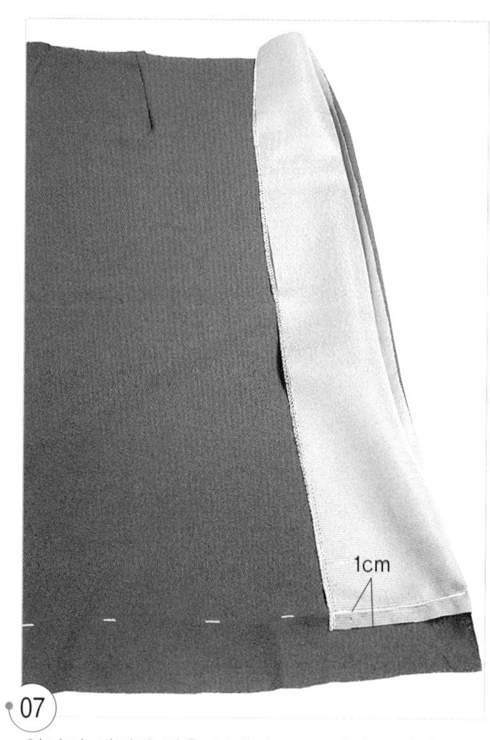

07

안단의 시접만 박은 선에서 1cm 남기고 잘라낸다.

7. 안 스커트를 만든다.

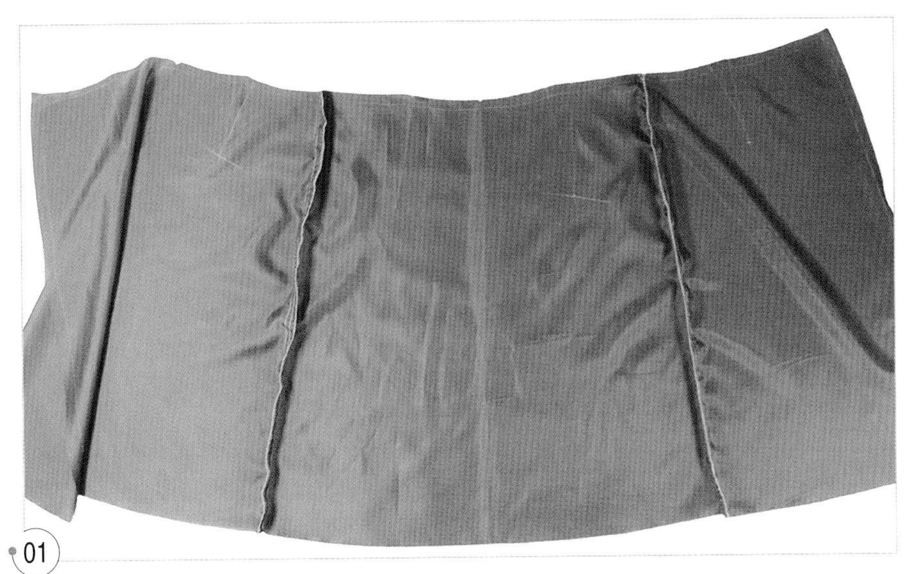

01

안 스커트의 옆선을 박는다.

02

옆선 시접을 두 장 함께 오버록 재봉하고 완성선에서 접어 뒤쪽으로 넘긴다.

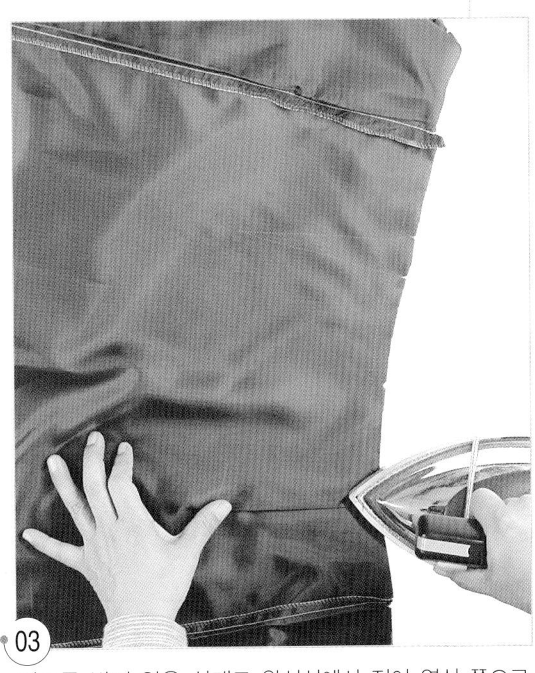

03

다트를 박지 않은 상태로 완성선에서 접어 옆선 쪽으로 넘긴다.

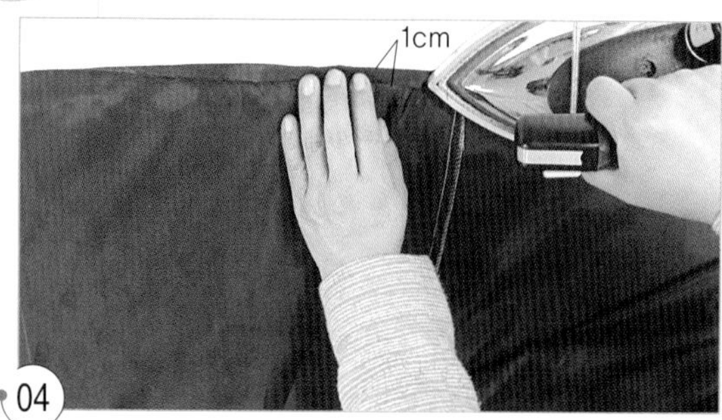

04
밑단의 시접 1cm를 접는다.

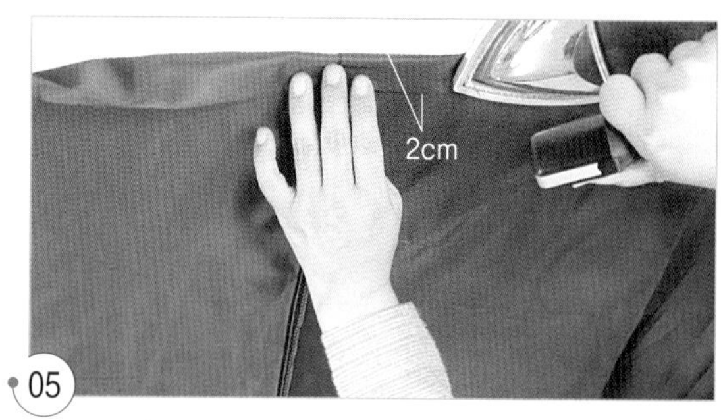

05
2cm를 다시 한 번 접는다.

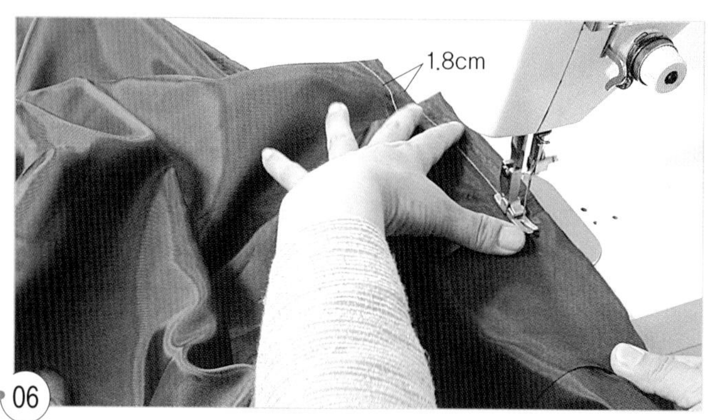

06
1.8cm를 겉쪽에서 박는다.

8. 겉감과 안감을 연결한다.

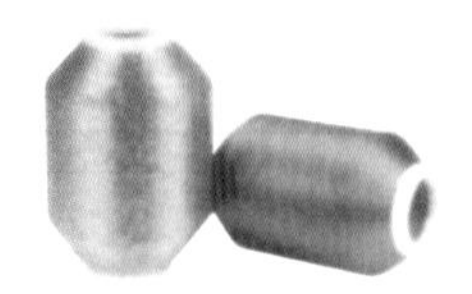

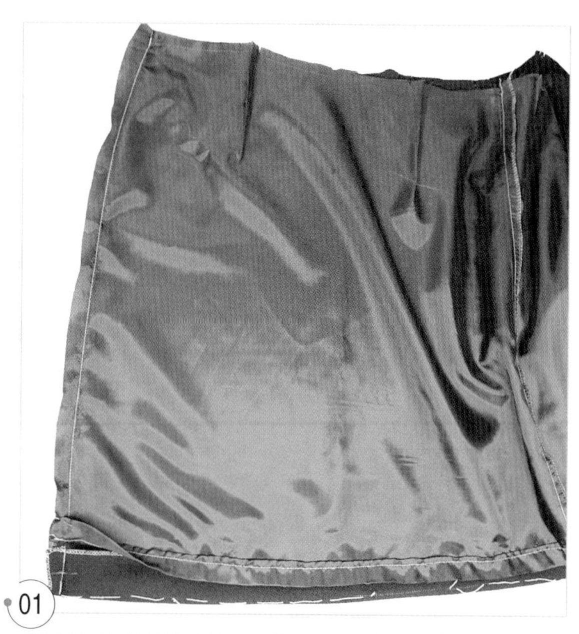

01
겉감의 앞 오른쪽 옆선과 랩 스커트의 안단에 안감을 겉끼리 마주 대어 박는다.

02
겉감과 안감의 허리선을 맞추어 홈질로 고정시킨다.

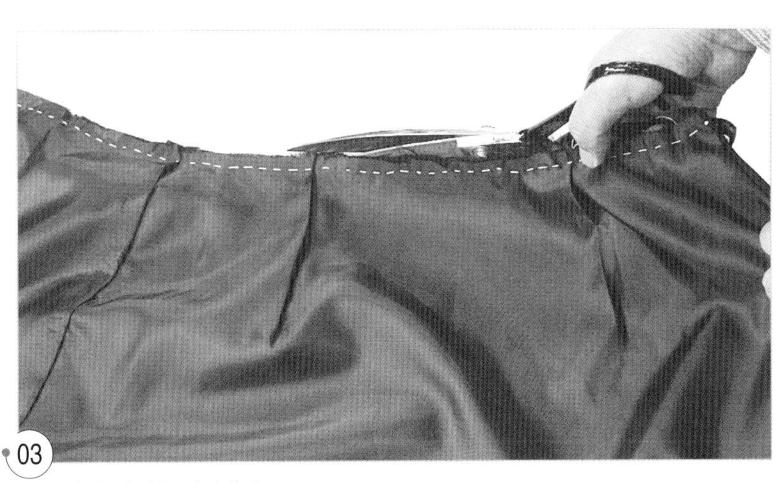

03
허리선의 시접을 정리한다.

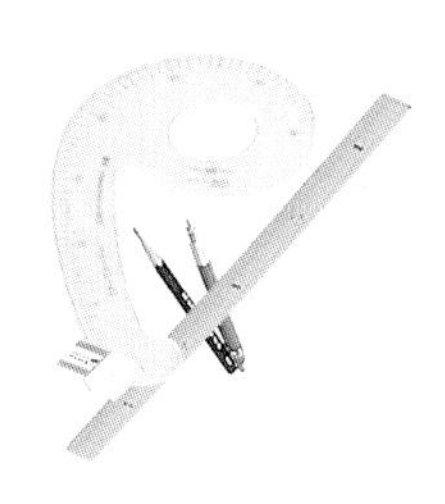

9. 단 처리를 한다.

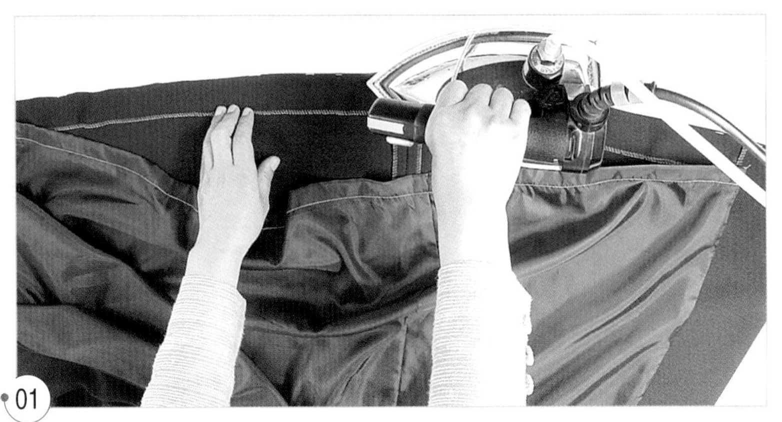

01 완성선에서 단을 접어 올려 가볍게 다리미로 눌러 준다.

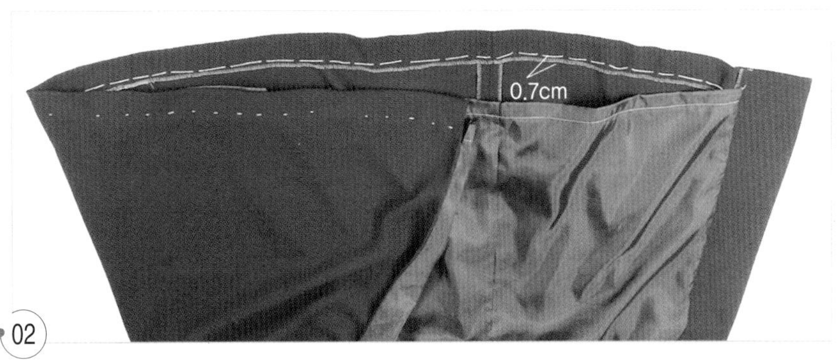

02 0.7cm에 시침질로 고정시킨다.

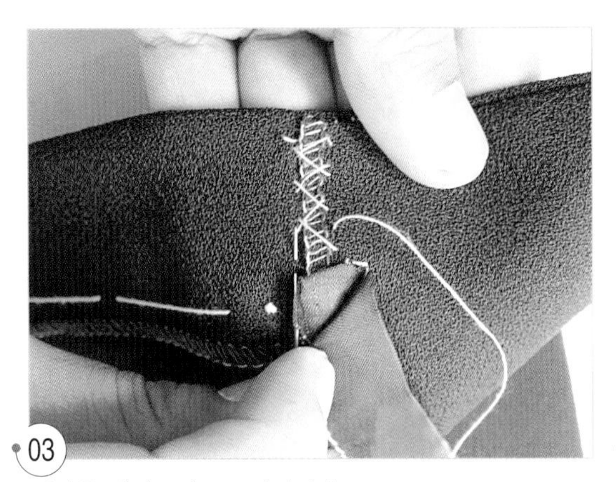

03 안단을 새발뜨기로 고정시킨다.

04 속감치기로 단을 고정시킨다.

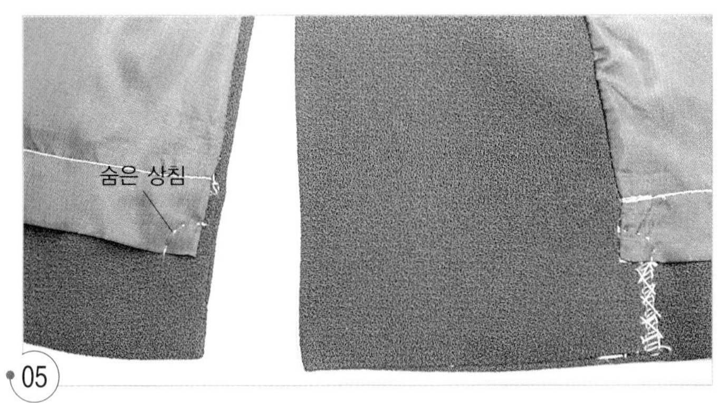

05
안감을 숨은 상침으로 고정시킨다.

10. 허리 벨트를 단다.

01
안감의 표면과 안 허리 벨트의 표면을 마주 대어 옆선, 앞 중심선, 뒤 중심선의 표시를 맞추고 시침질로 고정시킨다.

02
허리선을 박는다.

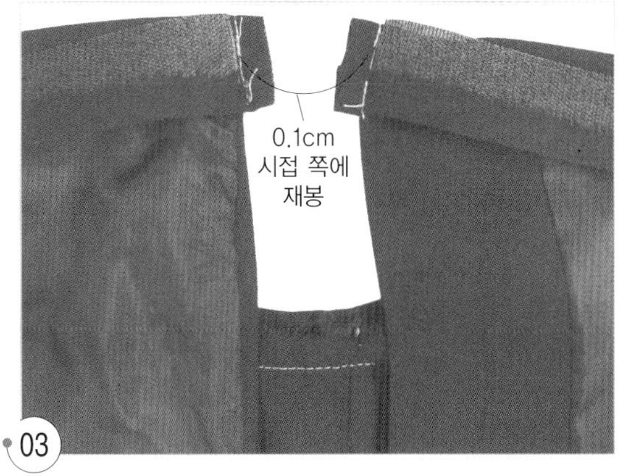

03
겉 허리 벨트와 안 허리 벨트를 겉끼리 마주 대어 심지 끝에서 0.1cm 시접 쪽을 박는다.

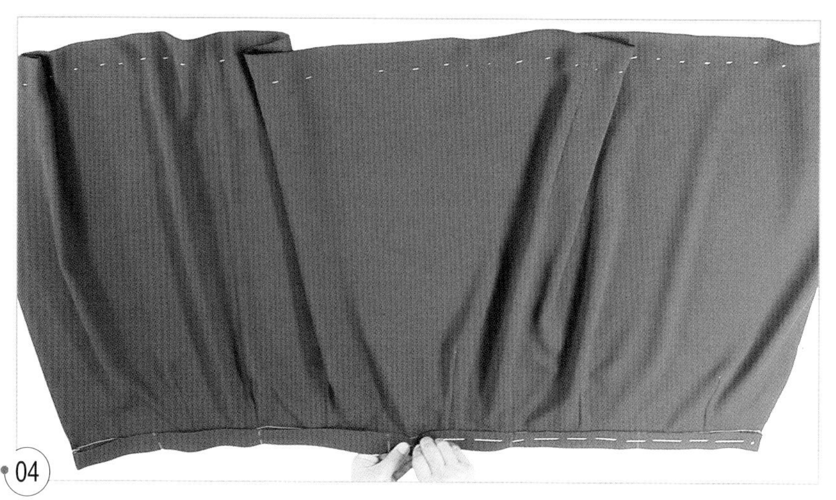

04
겉으로 뒤집어서 표시를 맞추고 시침질한다.

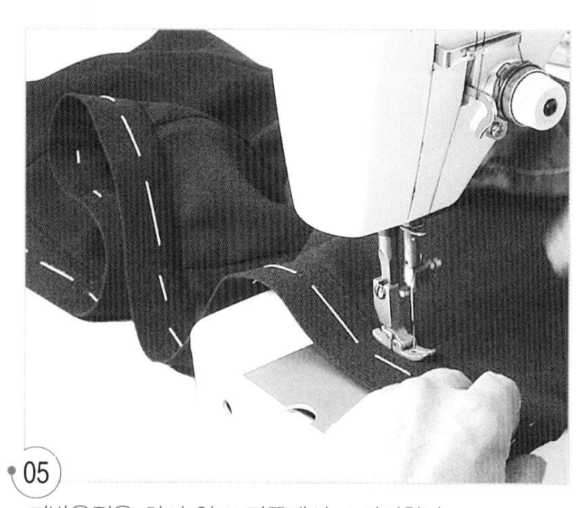

05
되박음질을 하지 않고 겉쪽에서 스티치한다.

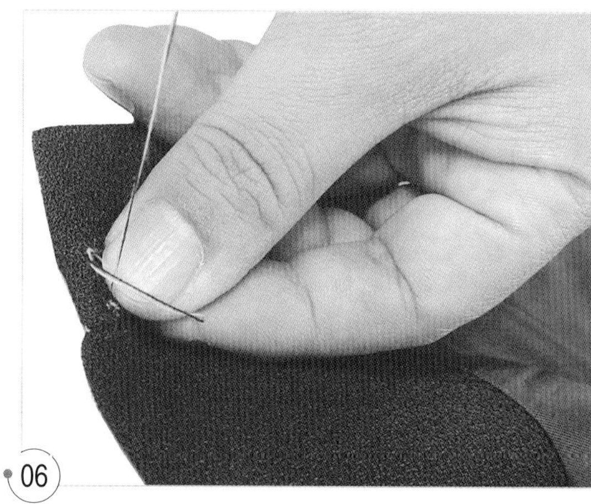

06
밑실을 당겨 윗실을 이면 쪽으로 빼내고 두 올 함께 묶는다.

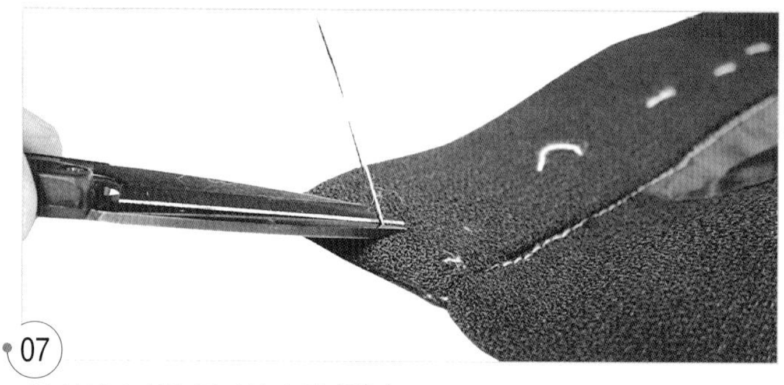

07
천 사이로 실을 통과시켜 잘라낸다.

11. 실 루프를 만든다.

01
옆선 시접에 4~5cm 실 루프를 만들어 안감과 고정시킨다.

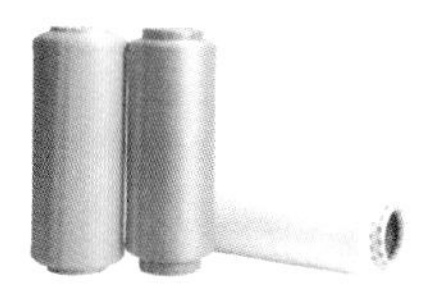

12. 스냅 단추와 훅과 아이를 단다.

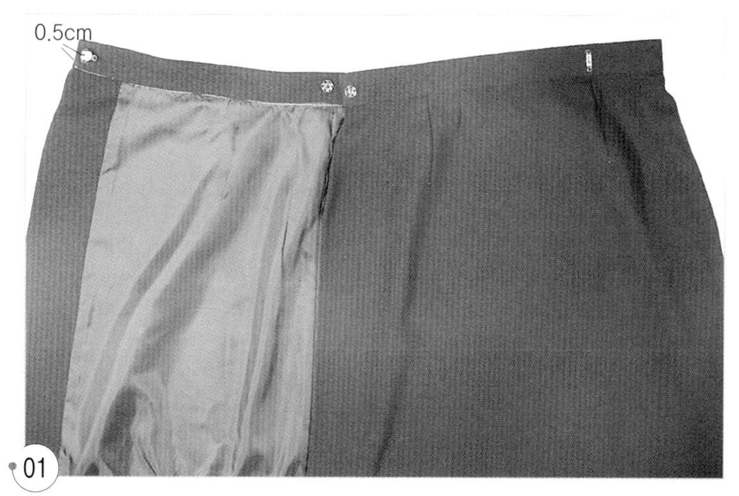

01
오른쪽 옆선에 스냅 단추를 달고, 랩 스커트의 허리 벨트 끝에서 0.5cm 들어간 곳에 심지까지 떠서 훅을 단 다음, 스냅 단추를 채워 아이 다는 위치를 확인하고 심지까지 떠서 아이를 단다.

13. 마무리 다림질을 하여 완성한다.

01
다림질 천을 얹고 겉쪽에서 스팀 다림질을 한다.

노벨트 미니스커트 Beltless Miniskirt...

11 S.K.I.R.T

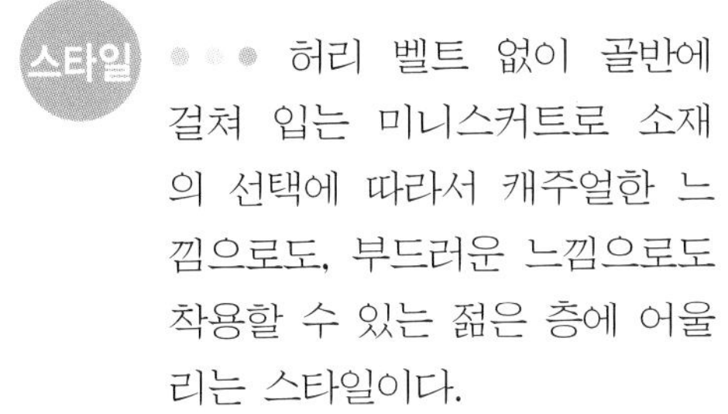

스타일 허리 벨트 없이 골반에 걸쳐 입는 미니스커트로 소재의 선택에 따라서 캐주얼한 느낌으로도, 부드러운 느낌으로도 착용할 수 있는 젊은 층에 어울리는 스타일이다.

소 재 캐주얼한 느낌의 소재로는 촘촘하게 짜여진 울이나 면, 화섬, 합성 피혁 등 두꺼운 것이 적합하고, 부드러운 느낌의 소재로는 중간 두께의 무늬가 있는 것이 적합하다.

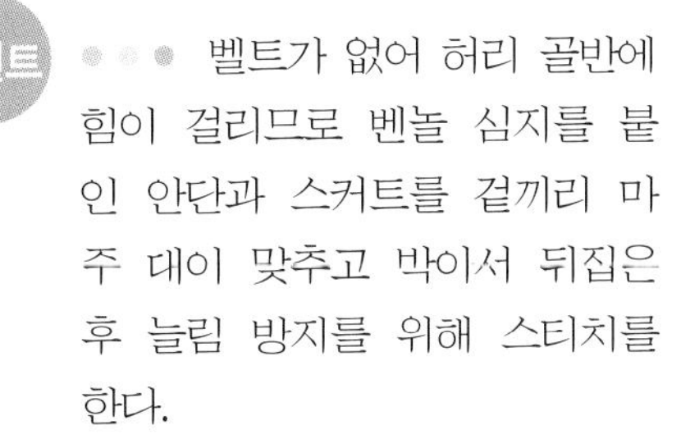

포인트 벨트가 없어 허리 골반에 힘이 걸리므로 벤놀 심지를 붙인 안단과 스커트를 겉끼리 마주 대어 맞추고 박아서 뒤집은 후 늘림 방지를 위해 스티치를 한다.

제도법 ...

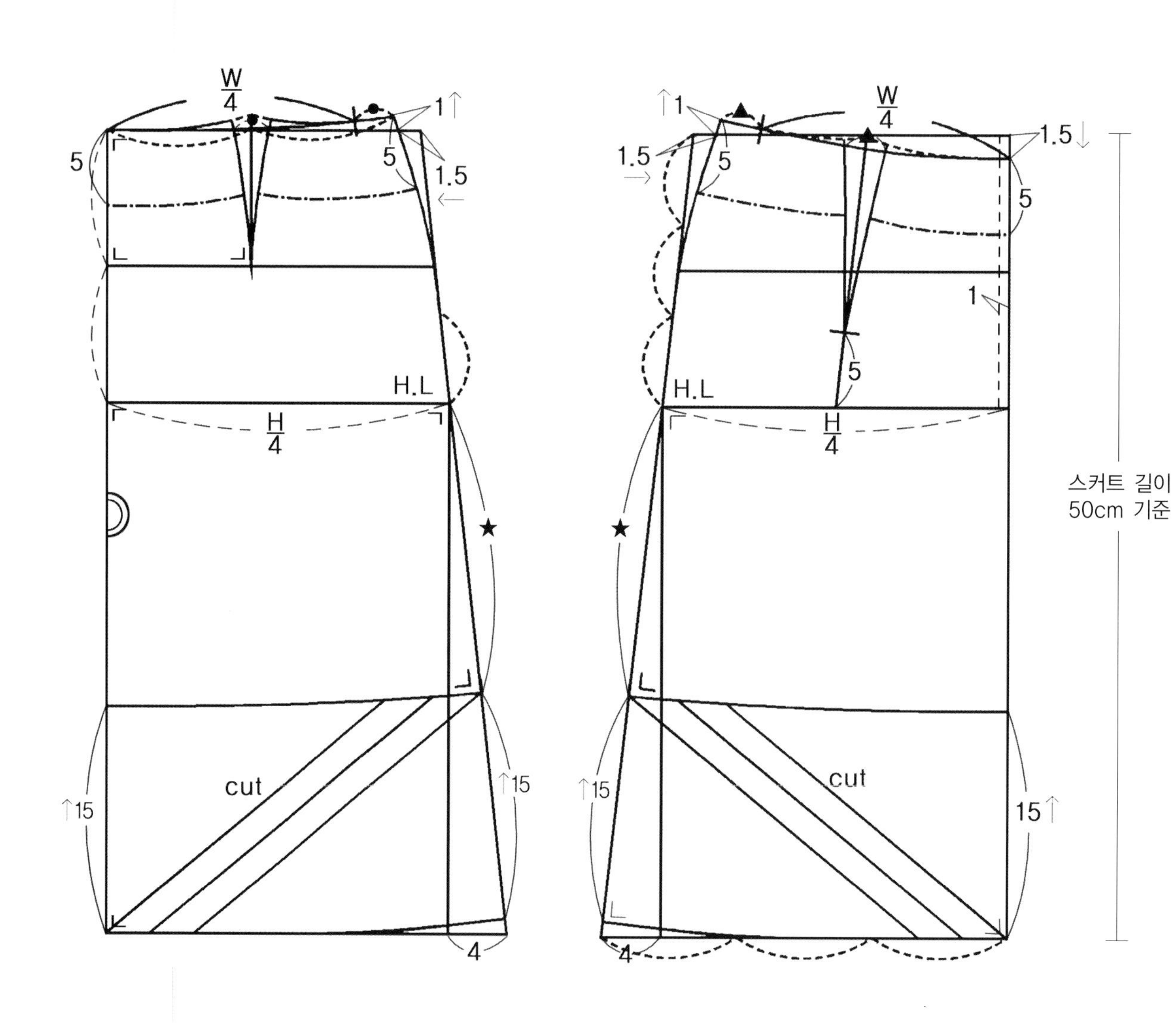

재단법

재 료

- 겉감 110cm 폭 57cm
- 접착 심지 110cm 폭 20cm
- 지퍼 18cm 1개
- 스프링 훅과 아이 1set

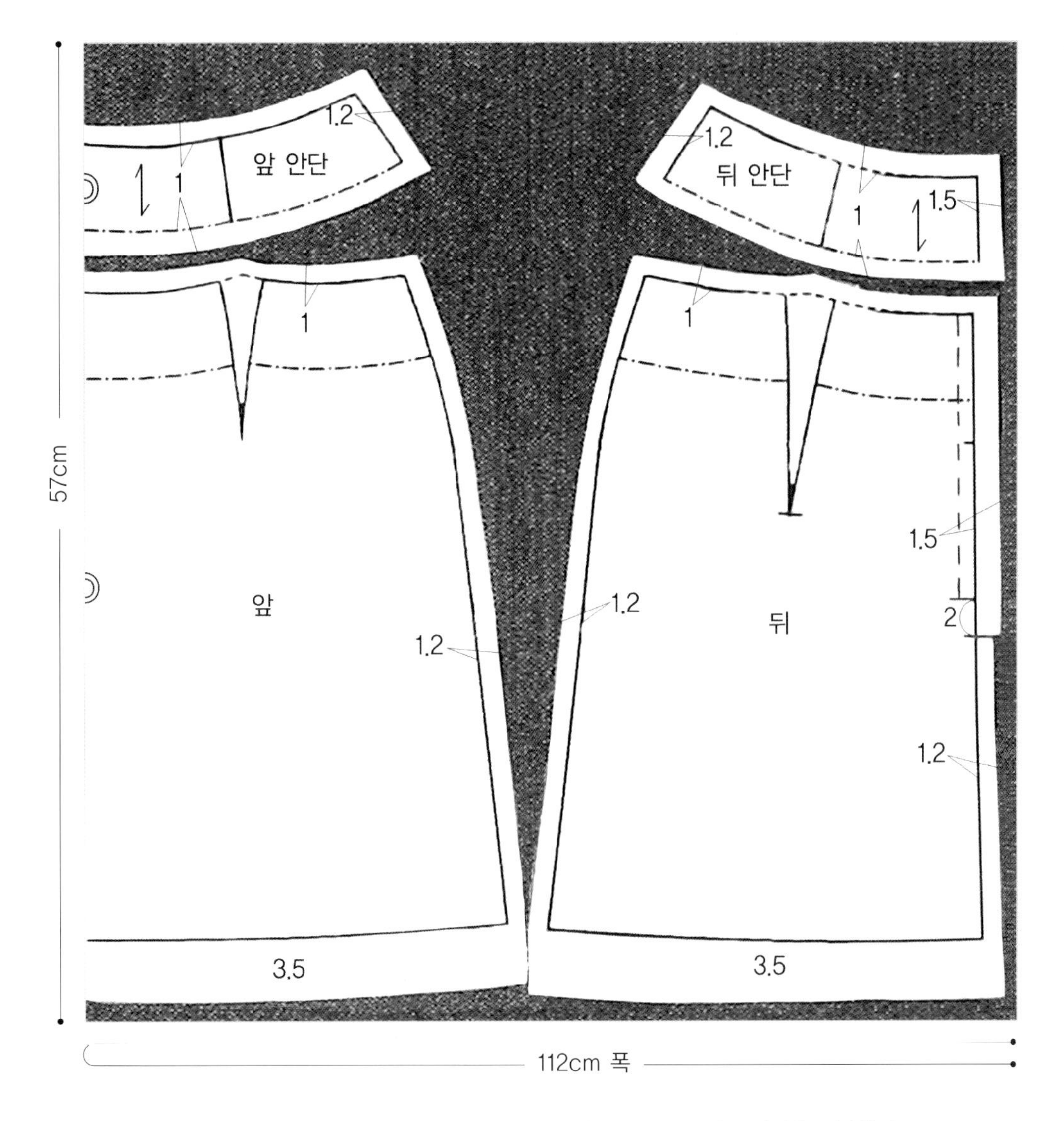

* 앞뒤 완성선을 그리고 시접을 넣은 다음, 안단만 오려내어 다트를 접고 안단을 재단한다.

봉제법 ...

1. 표시를 한다.

01
완성선에 실표뜨기로 표시를 한다(무늬가 있는 천은 겉쪽에서 표시를 한다).

2. 접착 심지를 붙인다.

01
뒤 중심선의 지퍼 다는 곳에 접착 심지를 붙인다.

3. 오버록 재봉을 한다.

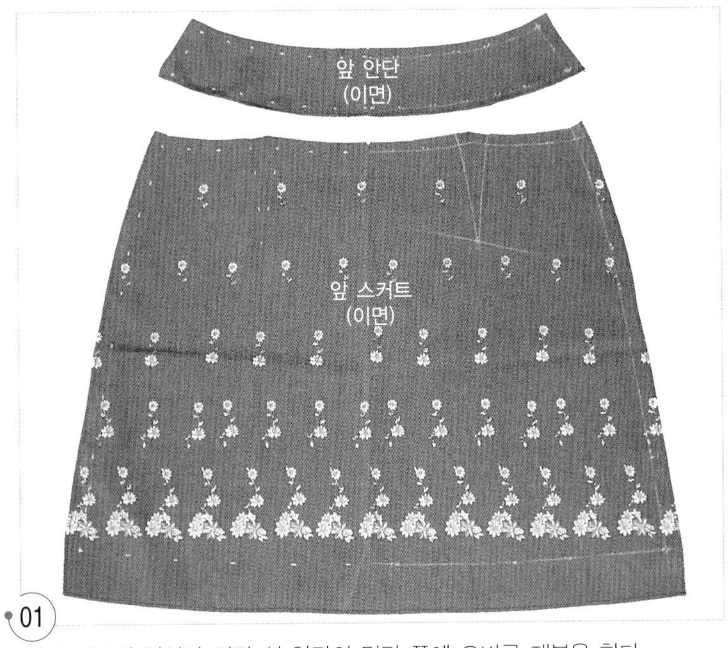

01
앞 스커트의 옆선과 밑단 선 안단의 밑단 쪽에 오버록 재봉을 한다.

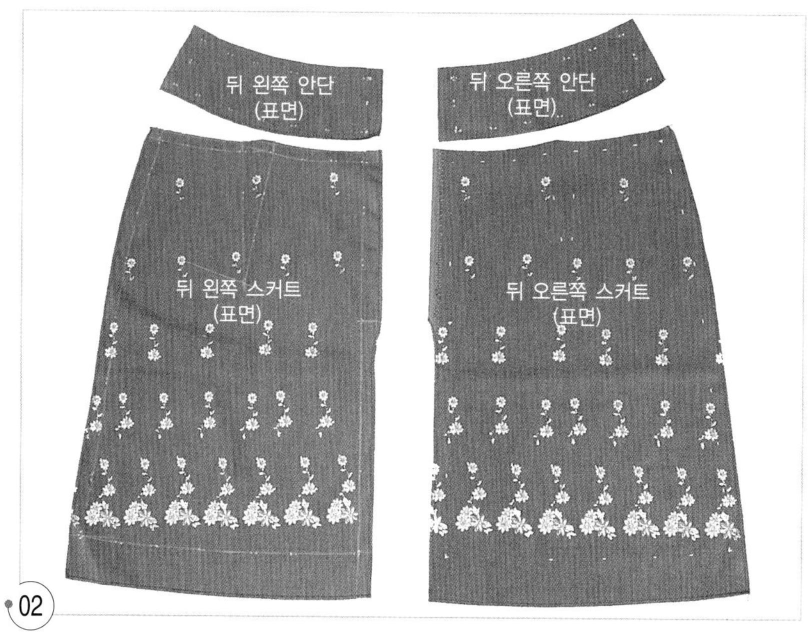

뒤 스커트의 옆선, 뒤 중심선, 밑단 선, 안단의 밑단 쪽에 오버록 재봉을 한다.

4. 안단에 벤놀 심지를 붙인다.

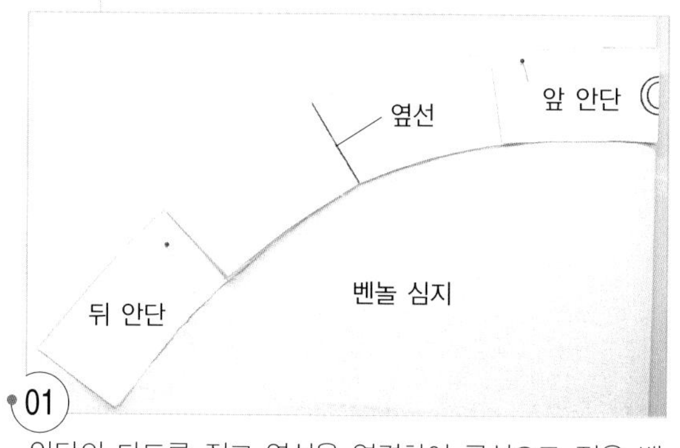

안단의 다트를 접고 옆선을 연결하여 골선으로 접은 벤놀 심지에 골선 표시를 맞추어 얹고 핀으로 고정시킨다.

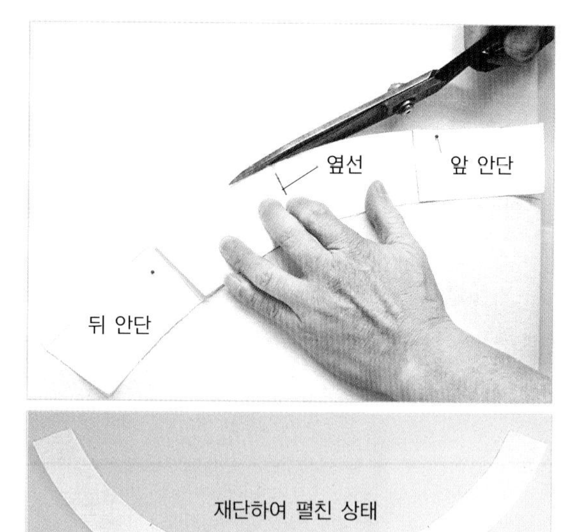

패턴대로 재단한다.

03
안단의 옆선을 박고 시접을 가른다.

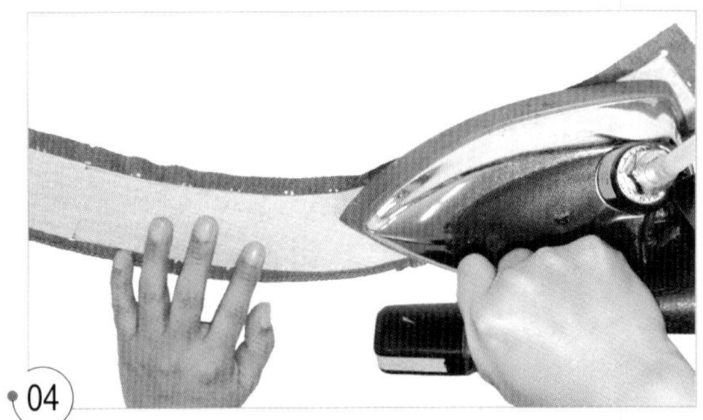

04
안단에 벤놀 심지를 붙인다.

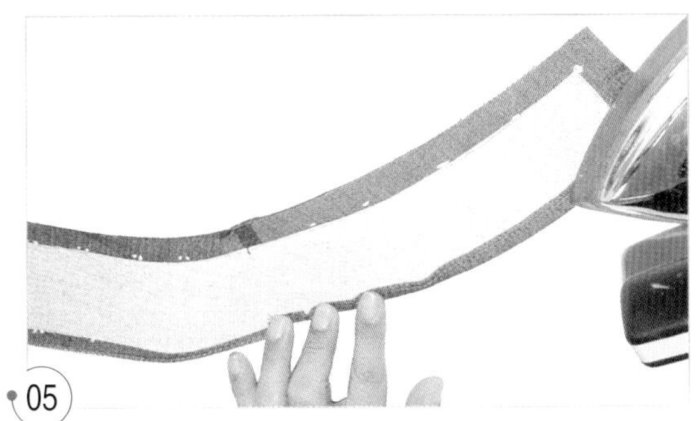

05
안단의 밑쪽 시접을 심지 끝에서 접는다.

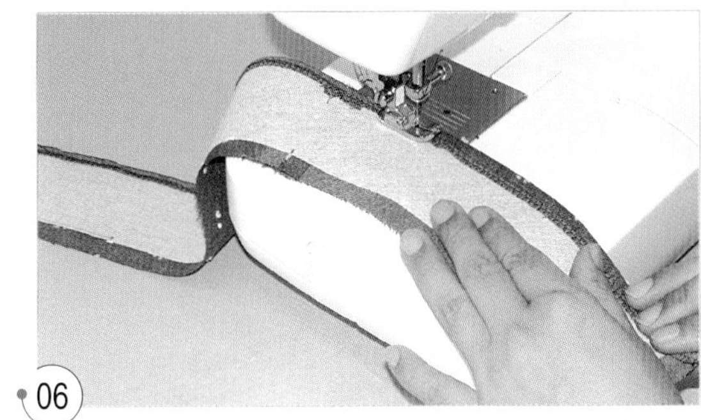

06
안단의 밑쪽에서 0.5cm에 스티치한다.

5. 다트를 박는다.

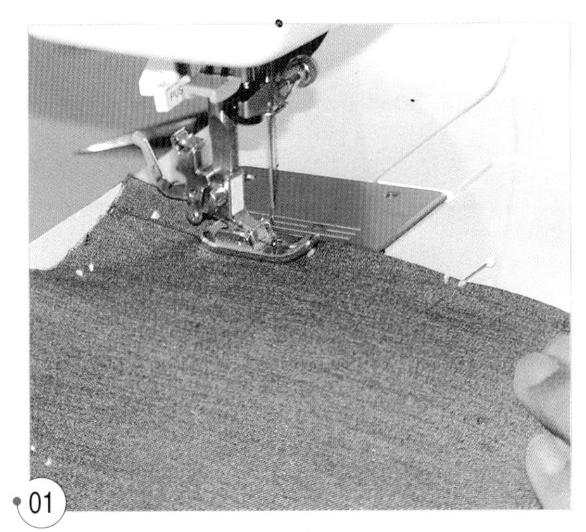

01
앞뒤 스커트의 다트를 박는다.

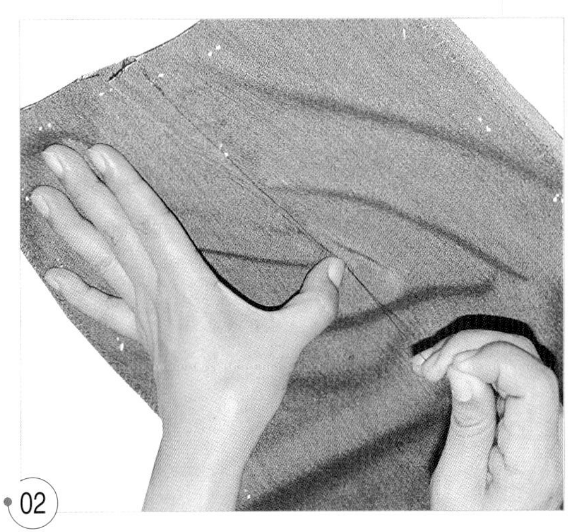

02
다트 끝의 실을 매듭짓는다.

03

실 끝을 다트 넘기는 쪽의 바늘땀에 걸어 1cm 정도 감친다.

04

다트 끝이 매끄럽게 없어지도록 프레스 볼 위에서 중심 쪽으로 넘긴다.

6. 뒤 중심선을 박는다.

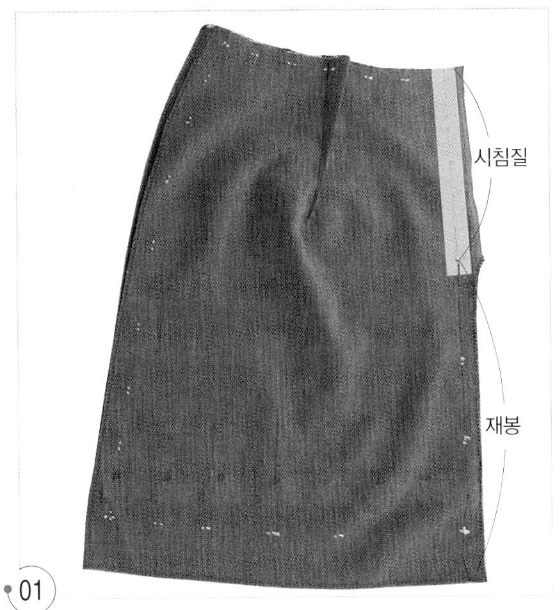

01

지퍼 달림 끝에서 단까지는 재봉을 하고, 지퍼 다는 위치는 시침질로 고정시킨다.

7. 지퍼를 단다.

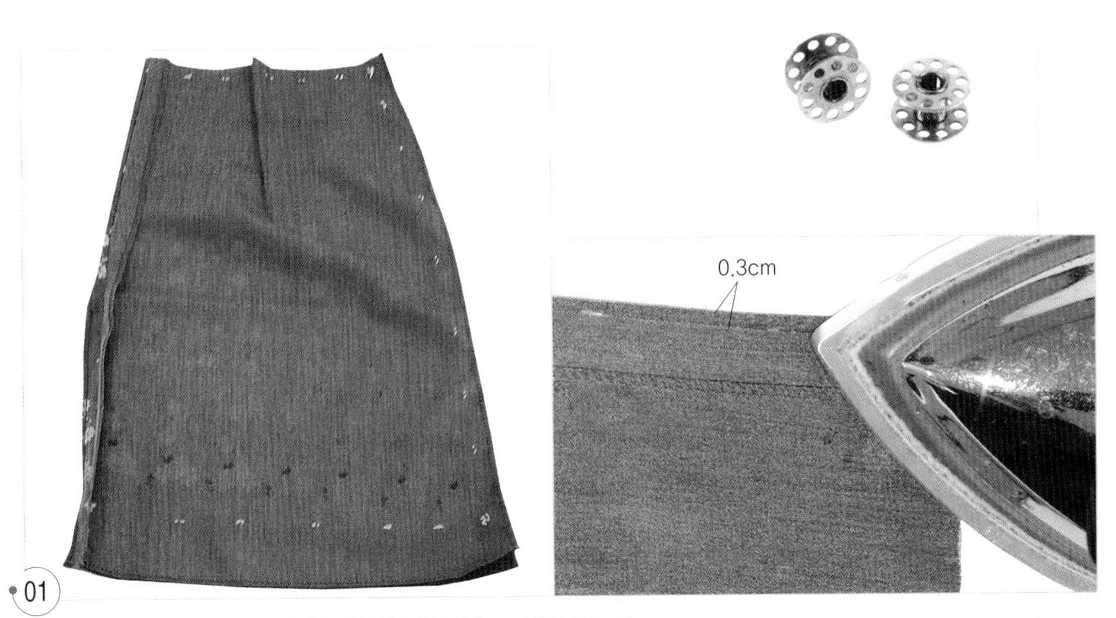

01

지퍼 다는 곳의 뒤 오른쪽 시접을 완성선에서 0.3cm 내어 접는다.

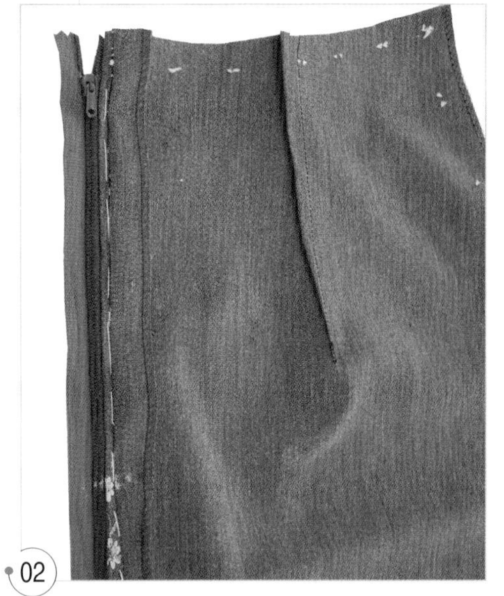

02

지퍼 표면의 이가 물리는 테이프 끝에 맞추어 겹쳐 얹고 완성선에 시침질로 고정시킨다.

03

시침질한 곳에서 0.2cm 지퍼 쪽을 박는다.

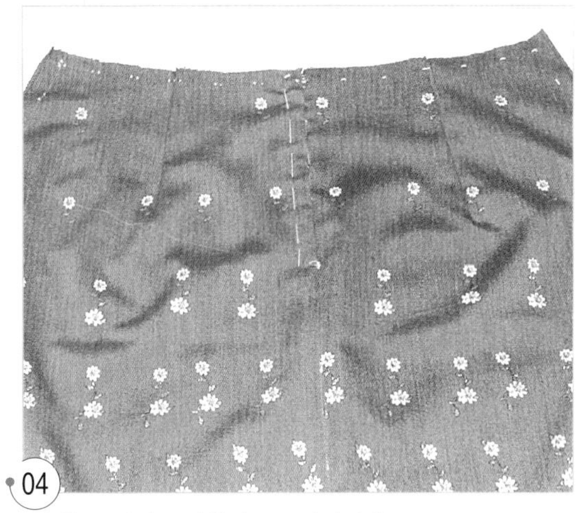

04

뒤 왼쪽 지퍼를 시침질로 고정시킨다.

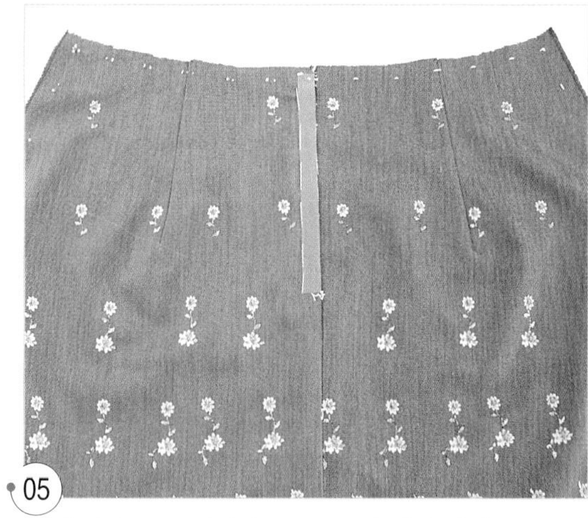

05

지퍼 달림 끝 표시까지 1.2cm 폭의 멘딩 테이프를 붙인다.

06
멘딩 테이프 폭에 맞추어서 스티치한다.

07
멘딩 테이프를 떼어내고 시침실을 풀어낸다.

8. 옆선을 박는다.

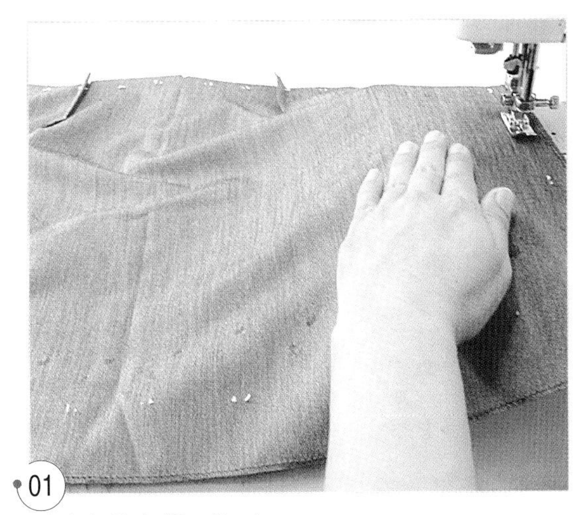
01
옆선의 완성선을 박는다.

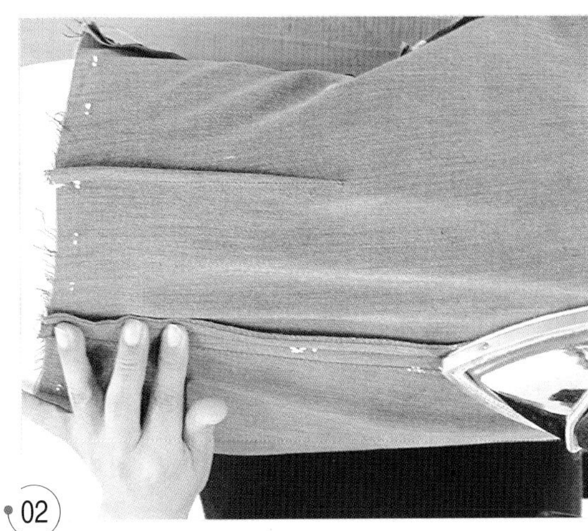
02
프레스 볼에 끼워 시접을 가른다.

9. 밑단을 정리한다.

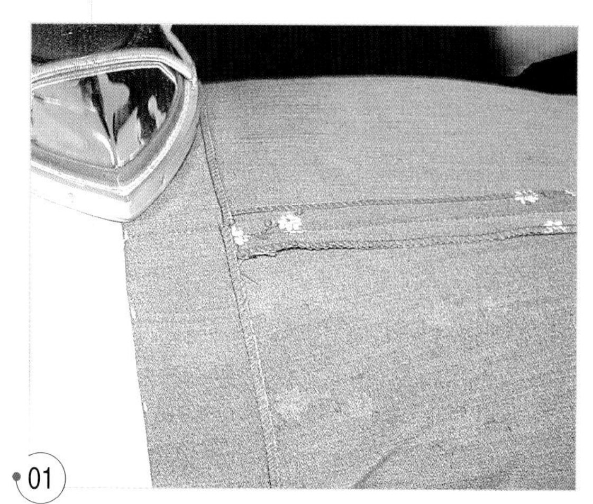

01 밑단을 완성선에서 접어 올려 다리미로 가볍게 눌러 준다.

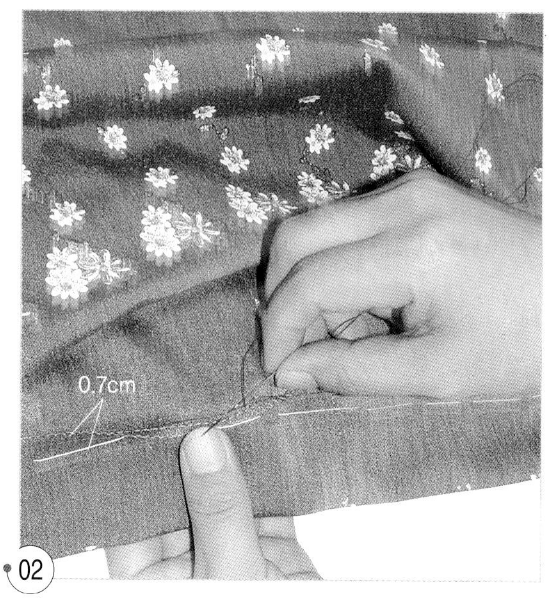

02 0.7cm에 시침질로 고정시키고 속감치기를 한다.

10. 안단을 단다.

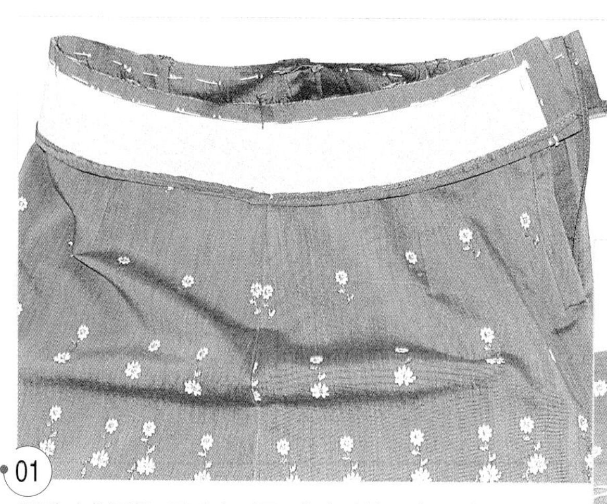

01 몸판과 안단을 겉끼리 마주 대어 맞춤표시를 맞추어 핀으로 고정시키고 시침질한다.

02
심지 끝에서 0.1cm 시접 쪽을 박는다.

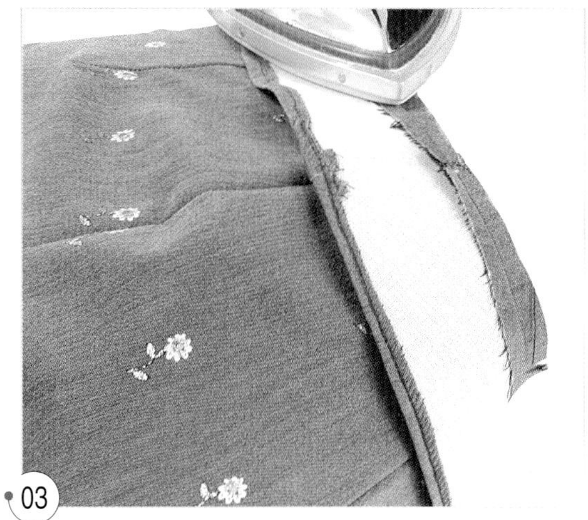

03
시접을 가른다.

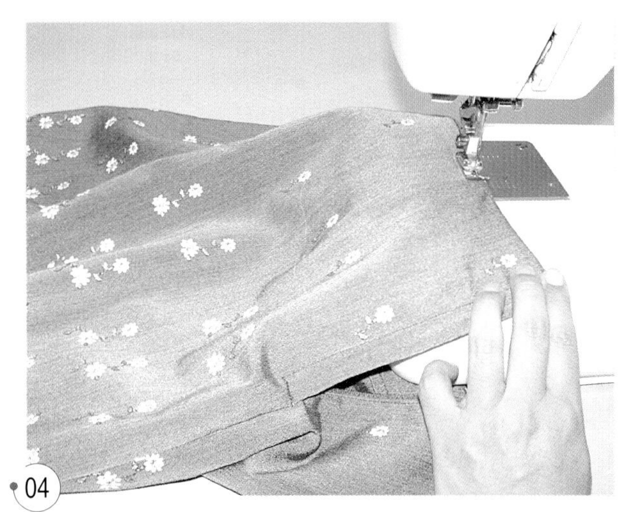

04
겉으로 뒤집어서 0.2~0.5cm 폭으로 스티치한다.

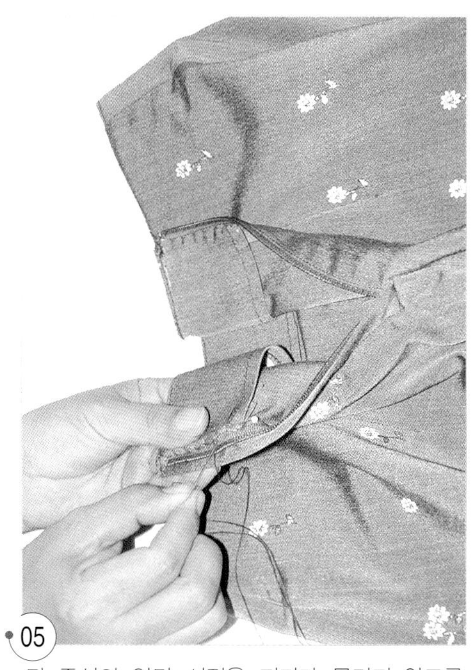

05
뒤 중심의 안단 시접을 지퍼가 물리지 않도록 0.2cm 더 접어 넣고 감침질로 고정시킨다.

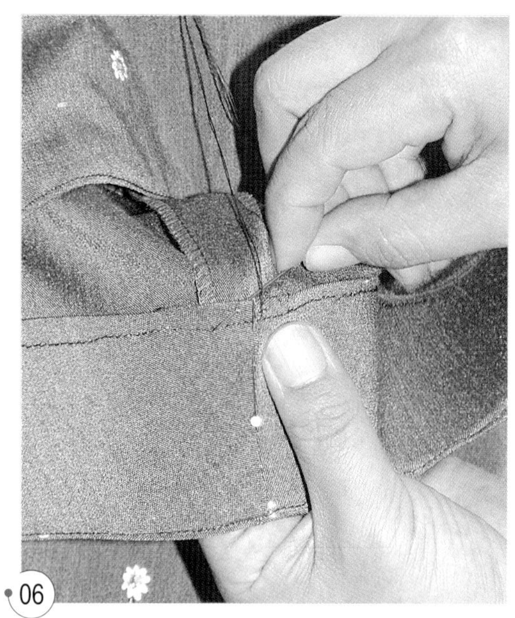

06
옆선의 표시를 맞추어 옆선 시접에 안단을 감침질로 고정시킨다.

11. 훅을 달고 실 고리를 만든다.

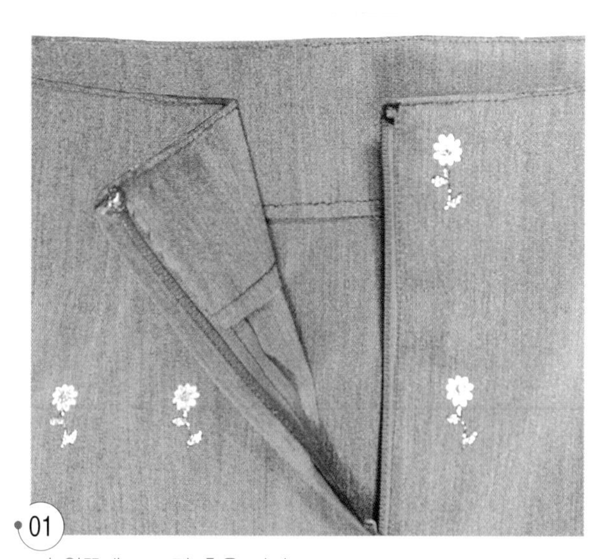

01
뒤 왼쪽에 스프링 훅을 단다.

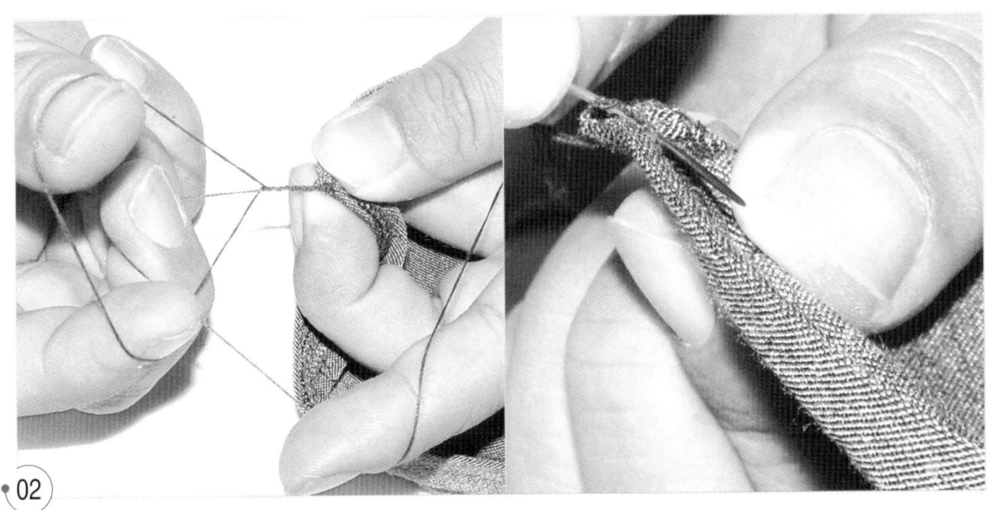

02
뒤 오른쪽에 실 고리를 만들어 단다.

12. 마무리 다림질을 하여 완성한다.

01
다림질 천을 얹고 겉쪽에서 스팀 다림질한다.

주 만약 겉쪽에 초크 표시가 남아 있으면 같은 천으로 문질러 없앤 다음 다림질한다.

Jung hye min

정 혜 민

- 일본 동경 문화여자대학교 가정학부 복장학과 졸업
- 일본 동경 문화여자대학 대학원 가정학연구과(피복학 석사)
- 일본 동경 문화여자대학 대학원 가정학연구과(피복환경학 박사)
- 경북대학교 사범대학 가정교육과
- 안양전문대 의상디자인학과
- 성균관대학교 일반대학원 의상학과 강사
- 동양대학교 패션디자인학과 학과장 겸 조교수
- 현 경북대학교 사범대학 가정교육과 강사
- 이제창작디자인연구소 소장

– 저서 : 「패션 디자인과 색채」,
「텍스타일의 기초 지식」
「봉제기법의 기초 」
「어린이 옷 만들기」
「팬츠 만들기」

Lim byung yeul

임 병 렬

- 서울 교남양장점 패션실장 역임(1961)
- 하이패션 클립 설립(1963)
- 관인 세기복장학원 설립, 원장 역임(1971~1982)
- 사단법인 한국학원 총연합회 서울복장교육협회 부회장 역임(1974)
- 노동부 양장직종 심사위원 국가기술검정위원(1971~1978)
- 국제기능올림픽 한국위원회 전국경기대회 양장직종 심사장(1982)
- 국제장애인기능올림픽대회 양장직종 국제심사위원(제4회 호주대회)
- 국제장애인기능올림픽대회 한국선수 인솔단(제1회, 제3회)
- (주)쉬크리 패션 생산 상무이사(1989~현재)
- 사단법인 한국의류기술진흥협회 부회장 역임, 현 고문

– 상훈 : 제2회 국제기능올림픽내회 선수시노공로 부문 보건사회부장관상(1985), 석탑산업훈장(1995), 제5회 국제장애인기능올림픽대회 종합우승 선수지도 부문 노동부장관싱(2000)

– 저서 : 「팬츠 만들기」

프로에게 사진으로 쉽게 배우는

스커트 만들기

정혜민 임병렬 공저

2016년 8월 25일 2판 1쇄 발행

발행처 * 전원문화사

발행인 * 남병덕

등록 * 1999년 11월 16일
제1999-053호

서울시 강서구 화곡로 43가길 30. 2층
T.02)6735-2100 F.6735-2103

E-mail * jwonbook@naver.com

*잘못된 책은 바꾸어 드립니다.

*책값은 표지에 있습니다.